施工现场十大员技术管理手册

材 料 员

（第三版）

上海市建筑施工行业协会工程质量安全专业委员会
主编　王　雄
主审　潘延平　潘　平

U0391474

中国建筑工业出版社

图书在版编目（CIP）数据

材料员/王雄主编. —3 版. —北京：中国建筑工业
出版社，2016.2
（施工现场十大员技术管理手册）
ISBN 978-7-112-18700-3

Ⅰ.①材… Ⅱ.①王… Ⅲ.①建筑材料-技术手册
Ⅳ.①TU5-62

中国版本图书馆 CIP 数据核字（2015）第 278320 号

责任编辑：郦锁林　杨　杰
责任校对：赵　颖　张　颖

施工现场十大员技术管理手册
材　料　员
（第三版）

上海市建筑施工行业协会工程质量安全专业委员会
主编　王　雄
主审　潘延平　潘　平

*

中国建筑工业出版社出版、发行（北京西郊百万庄）
各地新华书店、建筑书店经销
霸州市顺浩图文科技发展有限公司制版
北京圣夫亚美印刷有限公司印刷

*

开本：850×1168毫米　1/32　印张：10　字数：268千字
2016 年 4 月第三版　　2016 年 4 月第二十次印刷
定价：26.00 元
ISBN 978-7-112-18700-3
（27990）

《施工现场十大员技术管理手册》(第三版)
编 委 会

主　　任：黄忠辉

副 主 任：姜　敏　潘延平　薛　强

编　　委：张国琮　张常庆　辛达帆　金磊铭

　　　　　邱　震　叶佰铭　陈　兆　韩佳燕

本书编委会

主编单位：上海市建筑施工行业协会工程质量安全专业委员会

主　　编：王　雄

主　　审：潘延平　潘平

编写人员（姓氏笔画为序）：

　　　　　王　涛　王　雄　孙飞跃　朱单青

　　　　　李运兴　邱志伟　陈　建　陈建大

　　　　　张　恬　张弥宽　杨　斌　沈　骏

　　　　　范　波　范伟民　周　东　周根荣

　　　　　徐　亚　高　明　黄赪玥　蒋咏敏

　　　　　焦　薇　傅　徽

丛 书 前 言

《施工现场十大员技术管理手册》（第三版）是在中国建筑工业出版社2001年发行的十大员丛书第二版的基础上修订而成，覆盖了施工现场项目第一线的技术管理关键岗位人员的技术、业务与管理基本理论知识与实践实用技巧。本套丛书在保留原丛书内容贴近施工现场实际，简洁、朴实、易学、易掌握需求的同时，融入了近年来建筑与市政工程规模日益高、大、深、新、重发展的趋势，充实了近段时期涌现的新结构、新材料、新工艺、新设备及绿色施工的精华，并力求与国际建设工程现代化管理实务接轨。因此，本套丛书具有新时代技术管理知识升级创新的特点，更适合新一代知识型专业管理人员的使用，其出版将促进我国建设项目有序、高效和高质量的实施，全面提升我国建筑与市政工程现场管理的水平。

本套丛书中的十大员，包括：施工员、质量员、造价员、材料员、安全员、试验员、测量员、机械员、资料员、现场电工。系统介绍了施工现场各类专业管理人员的职责范围，必须遵循的国家新颁发的相关法律法规、标准规范及政府管理性文件，专业管理的基本内容分类及基础理论，工作运作程序、方法与要点，专业管理涉及的新技术、新管理、新要求及重要常用表式。各大员专业丛书表述通俗简明易懂，实现了现场技术的实际操作性与管理系统性的融合及专业人员应知应会与能用善用的要求。

本套丛书为建筑与市政工程施工现场技术专业管理人员提供了操作性指导文本，并可用于施工现场一线各类技术工种操作人员的业务培训教材；既可作为高等专业学校及建筑施工技术管理职业培训机构的教材，也可作为建筑施工科研单位、政府建筑业管理部门与监督机构及相关技术管理咨询中介机构专业技术管理人员的参考书。

　　本套丛书在修订过程中得到了上海市建设与管理委员会，上海市建设工程安全质量监督总站、上海市建筑施工行业协会与其他相关协会的指导，上海地区一批高水平且具有丰富实际经验的专家与行家参与丛书的编写活动。丛书各分册的作者耗费了大量的心血与精力，在此谨向本套丛书修订过程的指导者和参与者表示衷心感谢。

　　由于我国建筑与市政工程建设创新趋势迅猛，各类技术管理知识日新月异，因此本套丛书难免有不妥与不当之处，敬请广大读者批评指正，以便在今后修订中更趋完善。

　　愿《施工现场十大员技术管理手册》（第三版）为建筑业工程质量整治历年行动的实施，建筑与市政工程施工现场技术管理的全方位提升作出贡献。

前　　言

随着我国经济建设的迅猛发展，建筑施工行业日益进步，施工技术日新月异，各种新材料不断涌现，需要从事建筑施工的现场管理人员不断学习，更新知识，以适应施工技术发展的需要。材料员作为建设工程现场基层管理人员对材料质量管理起到重要的作用，为进一步提高材料员的业务素质和工作水平，不断完善现场材料的管理工作，在第二版的基础上进行了修订。

本书内容主要包括建筑钢材、混凝土、水泥、砂石、墙体材料、预制构件和门窗、防水材料、管道、节能材料等结构性及功能性材料以及周转材料等相关内容。本书编写力求做到内容精炼、突出重点、有较强的实用性，可供材料员等建设工程现场管理人员参考。

本书在编写过程中，得到上海市相关协会和有关检测单位的大力支持，在此表示衷心感谢。由于编者水平有限，不妥之处，敬请广大读者给予指正。

目　　录

1 结构性材料

1.1 预拌混凝土

混凝土是由胶凝材料、水、粗细骨料，按适当比例配合，必要时掺入一定数量的外加剂和矿物掺和料，经均匀搅拌、密实成型和养护硬化而成的人造石材。混凝土的原材料丰富、成本低，具有适应性强、抗压强度高、耐久性好、施工方便，且能消纳大量的工业废料等优点，是各项建设工程不可缺少的重要的工程材料。

1.1.1 分类

1) 根据表观密度分类，混凝土可分为重混凝土、普通混凝土、轻混凝土等；2) 根据采用胶凝材料的不同，混凝土可分为水泥混凝土、石膏混凝土、沥青混凝土、聚合物水泥混凝土、水玻璃混凝土等；3) 按生产工艺和施工方法分类，可分为泵送混凝土、喷射混凝土、压力混凝土、离心混凝土、碾压混凝土等；4) 按使用功能可分为结构混凝土、水工混凝土、道路混凝土、特种混凝土等。5) 根据拌合方式的不同，混凝土分为自拌混凝土和预拌混凝土。自拌混凝土是指将原材料（水泥、砂、石等）运送到施工现场，在施工现场人工加水后拌合使用的混凝土。由于原材料质量不稳定、施工现场存储环境不良以及混合比例不精确，自拌混凝土质量波动较大，文明施工程度低并容易造成污染环境。预拌混凝土是指水泥、砂、石、水以及根据需要掺入的外加剂、矿物掺和料等组分按一定比例，在搅拌站经计量、集中拌制后出售的并采用搅拌运输车，在规定时间内运至使用地点的混凝土拌合物。

1.1.2 依据标准

1.《混凝土结构工程施工质量验收规范》（GB 50204—2015）；2.《地下防水工程质量验收规范》（GB 50208—2011）；3.《建筑地面工程施工质量验收规范》（GB 50209—2010）；4.《人民防空工程施工及验收规范》（GB 50134—2004）；5.《混凝土强度检验评定标准》（GB/T 50107—2010）；6.《预拌混凝土》（GB 14902—2012）；7.《普通混凝土配合比设计规程》（JGJ 55-2011）；8.《普通混凝土力学性能试验方法标准》（GB/T 50081—2002）；9.《普通混凝土长期性能和耐久性能试验方法标准》（GB/T 50082—2009）。

1.1.3 主要技术指标

1. 配合比

混凝土应根据混凝土强度等级、耐久性和工作性等要求进行配合比设计。

2. 强度

混凝土的强度应符合设计要求，包括立方体抗压强度、抗折强度等。（1）立方体抗压强度：立方体抗压强度标准值系指按照标准方法制作养护的边长为 150mm 的立方体试件，在 28d 龄期用标准试验方法测得的具有 95% 保证率的抗压强度。混凝土强度等级应按立方体抗压强度标准值确定。按照 GB 50010—2010《混凝土结构设计规范》，普通混凝土划分为 C15、C20、C25、C30、C35、C40、C45、C50、C55、C60、C65、C70、C75、C80 十四个等级。（2）抗折强度：混凝土的抗折强度是指混凝土的抗弯拉强度。按设计要求，强度通常为 4.0MPa、4.5MPa、5.0MPa、5.5MPa。

3. 抗渗

混凝土抵抗压力水渗透的性能，称为混凝土的抗渗性。混凝土抗渗性能，应采用标准条件下养护混凝土抗渗试件的试验结果评定，分级为 P4、P6、P8、P10、P12。有抗渗要求的混凝土抗渗性能应符合设计要求。

4. 坍落度及坍落扩展度值

混凝土拌合物的流动性大小可用坍落度及坍落扩展度法测定。坍落度及坍落扩展度法适用于骨料最大直径不大于 40mm，坍落度不小于 10mm 的混凝土拌合物稠度测定。预拌混凝土交货检验时，应对坍落度进行检测，确保其满足和易性要求。

1.1.4 取样与组批

1. 结构混凝土强度

用于检查结构构件混凝土强度的试件，应在混凝土浇筑地点随机抽取，取样与试件留置应符合下列规定：拌制 100 盘且不超过 100m³ 的同配合比的混凝土，取样不得少于一次。每工作班拌制的同一配合比的混凝土不足 100 盘时，取样不得少于一次。当一次连续浇筑超过 1000m³ 时，同一配合比的混凝土每 200m³ 取样不得少于一次。每一楼层、同一配合比的混凝土，取样不得少于一次。每次取样应至少留置一组（一组为 3 个立方体试件）标准养护试件。

2. 结构混凝土强度（同条件养护）

对涉及混凝土结构安全的重要部位，应制作、养护、检测混凝土同条件养护试件。同条件养护试块应在达到等效养护龄期时进行强度试验。等效养护龄期应根据同条件养护试件强度与在标准养护条件下 28d 龄期试件强度相等的原则确定，可取按日平均温度逐日累计达到 600℃·d 时所对应的龄期，0℃及以下的龄期不计入；等效养护龄期不应小于 14d，也不宜大于 60d。同条件养护试件的留置组数，应符合下列要求：同条件养护试件所对应的结构构件或结构部位，应由监理（建设）、施工等各方共同选定。对混凝土结构工程中的各混凝土强度等级，均应留置同条件养护试件。同一强度等级的同条件养护试件，其留置数量应根据混凝土工程量和重要性确定，不宜少于 10 组，且不应少于 3 组。同条件养护试件拆模后，应放置在靠近相应结构构件或结构部位的适当位置，并应采取同样的养护方法。上海市规定同一强度等级的等效养护龄期同条件养护试件留置的数量，多层建筑每层不少于1组，中高层、高层建筑每3层不少于1组并且总数不少于6组。同时，施工单位还应留取用于确定是否符合拆模、吊装、张拉、放张以及施工期间临时符合要求的同条件养护试件。

3. 建筑地面工程水泥混凝土强度

建筑地面工程水泥混凝土试块每一层（或检验批）建筑地面工程不应小于1组。当每一层（或检验批）建筑地面工程面积大于1000m² 时，每增加1000m² 应增做1组试块；小于1000m² 按1000m² 计算。当改变配合比时，应相应地制作试块组数。

4. 粉煤灰混凝土强度

对于非大体积粉煤灰混凝土每拌制100m³，至少成型一组试块；大体积粉煤灰混凝土每拌制500m³，至少成型一组试块。不足上列规定数量时，每班至少成型一组试块。

5. 人民防空工程混凝土强度

人民防空工程浇筑混凝土时，应按下列规定制作试块：口部、防护密闭段应各制作一组试块。每浇筑100m³ 混凝土应制作一组试块。变更水泥品种或混凝土配合比时，应分别制作试块。

6. 混凝土抗渗

对有抗渗要求的混凝土结构，其混凝土试件应在浇筑地点随机取样。同一工程、同一配合比的混凝土，取样不应少于一次，留置组数可根据实际需要确定。地下防水工程中防水混凝土抗渗试件应在浇筑地点制作。连续浇筑混凝土每500m³ 应留置一组标准养护抗渗试件（一组为6个抗渗试件），且每项工程不得少于两组。采用预拌混凝土的抗渗试件，留置组数应视结构的规模和要求而定。

7. 预拌混凝土

用于交货检验的预拌混凝土试样应在交货地点采取。交货检验的混凝土试样的采取及坍落度试验应在混凝土运送到交货地点时开始算起20min内完成，强度试件的制作应在40min内完成。强度和坍落度试验的取样频率应符合结构混凝土强度试件取样的要求。每个试样应随机地从一盘或一运输车中抽取；混凝土试样应在卸料过程中卸料量的 1/4～3/4 之间采取。每个试样量应满足混凝土质量检验项目所需用量的 1.5 倍，且不宜少于 0.02m³。预拌混凝土必须现场制作试块，作为结构混凝土强度评定依据。试块制作数量：每拌制 100m³ 相同配合比的混凝土，不少于 1 组；每工作班不少于 1 组；一次浇捣量 1000m³ 以上相同配合比混凝土时，每 200m³ 不少于 1 组。

1.1.5 现场养护

1. 建设工程应在施工现场设置混凝土、砂浆、节能材料试件的养护室。

2. 养护室由施工单位负责建立和管理，建设、监理单位负责督促检查，工程质量监督机构负责监督抽查。供应单位确认人员可随时对现场养护情况进行确认，发现有不符合规定要求的情况，应及时向见证单位、工程质量监督机构等有关单位反映。

3. 养护室应配备温度计、湿度计，以及合适的控温、保湿设备和设施，确保混凝土、砂浆试块的静置、养护条件符合相关标准的规定。温湿度记录至少每天上午、下午各一次。

4. 混凝土标准养护室温度为（20±2）℃，相对湿度 95% 以上，标准养护室内的试件应放在支架上，彼此间隔 10～20mm，试件表面应保持潮湿，并不得被水直接冲淋。混凝土试件也可在温度为（20±2）℃的不流动 $Ca(OH)_2$ 饱和溶液中养护。标准养护龄期为 28d（从搅拌加水开始计时）。

5. 混凝土、砂浆标准养护试块在现场养护室的养护时间不得少于 7d，同条件养护混凝土试块必须在达到规定的累计温度值后方可送检测机构。

6. 工程开工前，施工单位应制定混凝土试块同条件养护计划。监理单位应审查施工单位制定的混凝土同条件养护计划，核对施工单位留取试件的数量，检查试件的养护情况，督促施工单位做好温度累计工作。施工单位应使用日平均温度进行温度累计，也可自行进行温度测量。自行测量的数据应准确，测量方法应符合国家气象局发布的《地面气象观测规范》的要求。自行进行日平均温度测量累计不准确的，其同条件试块强度检测报告不得作为竣工验收备案的依据。

1.1.6 技术要求

1. 混凝土强度根据《混凝土强度检验评定标准》（GB/T 50107-2010）规定进行评定：

（1）当连续生产的混凝土，生产条件在较长时间内保持一致，且同一品种、同一强度等级混凝土的强度变异性保持稳定时，应按以下规定进行评定：一个检验批的样本容量应为连续的 3 组试件，其强度应同时符合下列规定：

$$m_{f_{cu}} \geqslant f_{cu,k} + 0.7\sigma_0 \tag{1-1}$$

$$f_{cu,min} \geqslant f_{cu,k} - 0.7\sigma_0 \tag{1-2}$$

检验批混凝土立方体抗压强度的标准差按下式计算：

$$\sigma_0 = \sqrt{\frac{\sum\limits_{i=1}^{n} f_{cu,i}^2 - nm_{f_{cu}}^2}{n-1}} \tag{1-3}$$

当混凝土强度等级不高于 C20 时，其强度的最小值尚应满足下式要求：

$$f_{cu,min} \geqslant 0.85 f_{cu,k} \tag{1-4}$$

当混凝土强度等级高于 C20 时，其强度的最小值尚应满足下式要求：

$$f_{cu,min} \geqslant 0.90 f_{cu,k} \tag{1-5}$$

式中 $m_{f_{cu}}$ ——同一验收批混凝土立方体抗压强度的平均值（N/mm^2），精确到 0.1（N/mm^2）；

       $f_{cu,k}$ ——混凝土立方体抗压强度标准值（N/mm^2），精确到 0.1（N/mm^2）；

       $f_{cu,i}$ ——前一个检验期内同一品种、同一强度等级的第 i 组混凝土试件的立方体抗压强度代表值（N/mm^2），精确到 0.1（N/mm^2）；该检验期不应少于 60d，也不得大于 90d；

σ_0——检验批混凝土立方体抗压强度的标准差（N/mm^2），精确到 0.0.1（N/mm^2）；当检验批混凝土强度标准差 σ_0 计算值小于 2.5 N/mm^2 时，应取 2.5 N/mm^2；

n——前一检验期内的样本容量，在该期间内样本容量不应少于 45；

$f_{cu,min}$——同一验收批混凝土立方体抗压强度的最小值（N/mm^2），精确到 0.1（N/mm^2）。

（2）当样本容量不少于 10 组时，其强度应同时满足下列要求：

$$m_{f_{cu}} \geqslant f_{cu,k} + \lambda_1 \cdot S_{f_{cu}} \qquad (1\text{-}6)$$

$$f_{cu,min} \geqslant \lambda_2 \cdot f_{cu,k} \qquad (1\text{-}7)$$

同一检验批混凝土立方体抗压强度的标准差应按下式计算：

$$S_{f_{cu}} = \sqrt{\frac{\sum\limits_{i=1}^{n} f_{cu,i}^2 - n m_{f_{cu}}^2}{n-1}} \qquad (1\text{-}8)$$

式中 $s_{f_{cu}}$——同一检验批混凝土立方体抗压强度的标准差（N/mm^2），精确到 0.01（N/mm^2）；当检验批混凝土强度标准差 $s_{f_{cu}}$ 计算值小于 2.5 N/mm^2 时，应取 2.5 N/mm^2；

λ_1、λ_2——合格评定系数；

n——本检验期内的样本容量。

（3）用非统计方法评定 当用于评定的样品容量小于 10 组时，应采用非统计方法评定混凝土强度。按非统计方法评定混凝土强度时，其强度应同时符合下列规定：

$$m_{f_{cu}} \geqslant \lambda_3 \cdot f_{cu,k} \qquad (1\text{-}9)$$

$$f_{cu,min} \geqslant \lambda_4 f_{cu,k} \qquad (1\text{-}10)$$

式中 λ_3、λ_4——合格评定系数。

（4）当检验结果能满足（1）、（2）、（3）条的规定时，则该批混凝土强度应评定为合格；当不能满足上述规定时，该批混凝土强度评定为不合格。

（5）对评定不合格批混凝土，可按国家现行的有关标准进行处理。

2. 抗渗

混凝土的抗渗等级以每组 6 个试件中 4 个试件未出现渗水时的最大水压力计算，其结果应满足设计的抗渗等级。

3. 坍落度及坍落度扩展度值

坍落度及坍落度扩展度值应满足相应的设计要求。

1.1.7　不合格处理

当施工中或验收时出现混凝土强度试块缺乏代表性或试块数量不足、对混凝土强度试块的试验结果有怀疑或有争议、混凝土强度试块的检测结果不能满足设计要求，且同一验收批混凝土强度评定不合格的，可采用非破损或局部破损的检测方法，按国家现行有关标准的规定对结构构件中的混凝土强度进行推定，作为处理依据。当混凝土标准强度试件检测结果达不到设计要求，且同一验收批混凝土强度评定不合格时，由工程受监质监站进行调查处理。

1.2　建筑钢材

建筑钢材是指建筑工程中所用的各种钢材。主要包括钢结构用的型钢、钢板、钢筋混凝土中用钢筋和钢丝及大量用的钢门窗和建筑五金等。作为工程建设中的主要材料，它广泛应用于工业与民用房屋建筑、道路桥梁、国防等工程中。

建筑钢材的主要优点是：

强度高：在建筑中可用作各种构件，特别适用于大跨度及高层建筑。在钢筋混凝土中，能弥补混凝土抗拉、抗弯、抗剪和抗裂性能较低的缺点。

塑性和韧性较好：在常温下建筑钢材能承受较大的塑性变形，可以进行冷弯、冷拉、冷拔、冷轧、冷冲压等各种冷加工。

可以焊接和铆接，便于装配。

建筑钢材的主要缺点是：容易生锈、维护费用大、防火性能较差、能耗及成本较高。

1.2.1 钢的分类

钢的分类方法很多，日常使用中，各种分类方法经常混合使用。常见的分类方法有以下几种。

1. 按冶炼方法分类

（1）转炉钢：根据炉衬材料不同分为酸性转炉和碱性转炉；

（2）平炉钢：平炉也分为酸性和碱性两种；

（3）电炉钢：电炉分电弧炉、感应炉、电渣炉三种，也分为酸性和碱性两种。

2. 按脱氧程度分类

（1）沸腾钢：脱氧不充分，存有气泡，化学成分不均匀，偏析较大，但成本较低；

（2）镇静钢和特殊镇静钢：脱氧充分、冷却和凝固时没有气体析出，化学成分均匀，机械性能较好，但成本也高；

（3）半镇静钢：脱氧程度、化学成分均匀程度、钢的质量和成本均介于沸腾钢和镇静钢之间。

3. 按化学成分分类

碳素钢：含碳量不大于 1.35%，含锰量不大于 1.2%，含硅量不大于 0.4%，并含有少量硫磷杂质的铁碳合金。根据含碳量碳素钢可分为：

（1）低碳钢：含碳量小于 0.25%；

（2）中碳钢：含碳量为 $0.25\%\sim0.6\%$；

（3）高碳钢：含碳量大于 0.6%。

合金钢：在碳钢基础上加入一种或多种合金元素，以使钢材获得某种特殊性能的钢种。根据合金元素含量可分为：

（1）低合金钢：合金元素总含量小于 5%；

（2）中合金钢：合金元素总含量为 $5\%\sim10\%$；

（3）高合金钢：合金元素总含量大于 10%。

4. 按钢材品质分类

（1）普通钢：含硫量≤0.055%～0.065%；

含磷量≤0.045%～0.085%；

（2）优质钢：含硫量≤0.030%～0.045%；

含磷量≤0.035%～0.040%；

（3）高级优质钢：含硫量≤0.020%～0.030%；

含磷量≤0.027%～0.035%。

5. 按用途分类

结构钢：按化学成分不同分两种

（1）碳素结构钢：根据品质不同有普通碳素结构钢（含碳量不超过0.38%，是建筑工程的基本钢种）和优质碳素结构钢（杂质含量少，具有较好的综合性能，广泛用于机械制造等工业）。

（2）合金结构钢：根据合金元素含量不同有普通低合金结构钢（是在普通碳素钢基础上加入少量合金元素制成的，有较高强度、韧性和可焊性。是工程中大量使用的结构钢种）和合金结构钢（品种繁多如弹簧钢、轴承钢、锰钢等，主要用于机械和设备制造等）。

工具钢：按化学成分不同有碳素工具钢、合金工具钢和高速工具钢，主要用于各种刀具、模具、量具等。

特殊性能钢：大多为高合金钢，主要有不锈钢、耐热钢、电工硅钢、磁钢等。

专门用途钢：按化学成分不同有碳素钢和合金钢，主要有钢筋钢、桥梁钢、钢轨钢、锅炉钢、矿用钢、船用钢等。

1.2.2 建筑钢材的技术标准

目前我国建筑钢材主要有普通碳素结构钢、优质碳素结构钢和普通低合金钢三种。

1. 普通碳素结构钢

普通碳素结构钢常简称碳素结构钢，属低中碳钢。可加工成型钢、钢筋和钢丝等，适用于一般结构和工程。构件可进行焊接、铆接等。

（1）钢牌号表示方法

碳素结构钢的牌号由屈服点的字母、屈服点数值、质量等级符号和脱氧程度四部分组成，各种符号及含义见表1-1。

碳素结构钢符号含义　　　　　表 1-1

符号	含义	备注
Q A、B、C、D	屈服点 质量等级	
F b	沸腾钢 半镇静钢	
Z TZ	镇　静　钢 特殊镇静钢	在牌号组成表示方法中,可以省略

例如 Q235—B·b 表示普通碳素结构钢其屈服点不低于235MPa，质量等级为 B 级，脱氧程度为半镇静钢。钢的质量等级 A、B、C、D 是逐级提高。

（2）钢的技术要求

碳素结构钢的技术要求包括化学成分、力学性质、冶炼方法、交货状态及表面质量五个方面。

碳素结构钢按屈服强度分 Q195、Q215、Q235、Q255 和 Q275 五个牌号，每种牌号均应满足相应的化学成分和力学性能要求。牌号越大，含碳量越多，强度和硬度越高，塑性和韧性越差。其拉伸和冲击试验指标应符合《碳素结构钢》（GB 700—2006）的规定。

碳素结构钢中，Q235 有较高的强度和良好的塑性、韧性，且易于加工，成本较低，被广泛应用于建筑结构中。

2. 优质碳素结构钢

简称优质碳素钢，与碳素结构钢相比，有害杂质少，性能稳定。

根据《优质碳素钢技术条件》（GB699—1999）规定，优质碳素钢有 31 个牌号，除 3 个是沸腾钢外，其余都是镇静钢。按含锰量不同又分为两大组，普通含锰量（0.35％～0.80％）和较高含锰量（0.70％～1.20％）。

优质碳素钢的钢牌号以平均含碳量的万分数表示。如含锰量较高，在钢号数字后加"Mn"，如是沸腾钢在数字后加"F"。三种沸腾钢是 08F、10F、15F。分别表示其含碳量 8/万、10/万、15/万。如 50 号钢，表示含碳量 50/万，含锰量较少的镇静钢。如 50Mn，表示含碳量 50/万，含锰量较多的镇静钢。特殊情况下可供应半镇静钢，如 08b～25b，同时要求含硅量不大于 0.17％。

3. 低合金高强度结构钢

在普通碳素结构钢中加入不超过 5％合金元素制得的钢种。

根据《低合金高强度结构钢》（GB/T 1591—2008）中规定，低合金高强度结构钢的牌号表示方法为：

钢的牌号由代表屈服点的汉语拼音字母（Q）、屈服点数值、质量等级符号（A、B、C、D、E）三个部分按顺序排列。

例如：Q390A

其中：

Q——钢材屈服点的"屈"字汉语拼音的首位字母；

390——屈服点数值，单位 MPa；

A、B、C、D、E——分别为质量等级符号。

钢的牌号和化学成分（熔炼分析）、钢材的拉伸、冲击和弯曲试验结果应符合《低合金高强度结构钢》（GB/T 1591—2008）的规定，合金元素含量应符合《钢分类》（GB/T 13304—2008）对低合金钢的规定。

1.2.3 建筑钢材的性能要求

常规的建筑钢材质量检验中，一般都要进行力学性能和冷弯性能检验。即钢材的拉伸检验和弯曲检验两项。对混凝土结构工程用钢筋还要进行重量偏差检验。拉伸作用是建筑钢材的主要受力形式，由拉伸试验所测得的屈服强度、抗拉强度、强屈比、超屈比和最大力总伸长率是建筑钢材的五个重要力学性能指标。冷弯性能是指建筑钢材在常温下易于加工而不被破坏的能力，它是建筑钢材的重要工艺指标，其实质反映了钢材内部组织状态、含有内应力及杂质等缺陷的程度。

1. 屈服强度 σ_s

金属试样在拉伸过程中，载荷不再增加，而试样仍继续发生变形的现象，称为"屈服"。发生屈服现象时的应力，即开始出现塑性变形时的应力，称为屈服强度，用 σ_s 表示，单位为 MPa。计算公式为：

$$\sigma_s = F_s(材料屈服时的载荷)/S_0(试样原横截面面积)$$

2. 抗拉强度 σ_b

指材料被拉断之前，所能承受的最大应力，用 σ_b 表示，单位为 MPa，计算公式为：

$$\sigma_b = F_b(试样拉断前所承受的最大载荷)/S_0(试样原横截面面积)$$

屈服强度和抗拉强度是工程技术上设计和选材的重要依据。因此，也是金属材料购销和检验工作中的重要性能指标。

3. 强屈比和超屈比

工程上所用的建筑钢材往往对强屈比和超屈比还有一定要求。所谓强屈比是指抗拉强度 σ_b 和屈服强度 σ_s 的比值。强屈比愈大，塑性储备愈大，愈不易发生突然断裂，但强屈比太高，钢材的强度水平就不能充分发挥。超屈比是指钢材的屈服强度实测值与屈服强度标准值的比值，这一指标主要是考核钢材的材质，如果钢材的屈服强度过高，钢材的材质就发生了变化。例如，对有抗震设防要求的框架结构，其纵向受力钢筋的强度应满足设计要求；当设计无具体要求时，对抗震等级为一、二、三级的框架和斜撑构件（含梯段），其纵向受力钢筋采用普通钢筋时，钢筋除应满足标准所规定的普通钢筋所有性能指标外，还应符合下列规定：

（1）钢筋的抗拉强度实测值与屈服强度实测值的比值不应小于 1.25；

（2）钢筋的屈服强度实测值与屈服强度标准值的比值不应大于 1.3；

（3）钢筋的最大力总伸长率不小于 9%。

4. 伸长率 δ_s

金属在拉伸试验时，试样拉断后，其标距部分所增加的长度与原标距长度的百分比称为伸长率。以 δ_s 表示，计算公式为：

$$\delta_s = [L_1(拉断后试样标距长度) - L_0(试样原标距长度)] / L_0(试样原标距长度) \times 100\%$$

标距长度对伸长率影响很大，所以伸长率必须注明标距。标准试件的标距长度为 $10d_0$，d_0 为试件的直径。当标距长度为 $10d_0$ 时，其伸长率叫做 δ_{10}，当标距长度为 $5d_0$ 时，其伸长率叫作 δ_5。短试样所测得的伸长率大于长试样。对于不同材料，只有采用相同长度的试样，δ_s 值才能进行比较。

5. 冷弯性能

冷弯性能的测定，是将钢材试件在规定的弯心直径上冷弯到 180° 或 90°，在弯曲处外表及侧面，如无裂纹、起层或断裂现象发生，即认为试件冷弯性能合格。出现裂纹前能承受的弯曲程度愈大，则材料的冷弯性能愈好。弯曲程度一般用弯曲角度或弯芯直径 d 对钢筋直径 α 的比值来表示，弯曲角度愈大或弯芯直径 d 对钢筋直径 α 的比值愈小，则材料的冷弯性能就愈好。工程上常采用该方法来检验建筑钢材各种焊接接头的焊接质量。

建筑钢材在加工过程中，如发现脆断、焊接性能不良或力学性能显著不正常等现象，应根据现行国家标准对该批建筑钢材进行化学成分检验或其他专项检验。

1.2.4 常用建筑钢材

建筑中常用的钢材主要有钢筋混凝土用的钢筋、钢丝、钢绞线及各类型材。

1. 钢筋

钢筋是由轧钢厂将炼钢厂生产的钢锭经专用设备和工艺制成

的条状材料。在钢筋混凝土和预应力钢筋混凝土中，钢筋属于隐蔽材料，其品质优劣对工程影响较大。钢筋抗拉能力强，在混凝土中加钢筋，使钢筋和混凝土粘结成一整体，构成钢筋混凝土构件，就能弥补混凝土的不足。

我国的钢筋用量非常大，虽然政府已采取了多项管理措施，但是钢筋方面的制劣、售劣、用劣行为依然存在，瘦身钢筋现象时有发生。全国目前仍有一些无生产许可证而生产带肋钢筋的小企业，其中有一些企业还在用"地条钢"坯轧制带肋钢筋，一些场外钢筋加工厂也存在过度冷拉冷拔加工瘦身成型钢筋。假冒伪劣钢筋、瘦身钢筋会给工程质量带来重大安全隐患，轻者建筑工程寿命缩短，重者桥梁断裂、房屋倒塌，而且由于劣质钢筋不讲工艺、质量，低价抛售后，还严重扰乱了正常的市场经营秩序，给国家钢铁总量控制、调整产品结构、促进产品质量提高带来了严重的冲击。所以从事建筑施工管理的人员均应加强防范，防止假冒伪劣的不合格钢筋混入建筑工地。

钢筋牌号

钢筋的牌号是人们给钢筋所取的名字，牌号不仅表明了钢筋的品种，而且还可以大致判断其质量。

按钢筋的牌号分类，钢筋主要可分为以下几种：

钢筋的牌号为 HRB400；HRB500；HPB300；CRB550 等。使用于较高要求的抗震结构钢筋在已有牌号（例如：HRB400、HRB500 等）后加"E"，"E"是 Earthquake（地震）的第一个字母。

牌号中的 HRB 分别为热轧（Hot rolled）、带肋（Ribbed）、钢筋（Bars）三个词的英文首位字母，后面的数字是表示钢筋的屈服强度最小值；

牌号中的 HPB 分别为热轧（Hot rolled）、光圆（Plain）、钢筋（Bars）三个词的英文首位字母，后面的数字是表示钢筋的屈服强度最小值；

牌号中的 CRB 分别为冷轧（Cold rolled）、带肋（Ribbed）、

钢筋（Bars）三个词的英文首位字母，后面的数字是表示钢筋的抗拉强度最小值。

工程图纸中，牌号为 HPB300 的钢筋混凝土用热轧带肋钢筋常用符号"A"表示；牌号为 HRB400 的钢筋混凝土用热轧带肋钢筋常用符号"C"表示；牌号为 HRB500 的钢筋混凝土用热轧带肋钢筋常用符号"D"表示。

工程中常用的钢筋

工程中经常使用的钢筋品种有：钢筋混凝土用热轧带肋钢筋、钢筋混凝土用热轧光圆钢筋、低碳钢热轧圆盘条、冷轧带肋钢筋、钢筋混凝土用余热处理钢筋等。建筑施工所用钢筋必须与设计相符，并且满足产品标准要求。

（1）钢筋混凝土用热轧带肋钢筋

钢筋混凝土用热轧带肋钢筋（俗称螺纹钢）是最常用的一种钢筋，它是用低合金高强度结构钢轧制成的条形钢筋，通常带有2道纵肋和沿长度方向均匀分布的横肋，按肋纹的形状又分为月牙肋和等高肋。由于表面肋的作用，和混凝土有较大的粘结能力，因而能更好地承受外力的作用，适用于作为非预应力钢筋、箍筋、构造钢筋。热轧带肋钢筋经冷拉后还可作为预应力钢筋。热轧带肋钢筋直径范围为 6～50mm。推荐的公称直径（与该钢筋横截面面积相等的圆所对应的直径）为 6mm、8mm、10mm、12mm、16mm、20mm、25mm、32mm、40mm、50mm。

（2）钢筋混凝土用热轧光圆钢筋

热轧光圆钢筋是经热轧成型并自然冷却而成的横截面为圆形，且表面为光滑的钢筋混凝土配筋用钢材，其钢种为碳素结构钢，屈服强度数值为 300MPa。适用于作为非预应力钢筋、箍筋、构造钢筋、吊钩等。热轧光圆钢筋的直径范围为 6～20mm。推荐的公称直径为 6mm、8mm、10mm、12mm、16mm、20mm。

（3）低碳钢热轧圆盘条

热轧盘条是热轧型钢中截面尺寸最小的一种，大多通过卷线机卷成盘卷供应，故称盘条或盘圆。低碳钢热轧圆盘条由屈服强度较低的碳素结构钢轧制，适用于非预应力钢筋、箍筋、构造钢筋、吊钩等。热轧圆盘条又是冷拔低碳钢丝的主要原材料，用热轧圆盘条冷拔而成的冷拔低碳钢丝可作为预应力钢丝，用于小型预应力构件（如多孔板等）或其他构造钢筋、网片等。热轧盘条的直径范围为 5.5～14mm。常用的公称直径为 5.5mm、6mm、6.5mm、7mm、8mm、9mm、10mm、11mm、12mm、13mm、14mm。

（4）冷轧带肋钢筋

冷轧带肋钢筋是以碳素结构钢或低合金热轧圆盘条为母材，经冷轧（通过轧钢机轧成表面有规律变形的钢筋）或冷拔（通过冷拔机上的孔模，拔成一定截面尺寸的细钢筋）减径后在其表面冷轧成三面（或二面）有肋的钢筋，提高了钢筋和混凝土之间的粘结力。适用于作为小型预应力构件的预应力钢筋、箍筋、构造钢筋、网片等。与热轧圆盘条相比较，冷轧带肋钢筋的强度提高了 17％左右。冷轧带肋钢筋的直径范围为 4～12mm。

冷轧带肋钢筋、预应力冷轧带肋钢筋的抗拉强度标准值、设计值和弹性模量应按照《冷轧带肋钢筋》（GB 13788—2008）中的规定。

另外使用冷轧带肋钢筋的钢筋混凝土结构的混凝土强度等级不宜低于 C20；预应力混凝土结构构件的混凝土强度等级不应低于 C30。

注：处于室内高湿度或露天环境的结构构件，其混凝土强度等级不得低于 C30。

混凝土的强度标准值、强度设计值及弹性模量等应按国家现行《混凝土结构设计规范》（GB 50010—2010）的有关规定采用。

（5）钢筋混凝土用余热处理钢筋

钢筋混凝土用余热处理钢筋是指低合金高强度结构钢经热轧

后立即穿水，进行表面控制冷却，然后利用芯部余热自身完成回火处理所制成品钢筋。其性能均匀，晶粒细小，在保证良好塑性、焊接性能的条件下，屈服点约提高 10%，用作钢筋混凝土结构的非预应力钢筋、箍筋、构造钢筋，可节约材料并提高构件的安全可靠性。余热处理月牙肋钢筋的强度等级代号为RRB400、RRB500。余热处理钢筋的直径范围为 8～50mm。推荐的公称直径为 8mm、10mm、12mm、16mm、20mm、25mm、32mm、40mm、50mm。

2. 型钢

建筑中的主要承重结构常使用各种规格的型钢来组成各种形式的钢结构。钢结构常用的型钢有圆钢、方钢、扁钢、工字钢、槽钢、角钢等。型钢由于截面形式合理，材料在截面上的分布对受力有利，且构件间的连接方便。所以，型钢是钢结构中采用的主要钢材。钢结构用钢的钢种和牌号，主要根据结构的重要性、荷载特征、结构形式、应力状态、连接方法、钢材厚度和工作环境等因素选择。对于承受动力荷载或振动荷载的结构、处于低温环境的结构，应选择韧性好，脆性临界温度低的钢材。对于焊接结构应选择焊接性能好的钢材。我国钢结构用热轧型钢主要采用的是碳素结构钢和低合金高强度结构钢。

常用型钢品种及相关质量要求：

（1）热轧扁钢

热轧扁钢是截面为矩形并稍带钝边的长条钢材，主要由碳素结构钢或低合金高强度结构钢制成。其规格以厚度×宽度的毫米数表示，如"4×25"表示厚度为 4mm，宽度为 25mm 的扁钢。在建筑工程中多用作一般结构件，如连接板、栏栅、楼梯扶手等。扁钢的截面为矩形，其厚度为 3～60mm，宽度为10～150mm。

（2）热轧工字钢

热轧工字钢也称钢梁，是截面为工字形的长条钢材，主要由碳素结构钢轧制而成。其规格以腰高（h）×腿宽（b）×腰厚（d）的毫米数表示，如"工 160×88×6"，即表示腰高为 160mm，腿宽为 88mm，腰厚为 6mm 的工字钢。工字钢规格也可用型号表示，型号表示腰高的厘米数，如工 16 号。腰高相同的工字钢，如有几种不同的腿宽和腰厚，需在型号右边加 a 或 b 或 c 予以区别，如 32a、32b、32c 等。热轧工字钢的规格范围为 10 号~63 号。工字钢广泛应用于各种建筑钢结构和桥梁，主要用在承受横向弯曲的杆件。

3. 热轧槽钢

热轧槽钢是截面为凹槽形的长条钢材，主要由碳素结构钢轧制而成。其规格表示方法同工字钢。如 120×53×5，表示腰高为 120mm、腿宽为 53mm、腰厚为 5mm 的槽钢，或称 12 号槽钢。腰高相同的槽钢，如有几种不同的腿宽和腰厚，也需在型号右边加上 a 或 b 或 c 予以区别，如 25a、25b、25c 等。热轧槽钢的规格范围为 5 号~40 号。

槽钢主要用于建筑钢结构和车辆制造等，30 号以上可用于桥梁结构作受拉力的杆件，也可用作工业厂房的梁、柱等构件。槽钢常常和工字钢配合使用。

4. 热轧等边角钢

热轧等边角钢（俗称角铁），是两边互相垂直成角形的长条钢材，主要由碳素结构钢轧制而成。其规格以边宽×边宽×边厚的毫米数表示。如 30×30×3，即表示边宽为 30mm、边厚为 3mm 的等边角钢。也可用型号表示，型号是边宽的厘米数，如 3 号。型号不表示同一型号中不同边厚的尺寸，因而在合同等单据上应将角钢的边宽、边厚尺寸填写齐全，避免单独用型号表示。热轧等边角钢的规格为 2~20 号。

热轧等边角钢可按结构的不同需要组成各种不同的受力构件，也可作构件之间的连接件。其广泛应用于各种建筑结构和工程结构上。

常用型钢的截面形状、代号及用途见表 1-2。

常用型钢及钢板的规格和用途 表 1-2

型钢种类	规格	代号	钢材分类	用途
角钢	等边∟ 2～20 号 (二十种)	∟ a(cm)	普通碳素结构钢 普通低合金钢	可铆、焊成 钢构件
	不等边∟ 3.2/2～20/12.5 (十二种)	∟ a/b(cm)		
槽钢	轻型和普型〔	〔hb(cm) hb	普通碳素结构钢 普通低合金钢	可铆接、焊接成 钢构件大型槽钢 可直接用做 钢构件
工字钢	轻型 I 22～63 八个型号 普型工 10～30 十二个型号 20 种规格	Ih 当腰宽、 腿宽不同时, 加用 a、b、c 表示		可铆接、焊接成 钢构件大型工字 钢可直接用 做钢构件
钢管	无缝(一般、 专用)			工业、化工管道、 建筑工程中用一 般无缝钢管
	焊接(普通、 加厚、镀锌、 不镀锌)			用做输水、煤 气、采暖管道
钢板	薄钢板 a≤0.2～4mm			屋面、通风管 道、排水管道
	中厚钢板 a>4～60mm	a(cm)	普通碳素结构钢	料仓、仓储、 水箱、闸门等

1.2.5 建筑钢材的验收和储运

1. 建筑钢材验收的四项基本要求

建筑钢材从钢厂到施工现场经过了商品流通的多道环节,建筑钢材的检验验收是质量管理中必不可少的环节。建筑钢材必须按批进行验收,并达到下述四项基本要求,下面将以工程中常用的热轧带肋钢筋为主要对象予以叙述。

（1）订货和发货资料应与实物一致

检查发货码单和质量证明书内容是否与建筑钢材标牌标志上的内容相符。对于钢筋混凝土用热轧带肋钢筋、冷轧带肋钢筋和预应力混凝土用钢材（钢丝、钢棒和钢绞线）必须检查其是否有《全国工业产品生产许可证》，该证由国家质量监督检验检疫总局颁发，证书上带有国徽，一般有效期不超过5年。对符合生产许可证申报条件的企业，由各省或直辖市的工业产品生产许可证办公室先发放《行政许可申请受理决定书》，并自受理企业申请之日起60日内，作出是否准予许可的决定。为了打假治劣，保证重点建筑钢材的质量，国家将热轧带肋钢筋、冷轧带肋钢筋和预应力混凝土用钢材（钢丝、钢棒和钢绞线）划为重要工业产品，实行了生产许可证管理制度。其他类型的建筑钢材国家目前未发放《全国工业产品生产许可证》。

① 热轧带肋钢筋生产许可证编号

例：XK05-205-×××××

XK——代表许可

05——冶金行业编号

205——热轧带肋钢筋产品编号

×××××为某一特定企业生产许可证编号

② 冷轧带肋钢筋生产许可证编号

例：XK05-322-×××××

XK——代表许可

05——冶金行业编号

322——冷轧带肋钢筋产品编号

×××××为某一特定企业生产许可证编号

③ 预应力混凝土用钢材（钢丝、钢棒和钢绞线）生产许可证编号

例：XK05-114-×××××

XK——代表许可

05——冶金行业编号

114——预应力混凝土用钢材（钢丝、钢棒和钢绞线）产品编号

×××××为某一特定企业生产许可证编号

为防止施工现场带肋钢筋等产品《全国工业产品生产许可证》和产品质量证明书的造假现象，施工单位、监理单位可通过国家质量监督检验检疫总局网站（http：//www.aqsiq.gov.cn/search/gyxkz/）进行带肋钢筋等产品生产许可证获证企业的查询。上海地区对场外钢筋调直、钢筋调直后再成型的企业实行备案管理，应检查场外钢筋加工企业是否获得《上海市钢筋加工企业质量诚信自律备案证明》，施工单位、监理单位可通过上海建材信息网（http：//www.sbmia.org.cn/）进行备案证明真伪查询。

（2）检查包装

除大中型型钢外，不论是钢筋还是型钢，都必须成捆交货，每捆必须用钢带、盘条或铁丝均匀捆扎结实，端面要求平齐，不得有异类钢材混装现象。每一捆扎件上一般都栓有两个标牌，上面注明生产企业名称和厂标、牌号、规格、炉罐号、生产日期、带肋钢筋生产许可证标志和编号等内容。上海地区对由场外钢筋加工企业调直和调直后再成型的钢筋应悬挂统一的调直钢筋质量诚信自律备案企业加工吊牌，吊牌上应注明加工企业名称、电话、传真、直径、重量、原材企业、加工日期等内容。按照《钢筋混凝土用钢 第2部分：热轧带肋钢筋》（GB1499.2—2007）规定，带肋钢筋生产企业都应在自己生产的热轧带肋钢筋表面轧上明显的牌号标志，并依次轧上厂名（或商标）和直径（mm）数字。钢筋牌号以阿拉伯数字表示，HRB400、HRB500对应的阿拉伯数字分别为3、4。厂名以汉语拼音字头表示，直径（mm）数以阿拉伯数字表示。

例如：3××16表示牌号为400由"某钢铁公司"生产的直径为16mm的热轧带肋钢筋。3××16中，××为钢厂厂名中特征汉字的汉语拼音字头。

直径不大于 10mm 的钢筋，可不轧制标志，可采用挂标牌方法。

施工和监理单位应加强施工现场热轧带肋钢筋生产许可证、产品质量证明书、产品表面标志和产品标牌一致性的检查。对所购热轧带肋钢筋委托复检时，必须截取带有产品表面标志的试件送检（例如：2SD16），并在委托检验单上如实填写生产企业名称、产品表面标志等内容，上海地区对场外加工的钢筋送检时应填写加工企业的备案编号，建材检验机构应对产品表面标志及送检单位出示的生产许可证复印件和质量证明书进行复核。不合格热轧带肋钢筋加倍复检所抽检的产品，其表面标志必须与企业先前送检的产品一致。

（3）对建筑钢材质量证明书内容进行审核

质量证明书必须字迹清楚，证明书中应注明：供方名称或厂标、需方名称、发货日期、合同号、标准号及水平等级、牌号、炉罐（批）号、交货状态、加工用途、重量、支数或件数、品种名称、规格尺寸（型号）和级别、标准中所规定的各项试验结果（包括参考性指标）、技术监督部门印记等。

钢筋混凝土用热轧带肋钢筋的产品质量证明书上应印有生产许可证编号和该企业产品表面标志；冷轧带肋钢筋的产品质量证明书上应印有生产许可证编号。质量证明书应加盖生产单位公章或质检部门检验专用章。若建筑钢材是通过中间供应商购买的，则质量证明书复印件上应注明购买时间、供应数量、买受人名称、质量证明书原件存放单位，在建筑钢材质量证明书复印件上必须加盖中间供应商的红色印章，并有送交人的签名。

上海地区对由场外钢筋加工企业加工后的调直和调直后再成型钢筋，应检查钢筋加工企业出具的调直钢筋质量保证书，质量保证书必须字迹清楚，保证书应注明：委托方名称、委托方地址、工程名称、工程地址、原材生产企业、生产许可证编号、原材进货日期、加工合同编号、加工后产品规格和力学性能指标、加工企业名称、备案编号、签发日期等。

（4）建立材料台账

建筑钢材进场后，施工单位应及时建立"建设工程材料采购验收检验使用综合台账"。监理单位可设立"建设工程材料监理监督台账"。内容包括：材料名称、规格品种、生产单位、供应单位、进货日期、送货单编号、实收数量、生产许可证编号、质量证明书编号、产品标识（标志）、外观质量情况、材料检验日期、检验报告编号、材料检测结果、工程材料报审表签认日期、使用部位、审核人员签名等。

2. 钢筋质量的验收

建筑钢材的实物质量主要是看所送检的钢材是否满足规范及相关标准要求；现场所检测的建筑钢材尺寸偏差是否符合产品标准规定；外观缺陷是否在标准规定的范围内；对于建筑钢材的锈蚀现象各方也应引起足够的重视。

（1）钢筋混凝土用热轧带肋钢筋

热轧带肋钢筋的力学和冷弯性能检验应按批进行。每批应由同牌号、同一炉罐号、同一规格的钢筋组成，每批重量不大于60t。超过60t的部分，每增加40t（或不足40t的余数），增加一个拉伸试验试样和一个弯曲试验试样。力学性能检验的项目有拉伸试验和冷弯试验等二项，需要时还应进行反复弯曲试验。

① 拉伸试验：每批任取 2 支切取 2 件试样进行拉伸试验。拉伸试验包括屈服强度、抗拉强度和伸长率等三项。

② 冷弯试验：每批任取 2 支切取 2 件试样进行 180°冷弯试验。冷弯试验时，受弯部位外表面不得产生裂纹。

③ 反复弯曲：需要时，每批任取 1 件试样进行反复弯曲试验。

④ 取样规格：拉伸试样 500～600mm；弯曲试样 200～250mm。（其他钢筋产品的试样亦可参照此尺寸截取）

各项试验检验的结果符合《钢筋混凝土用钢 第 2 部分：热轧带肋钢筋》（GB 1499.2—2007）规定时，该批热轧带肋钢筋为合格。如果有一项不合格，则从同一批中再任取双倍数量的试样进行该不合格项目的复检。如仍有一项不合格，则该批为不合格。

根据规定应按批检查热轧带肋钢筋的外观质量。钢筋表面不得有裂纹、结疤和折叠。钢筋表面允许有凸块，但不得超过横肋的高度，钢筋表面上其他缺陷的深度和高度不得大于所在部位尺寸的允许偏差。

根据规定应按批检查热轧带肋钢筋的尺寸偏差。钢筋的内径尺寸及其允许偏差应符合标准规定，测量精确到 0.1mm。

（2）钢筋混凝土用热轧光圆钢筋

热轧光圆钢筋的力学和冷弯性能检验应按批进行。每批应由同一牌号、同一炉罐号、同一规格、同一交货状态的钢筋组成，每批重量不大于 60t。超过 60t 的部分，每增加 40t（或不足 40t 的余数），增加一个拉伸试验试样和一个弯曲试验试样。力学和冷弯性能检验的项目有拉伸试验和冷弯试验等两项。

① 拉伸试验：每批任选 2 支切取 2 件试样，进行拉伸试验；拉伸试验包括屈服强度、抗拉强度和伸长率等三项。

② 冷弯试验：每批任选 2 支切取 2 件试样进行 180°冷弯试验。冷弯试验时，受弯部位外表面不得产生裂纹。

各项试验检验的结果符合《钢筋混凝土用钢 第 1 部分：热轧光圆钢筋》（GB 1499.1—2008）规定时，该批热轧光圆钢筋为合格。如果有一项不合格，则从同一批中再任取双倍数量的试样进行该不合格项目的复检。如仍有一项不合格，则该批为不合格。

根据规定应按批检查热轧光圆钢筋的外观质量。钢筋表面不得有裂纹、结疤和折叠。钢筋表面的凸块和其他缺陷的深度和高度不得大于所在部位尺寸的允许偏差。

根据规定应按批检查热轧光圆钢筋的尺寸偏差。钢筋的直径允许偏差不大于±0.4mm，不圆度不大于 0.4mm。钢筋的弯曲度每米不大于 4mm，总弯曲度不大于钢筋总长度的 0.4%，测量精确到 0.1mm。

（3）低碳钢热轧圆盘条

盘条的力学和冷弯性能检验应按批进行。每批应由同一牌号、同一炉罐号、同一尺寸的盘条组成，每批重量不大于 60t。力学和冷弯性能检验的项目有拉伸试验和冷弯试验等二项。

① 拉伸试验：每批取 1 件试样进行拉伸试验。拉伸试验包括屈服强度、抗拉强度、伸长率等三项。

② 冷弯试验：每批在不同盘上取 2 件试样进行 180°冷弯试验。冷弯试验时受弯部位外表面不得产生裂纹。

各项试验检验的结果符合《低碳钢热轧圆盘条》（GB/T 701—2008）规定时，该批低碳钢热轧圆盘条为合格。如果有一项不合格，则从同一批中再任取双倍数量的试样进行该不合格项目的复检。如仍有一项不合格，则该批为不合格。

根据规定应逐盘检查低碳钢热轧圆盘条的外观质量。盘条表面应光滑，不得有裂纹、折叠、耳子、结疤等。盘条不得有夹杂及其他有害缺陷。

根据规定应逐盘检查低碳钢热轧圆盘条的尺寸偏差。钢筋的直径允许偏差不大于 0.45mm，不圆度（同一截面上最大值和最小直径之差）不大于 0.45mm。

（4）冷轧带肋钢筋

冷轧带肋钢筋的力学和冷弯性能检验应按批进行。每批应由同一牌号、同一规格和同一级别的钢筋组成。每批重量不大于 60t。力学和冷弯性能检验的项目有拉伸试验和冷弯试验等二项。

① 拉伸试验：每盘任意端截取 500mm 后切取 1 件试样进行拉伸试验。拉伸试验包括屈服点、抗拉强度和伸长率三项。

② 冷弯试验：每批任取 2 盘切取 2 件试样进行 180°冷弯试验。冷弯试验时，受弯部位外表面不得产生裂纹。

各项试验检验的结果符合《冷轧带肋钢筋》（GB 13788—2008）规定时，该批冷轧带肋钢筋为合格。如果有一项不合格，则从同一批中再任取双倍数量的试样进行该不合格项目的复检。

如仍有一项不合格，则该批为不合格。

根据规定应按批检查冷轧带肋钢筋的外观质量。钢筋表面不得有裂纹、结疤、折叠、油污及其他影响使用的缺陷，钢筋表面可有浮锈，但不得有锈皮及肉眼可见的麻坑等腐蚀现象。

根据规定应按批检查冷轧带肋钢筋的尺寸偏差。冷轧带肋钢筋尺寸、重量的允许偏差应符合标准规定。

（5）钢筋混凝土用余热处理钢筋

余热处理钢筋的力学和冷弯性能检验应按批进行。每批应由同一牌号、同一炉罐号、同一规格的钢筋组成，每批重量不大于60t。力学性能检验的项目有拉伸试验和冷弯试验等二项。

① 拉伸试验：每批任取 2 支切取 2 件试样进行拉伸试验。拉伸试验包括屈服点、抗拉强度和伸长率等三项。

② 冷弯试验：每批任取 2 支切取 2 件试样进行 180°冷弯试验。冷弯试验时受弯部位外表面不得产生裂纹。

各项试验检验的结果符合《钢筋混凝土用余热处理钢筋》（GB 13014—2013）规定时，该批余热处理钢筋为合格。如果有一项不合格，则从同一批中再任取双倍数量的试样进行该不合格项目的复检。如仍有一项不合格，则该批为不合格。

根据规定应按批检查余热处理钢筋的外观质量。钢筋表面不得有裂纹、结疤和折叠。钢筋表面允许有凸块，但不得超过横肋的高度，钢筋表面上其他缺陷的深度和高度不得大于所在部位尺寸的允许偏差。

根据规定应按批检查余热处理钢筋的尺寸偏差。钢筋混凝土用余热处理钢筋的内径尺寸及其允许偏差应符合标准规定，测量精确到 0.1mm。

（6）常用型钢

型钢的规格尺寸及允许偏差应符合其产品标准的要求。

检查数量：每一品种、同一规格的型钢抽查 5 处。

检验方法：用钢尺或游标卡尺测量。

如设计单位有要求，用于建设工程的型钢产品也应进行力学性能和冷弯性能的检验。

3. 建筑钢材的运输、储存

建筑钢材由于重量大、长度长，运输前必须了解所运建筑钢材的长度和单捆重量，以便安排运输车辆和吊车。

建筑钢材应按不同的品种、规格分别堆放。在条件允许的情况下，建筑钢材应尽可能存放在库房或料棚内（特别是有精度要求的冷拉、冷拔等钢材），若采用露天存放，则料场应选择地势较高而又平坦的地面，经平整、夯实、预设排水沟道、安排好垛底后方能使用。为避免因潮湿环境而引起的钢材表面锈蚀现象，雨雪季节建筑钢材要用防雨材料覆盖。

施工现场堆放的建筑钢材应注明"合格"、"不合格"、"在检"、"待检"等产品质量状态，注明钢材生产企业名称、品种规格、进场日期及数量等内容，并以醒目标识标明，工地应由专人负责建筑钢材收货和发料。

1.3 新型墙体材料

墙体材料是指构成建筑物墙体的制品单元，建筑物墙体包括建筑外墙和建筑内墙。建筑外墙是指包围着建筑物外部的围护墙或承重墙，建筑内墙是指建筑物内部的承重墙或隔墙。而承重墙指能够承担恒载、活载、雪载、风载等类荷载作用的墙，因其所处部位不同，有时也要求兼起围护墙的作用。非承重墙指只承受墙自重，不承受建筑结构荷载的墙。围护墙是指用来遮阳、避雨、挡风、防寒、隔热、吸声和隔声的非承重墙。隔墙指垂直分割建筑物内部空间的非承重墙。

新型墙体材料是一个相对的概念，随着社会发展水平的不断进步，新材料、新要求不断涌现和提出，因此，不同时期的新型墙体材料的含义不同。目前，对新型墙体材料的定义主要是从保护耕地、保护环境、节能利废角度出发，将其定义为：主要采用非黏土作为原材料生产的墙体材料，尤其是利用工业废渣，如粉煤灰、煤矸石等大宗固体废物,生产具有节能、保温、轻质、利废、环保功能的墙体材料。预拌混凝土及预制混凝土墙板通常不属于新型墙体材料的讨论范畴。

1.3.1 新型墙体材料分类

新型墙体材料有多种分类方法,常用分类方法有按产品尺寸形制、原材料和生产工艺、孔洞情况、使用部位进行分类,其中按产品尺寸形制、原材料和生产工艺分类是最常见的分类方式。

新型墙体材料按产品尺寸形制分为砖、砌块和板材三大类。砖:外形多为直角六面体,也有各种异形的,长度不超过365mm,宽度不超过240mm,高度不超过115mm;砌块:外形多为直角六面体,也有各种异形的,砌块系列中主规格的长度、宽度或高度有一项或一项以上分别大于365mm,240mm或115mm,但高度不大于长度或宽度的6倍,长度不超过高度的3倍。墙板指用于墙体的建筑板材,包括大型墙板、条板和薄板等。

新型墙体材料按原材料与生产工艺分为非黏土烧结制品和非烧结制品,其中非烧结制品又可分为非蒸压水泥制品和蒸压硅酸盐制品;按孔洞率分为实心制品、多孔制品、空心制品;按使用部位分为可用于承重部位制品和仅用于非承重部位制品等。

从以上分类方法中可以看出,新型墙体材料的分类是多样化的。为了使用方便,经长期积累,人们形成的分类习惯如下:对某一具体新型墙体材料,先按尺寸形状主要分为砖、砌块、板材三大类,之后按照生产工艺、孔洞情况或使用部位进行分类,见图1-1。

因此,目前最为常用的新型墙体材料分类方式为:首先将新型墙体材料分为砖、砌块、板材三大类,其中砖按照原材料与生产工艺分为:非黏土烧结砖、蒸压灰砂砖、混凝土砖、蒸压粉煤灰砖等,按孔洞率分为:实心砖、多孔砖、空心砖,按使用部位分为:承重砖、非承重砖;其中砌块按照原材料与生产工艺分为:非黏土烧结砌块、蒸压加气砌块、普通混凝土砌块、轻集料

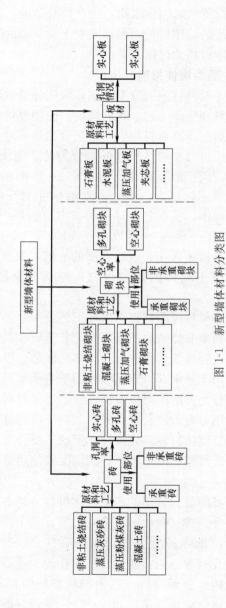

图 1-1 新型墙体材料分类图

混凝土砌块、模卡砌块、石膏砌块等，按空心率分为：多孔砌块、空心砌块，按使用部位分为：承重砌块、非承重砌块；板材一般按原材料和生产工艺分为：石膏板、水泥板、蒸压加气板、夹芯板等，按孔洞情况分为：实心板、空心板。

如对一种新型墙体材料进行分类命名，方法如下：首先需明确其属于砖、砌块、板材中的哪一类，假设属于砖类；其次，需明确该产品的生产原材料和生产工艺，假设为水泥混凝土压制成型；再次，需明确其孔洞情况，假设孔洞率为 28%；最后，根据需要确定是否在名称前加入使用部位，假设有必要明确产品为可用于承重部位。因此，该产品的分类应为承重混凝土多孔砖。从该例中可以看出，该产品的名称变化为：砖—混凝土砖—混凝土多孔砖—承重混凝土多孔砖。而在实际使用时，往往会根据使用需要，选择最为简洁的分类命名方法。

按照原材料分类，新型墙体材料可以分为 7 大类，分别是：（1）混凝土小型空心砌块、混凝土砖；（2）蒸压加气混凝土砌块（板）；（3）蒸压灰砂砖；（4）非黏土烧结制品；（5）建筑隔墙用条板；（6）石膏基新型墙体材料（纸面石膏板）；（7）金属夹心板。本文以七大类进行分别叙述。

1.3.2 新型墙体材料产品定义

1. 混凝土小型空心砌块和混凝土砖

本书介绍的混凝土小型空心砌块包括普通混凝土小型空心砌块、轻集料混凝土小型空心砌块以及模块砌块，混凝土砖包括承重混凝土多孔砖、非承重混凝土空心砖和混凝土实心砖。各产品的定义如下：

（1）混凝土砌块

① 普通混凝土小型空心砌块：以水泥为胶结材料，以砂、石等为主要集料，加水搅拌、成型、养护制成的空心率不低于 25% 的砌块。代号为 NHB，主规格尺寸为 390mm×190mm×190mm（长×宽×高，下同），其他规格尺寸可由供需双方协商。产品现行标准为《普通混凝土小型砌块》（GB 8239—

2014)。

② 轻集料混凝土小型空心砌块：用轻集料混凝土制成的小型空心砌块，轻集料混凝土是指用轻粗集料、轻砂（或普通砂）、水泥和水等原材料配制而成的干表观密度不大于 1950kg/m³ 的混凝土。代号为 LB，主规格尺寸为 390mm×190mm×190mm，其他规格尺寸可由供需双方协商。产品现行标准为《轻集料混凝土小型空心砌块》（GB/T 15229—2011）。

（2）混凝土砖

① 承重混凝土多孔砖：以水泥、砂、石等为主要原材料，经配料、搅拌、成型、养护制成，用于承重结构的多排孔混凝土砖。代号为 LPB，主规格尺寸为 240mm×115mm×90mm，其他规格尺寸可由供需双方协商。产品现行执行标准为《承重混凝土多孔砖》（GB 25779—2010）。

② 非承重混凝土空心砖：以水泥、集料为主要原料，可掺入外加剂及其他材料，经配料、搅拌、成型、养护制成的空心率不小于 25%，用于非承重结构部位的砖。代号为 NHB，主规格尺寸为 240mm×115mm×90mm，其他规格尺寸可由供需双方协商。产品现行执行标准为《非承重混凝土空心砖》 （GB/T 24492—2009）。

③ 混凝土实心砖：以水泥为胶结材料，以砂、石等为主要集料，加水搅拌、成型、养护制成的实心砖。代号为 SCB，主规格尺寸为 240mm×115mm×53mm，其他规格尺寸可由供需双方协商。产品现行执行标准为《混凝土实心砖》（GB/T 21144—2007）。

普通混凝土小型空心砌块、轻集料混凝土小型空心砌块、承重混凝土多孔砖、非承重混凝土空心砖和混凝土实心砖，具有完全相同的生产工艺，其区别之处在于产品尺寸不同、个别产品原材料（主要指轻集料）略有差异，因此，需更换不同尺寸的成型模具，采用不同的生产原材料。除此之外，其生产过程所使用的工艺、设备几乎完全相同。

2. 蒸压加气混凝土砌块（板）

（1）蒸压加气混凝土砌块：以硅质材料和钙质材料为主要原料，掺加发气剂，经加水搅拌，由化学反应形成空隙，经浇注成型、预养切割、蒸压养护等工艺过程制成的多孔硅酸盐砌块。

（2）蒸压加气混凝土板：以硅质材料和钙质材料为主要原料，以铝粉为发气剂，配以经防腐处理的钢筋网片，经加水搅拌、浇注成型、预养切割、蒸压养护制成的多孔硅酸盐板材。

蒸压加气混凝土砌块或板的主要组成为蒸压加气混凝土，可将不同原料生产的蒸压加气混凝土分为单一钙质材料和混合钙质材料两类。其中单一钙质材料的加气混凝土有水泥—砂加气混凝土、石灰—砂加气混凝土、石灰—粉煤灰加气混凝土；混合钙质材料的加气混凝土有水泥—石灰—砂加气混凝土、水泥—石灰—粉煤灰加气混凝土。目前，国内主要生产水泥—石灰—砂加气混凝土、水泥—石灰—粉煤灰加气混凝土。以下各种蒸压加气混凝土简称为加气混凝土砌块（板）。

3. 蒸压灰砂砖

以砂和石灰为主要原材料，经坯料制备、压制成型、高压蒸汽养护而制成。根据不同的建筑使用部位，蒸压灰砂砖可分为实心砖和多孔砖。蒸压灰砂实心砖强度高，可用于高层建筑的承重墙及基础；蒸压灰砂多孔砖，根据其强度等级的不同可分别用于防潮层以上的建筑承重部位和非承重结构的填充墙。

4. 非黏土烧结制品

采用烧结工艺生产的非黏土类砖品种很多，其主要原料包括页岩、煤矸石、粉煤灰、淤泥、废渣等。按照主要原材料的不同，可分为烧结煤矸石砖、烧结页岩砖、烧结淤泥砖等，按有无孔洞可分为普通砖、多孔砖、空心砖。

（1）烧结煤矸石砖

以煤矸石为主要原料，经成坯、焙烧而制成的砖。烧结煤矸石砖可分为烧结煤矸石实心砖、多孔砖和空心砖三大类，其用途与粉煤灰烧结砖相同。

煤矸石是开采煤炭时剔除出来的废料。煤矸石在我国的山西、黑龙江等省的煤矿地区堆积如山，占用大量土地，严重污染环境，破坏生态平衡。利用煤矸石制造新型墙体材料既保护环境，又节约土地、节约能源。

（2）烧结页岩砖

以页岩为主要原料，经成坯、焙烧而制成的砖。按成型工艺又可分为烧结普通页岩砖、烧结多孔页岩砖和烧结空心页岩砖。前两种在建筑中可用以砌筑承重墙体，非承重的烧结空心页岩砖主要用于砌筑非承重墙体或框架建筑的填充墙。

（3）烧结淤泥砖

以不可复耕的淤泥为主要原料，加入内燃料、粉煤灰、煤矸石、页岩、废渣或干坯料等，经成坯、焙烧而制成的砖。按成型工艺可分为烧结普通淤泥砖、烧结多孔淤泥砖和烧结空心淤泥砖。前两种在建筑中可用以砌筑承重墙体，非承重的烧结空心页岩砖主要用于砌筑非承重墙体或框架建筑的填充墙。

5. 建筑隔墙用条板

长宽比不小于 2.5，采用轻质材料或轻型构造制作，用于非承重内隔墙的预制条板。按照条板的断面分为空心条板、实心条板和夹芯条板；按照条板的板型分为普通板、门框板、窗框板和过梁板。

注：本章节包括 GRC 板、轻质条板、钢丝网架水泥板和石膏空心条板。蒸压加气混凝土块（板）、金属夹心板和纸面石膏板见其他章节。

6. 石膏基新型墙体材料（纸面石膏板）

以建筑石膏为主要原料，加入少量添加剂与水搅拌后，连续浇注在两层护面纸之间，再经封边、压平、凝固、切断、干燥而成的一种轻质建筑板材。按其功能分为普通纸面石膏板、耐水纸面石膏板、耐火纸面石膏板以及耐水耐火纸面石膏板四种。

7. 金属夹心板

由双金属面和粘结于双金属面之间的绝热芯材，在专业工厂采用一定的成型工艺将二者组合成整体的复合板材。建筑用金属夹芯板通常用于工业与民用建筑墙面板和屋面板，具有轻质、高强和刚度的天然优点。

根据不同用途，金属夹芯板可选用不同的金属面层和芯材组成多种夹芯板。金属面层材料可选用彩色涂层钢板、压型钢板等；常用的芯层材料可采用聚苯乙烯泡沫塑料、硬质聚氨酯泡沫塑料、岩棉、矿渣棉和玻璃棉等。

1.3.3 新型墙体的种类、规格和主要技术指标

本文对以下七大类进行分别叙述：（1）混凝土小型空心砌块、混凝土砖；（2）蒸压加气混凝土砌块（板）；（3）蒸压灰砂砖；（4）非黏土烧结制品；（5）建筑隔墙用条板；（6）石膏基新型墙体材料（纸面石膏板）；（7）金属夹心板。

1. 混凝土小型空心砌块、混凝土砖种类、规格和主要技术指标

（1）普通混凝土小型空心砌块

普通混凝土小型空心砌块按尺寸偏差，外观质量分为优等品（A），一等品（B）及合格品（C）。

普通混凝土小型空心砌块按强度等级分为：MU3.5，MU5.0，MU7.5，MU10.0，MU15.0，MU20.0。

普通混凝土小型空心砌块的产品标记是按产品名称（代号 NHB）、强度等级、外观质量等级和标准编号的顺序进行。标记示例：强度等级为 MU7.5，外观质量为优等品（A）的砌块，标记为：NHB MU7.5A GB8239。

技术指标

普通混凝土小型空心砌块的产品性能应符合现行《普通混凝土小型砌块》（GB 8239—2014）的规定。

普通混凝土小型空心砌块的主规格尺寸为 390mm×190mm×190mm，其他规格尺寸可由供需双方协商。最小外壁厚应不小于30mm，最小肋厚应不小于25mm。空心率应不小于25%。强度等级要求见表1-3。

普通混凝土小型空心砌块强度等级要求　　　表 1-3

强度等级	砌块抗压强度	
	平均值不小于	单块最小值不小于
MU3.5	3.5	2.8
MU5.0	5.0	4.0
MU7.5	7.5	6.0
MU10.0	10.0	8.0
MU15.0	15.0	12.0
MU20.0	20.0	16.0

（2）轻集料混凝土小型空心砌块

轻集料混凝土小型空心砌块产品性能应符合《轻集料混凝土小型空心砌块》（GB/T 15229—011）的规定。轻集料混凝土小型空心砌块的放射性核素限量试验应按《建筑材料放射性核素限量》（GB 6566—2010）规定进行，其余各项性能指标的试验应按《混凝土砌块和砖试验方法》（GB/T 4111—2013）规定进行。

1）轻集料混凝土小型空心砌块密度等级应符合表 1-4 的要求。

轻集料混凝土小型空心砌块密度等级　　　表 1-4

密度等级	干表观密度范围
700	≥610,≤700
800	≥710,≤800
900	≥810,≤900
1000	≥910,≤1000
1100	≥1010,≤1100
1200	≥1110,≤1200
1300	≥1210,≤1300
1400	≥1310,≤1400

2）轻集料混凝土小型空心砌块强度等级应符合表 1-5 的

要求。

轻集料混凝土小型空心砌块强度等级（MPa）　　　表 1-5

强度等级	抗压强度，MPa		密度等级范围，kg/m³
	平均值	最小值	
MU2.5	≥2.5	≥2.0	≤800
MU3.5	≥3.5	≥2.8	≤1000
MU5.0	≥5.0	≥4.0	≤1200
MU7.5	≥7.5	≥6.0	≤1200ᵃ ≤1300ᵇ
MU10.0	≥10.0	≥8.0	≤1200ᵃ ≤1400ᵇ

注：当砌块的抗压强度同时满足 2 个强度等级或 2 个以上强度等级要求时，应以满足要求的最高强度等级为准

除自然煤矸石掺量不小于砌块质量 35% 以外的其他砌块；
自然煤矸石掺量不小于砌块质量 35% 的砌块

（3）承重混凝土多孔砖

承重混凝土多孔砖按强度等级分为 MU15、MU20、MU25 三个等级。

产品按下列顺序标记：代号、规格尺寸、强度等级、标准编号。示例：规格为 240mm×115mm×90mm、强度等级为 MU15 的混凝土多孔砖，其标记为：LPB 240×115×90 MU15 GB 25779—2010。

技术指标

承重混凝土多孔砖的产品性能应符合现行《承重混凝土多孔砖》（GB 25779—2010）的规定。

孔洞率应不小于 25%，不大于 35%。砖的开孔方向，应与砖砌筑上墙后承受压力的方向一致。任何一个孔洞在砖长度方向的最大值，应不大于砖长度的 1/6；在砖宽度方向的最大值应不大于砖宽度的 4/15。砖的铺浆面宜为盲孔或半盲孔。最小外壁厚应不小于 18mm，最小肋厚应不小于 15mm。最大吸水率应不

大于12%。

承重混凝土多孔砖强度等级 （MPa）　　　　表 1-6

强度等级	抗压强度	
	平均值不小于	单块最小值不小于
MU15	15.0	12.0
MU20	20.0	16.0
MU25	25.0	20.0

（4）非承重混凝土空心砖

1）等级和标记

非承重混凝土空心砖按强度等级分为 MU5、MU7.5、MU10 三个等级。

非承重混凝土空心砖按体积密度分为 1400、1200、1100、1000、900、800、700、600 八个等级。

产品按下列顺序标记：代号、规格尺寸、密度等级、强度等级、标准编号。示例：规格为 240mm×115mm×90mm、强度等级为 MU7.5、密度等级为 1000 的混凝土空心砖，其标记为：NHB 240×115×90 1000 MU7.5（GB/T 24492—2009）。

2）技术指标

非承重混凝土空心砖的产品性能应符合现行《非承重混凝土空心砖》（GB/T 24492-2009）的规定。

非承重混凝土空心砖密度等级 （kg/m³）　　　表 1-7

密度等级	表观密度范围
1400	1210～1400
1200	1110～1200
1100	1010～1100
1000	910～1000
900	810～900
800	710～800
700	610～700
600	≤600

非承重混凝土空心砖强度等级（MPa） 表 1-8

强度等级	密度等级范围	抗压强度	
		平均值,不小于	单块最小值,不小于
MU5	≤900	5.0	4.0
MU7.5	≤1100	7.5	6.0
MU10	≤1400	10.0	8.0

（5）混凝土实心砖

1）等级和标记

混凝土实心砖按自身的密度分为 A 级（≥2100kg/m³）、B级（1681 kg/m³～2099 kg/m³）、C 级（≤1680 kg/m³）三个密度等级。

混凝土实心砖按抗压强度等级分为 MU40、MU35、MU30、MU25、MU20、MU15 六个等级。

产品按下列顺序标记：代号、规格尺寸、强度等级、密度等级、标准编号。示例：规格为 240mm×115mm×53mm、强度等级为 MU25、密度等级为 B 级的混凝土实心砖，其标记为：SCB 240×115×53 MU25 B GB/T 21144—2007。

2）技术指标

混凝土实心砖的产品性能应符合现行《混凝土实心砖》（GB/T 21144—2007）的规定（表 1-9、表 1-10）。

混凝土实心砖密度等级（kg/m³） 表 1-9

密度等级	3块平均值
A 级	≥2100
B 级	1681～2099
C 级	≤1680

2. 蒸压加气混凝土砌块（板）种类、规格和主要技术指标

蒸压加气混凝土砌块

蒸压加气混凝土砌块产品性能应符合《蒸压加气混凝土砌块》（GB 11968—2006）的规定，其中产品技术指标要求如下。

混凝土实心砖抗压强度（MPa） 表 1-10

强度等级	抗压强度	
	平均值≥	单块最小值≥
MU40	40.0	35.0
MU35	35.0	30.0
MU30	30.0	26.0
MU25	25.0	21.0
MU20	20.0	16.0
MU15	15.0	12.0

（1）等级和标记

加气混凝土砌块强度级别有 A1.0、A2.0、A2.5、A3.5、A5.0、A7.5、A10 七个级别。

加气混凝土砌块干密度级别有 B03、B04、B05、B06、B07、B08 六个级别。

加气混凝土砌块按尺寸偏差与外观质量、干密度、抗压强度和抗冻性分为优等品（A）、合格品（B）两个等级。

强度级别为 A3.5、干密度级别为 B05、优等品、规格尺寸为 600mm×200mm×250mm 的加气混凝土砌块，标记为：ACB A3.5 B05 600×200×250 A GB 11968

（2）蒸压加气混凝土砌块立方体抗压强度应符合表 1-11 规定

蒸压加气混凝土砌块立方体抗压强度（MPa） 表 1-11

强度级别	立方体抗压强度	
	平均值不小于	单块最小值不小于
A1.0	1.0	0.8
A2.0	2.0	1.6
A2.5	2.5	2.0
A3.5	3.5	2.8

强度级别	立方体抗压强度	
	平均值不小于	单块最小值不小于
A5.0	5.0	4.0
A7.5	7.5	6.0
A10.0	10.0	8.0

（3）砌块干密度

蒸压加气混凝土砌块产品的干密度应符合表 1-12 规定。

蒸压加气混凝土砌块干密度要求 （kg/m³）　　表 1-12

干密度级别		B03	B04	B05	B06	B07	B08
干密度	优等品 A≤	300	400	500	600	700	800
	一等品 B≤	325	425	525	625	725	825

（4）砌块强度级别

蒸压加气混凝土砌块产品的强度级别应符合表 1-13 的规定。

蒸压加气混凝土砌块强度级别　　表 1-13

干密度级别		B03	B04	B05	B06	B07	B08
强度级别	优等品 A	A1.0	A2.0	A3.5	A5.0	A7.5	A10.0
	一等品 B			A2.5	A3.5	A5.0	A7.5

加气混凝土板

蒸压加气混凝土板产品性能应符合《蒸压加气混凝土板》（GB 15762—2008）的规定。

（1）品种和规格尺寸

加气混凝土板按使用功能分为屋面板（JWB）、楼板（JLB）、外墙板（JQB）、隔墙板（JGB）等常用品种。

加气混凝土砌块的规格尺寸见表 1-14。

（2）等级和标记

加气混凝土板按蒸压加气混凝土强度分为 A2.5、A3.5、A5.0、A7.5 四个级别。

加气混凝土板的规格尺寸（mm）　　　表 1-14

长度 L	宽度 B	厚度 D
1800～6000 （300 模数进位）	600	75、100 、125、150、175、200、250、300
		120、180、240

注：其他非常用规格和单项工程的实际制作尺寸可由供需双方协商解决。

加气混凝土板按蒸压加气混凝土干密度分为 B04、B05、B06、B07 四个级别。

屋面板、楼板、外墙板的标记应包括品种、标准号、干密度等级、制作尺寸、荷载允许值等内容。隔墙板的标记应包括品种、标准号、干密度等级、制作尺寸等内容。

标记示例：

屋面板：干密度级别为 B06，长度 4800mm，宽度 600mm，厚度 175mm，荷载允许值为 2000N/m²，标记为：JWB-GB 15762-B06-4800×600×175-2000。

外墙板：干密度级别为 B05，长度 4200mm，宽度 600mm，厚度 150mm，荷载允许值为 1500N/m²，标记为：JQB-GB 15762-B05-4200×600×150-1500。

隔墙板：干密度级别为 B04，长度 3500mm，宽度 600mm，厚度 100mm，标记为：JGB-GB 15762-B04-3500×600×100。

（3）基本性能（表 1-15）

加气混凝土板基本性能　　　表 1-15

强度级别		A2.5	A3.5	A5.0	A7.5
干密度级别		B04	B05	B06	B07
干密度（kg/m³）		≤425	≤525	≤625	≤725
抗压强度（MPa）	平均值	≥2.5	≥3.5	≥5.0	≥7.5
	单组最小值	≥2.0	≥2.5	≥4.0	≥6.0
干燥收缩值（mm/m）	标准法	≤0.50			
	快速法	≤0.80			
抗冻性	质量损失（%）	≤5.0			
	冻后强度（MPa）	≥2.0	≥2.8	≥4.0	≥6.0
干态导热系数（W/(m・K)）		≤0.12	≤0.14	≤0.16	≤0.18

（4）强度等级要求（表 1-16）

加气混凝土板强度等级要求　　　　表 1-16

品种	强度级别
外墙板	A3.5、A5.0、A7.5
隔墙板	A2.5、A3.5、A5.0、A7.5

3. 蒸压灰砂砖

蒸压灰砂实心砖

蒸压灰砂实心砖产品性能应符合《蒸压灰砂砖》（GB 11945）的规定，其中产品技术指标要求如下（书中为 1999 年发布的标准规定，如标准发生变化，应按照最新标准的规定指导生产）。蒸压灰砂实心砖各项技术性能试验按照《砌墙砖试验方法》（GB/T 2542—2012）进行。

（1）规格尺寸

砖的外形为直角六面体，公称尺寸为：长度 240mm，宽度 115mm，高度 53mm。生产其他规格尺寸产品，由用户与生产厂协商确定。

（2）等级和标记

根据抗压强度和抗折强度分为 MU25、MU20、MU15、MU10 四级。

根据尺寸偏差和外观质量、强度及抗冻性分为：优等品（A）；一等品（B）；合格品（C）。

蒸压灰砂实心砖产品标记采用产品名称 LSB、颜色、强度级别、产品等级、标准编号的顺序进行，示例如下：强度级别为 MU20，优等品的彩色灰砂砖 LSB C0 20A（GB 11945）。

（3）抗压强度和抗折强度

蒸压灰砂实心砖抗压强度和抗折强度应符合表 1-17 规定。

蒸压灰砂多孔砖

其他地区多执行《蒸压灰砂多孔砖》（JC/T 637—2009）标准，或当地制定的地方标准。针对上海市场情况，产品主要以原

蒸压灰砂实心砖力学性能　　　　　　　　　　表 1-17

强度级别	抗压强度,MPa		抗折强度,MPa	
	平均值不小于	单块值不小于	平均值不小于	单块值不小于
MU25	25.0	20.0	5.0	4.0
MU20	20.0	16.0	4.0	3.2
MU15	15.0	12.0	3.3	2.6
MU10	10.0	8.0	2.5	2.0

注:优等品的强度级别不得小于 MU15。

材料使用长江疏浚淤砂为原料,产品主要用途为建筑非承重用,蒸压灰砂多孔砖产品性能应符合《非承重蒸压灰砂多孔砖技术要求》(DB31/T 599—2012)的规定,其中产品技术指标要求如下。

（1）规格

非承重蒸压灰砂多孔砖的规格尺寸见表 1-18。

非承重蒸压灰砂多孔砖规格尺寸　　　　　　表 1-18

长度(l),mm	宽度(b),mm	高度(h),mm
240	115	90
190	90	90
190	190	90

注:经供需双方协商可生产其他规格的产品。

（2）等级

按抗压强度分为 MU7.5、MU10 两个强度等级;按体积密度分为 B10、B13 两个体积密度等级。

产品按下列顺序标记:代号、规格尺寸、强度等级、体积密度等级、标准编号。

示例:强度等级为 MU7.5,体积密度等级为 B10,规格尺寸为 240mm×115mm×90mm 的非承重蒸压灰砂多孔砖,其标记为:NPB　240×115×90 MU7.5　B10　DB/T XX-2012

（3）外观质量

非承重蒸压灰砂多孔砖外观质量应符合表 1-19 的规定。

非承重蒸压灰砂多孔砖外观质量技术要求　表 1-19

项　目		指标
缺棱掉角	最大尺寸,mm	≤15
	不大于 15 mm 的缺棱掉角个数,个	≤2
裂纹长度	大面宽度方向及其延伸到条面的长度,mm	≤50
	大面长度方向及其延伸到顶面或条面长度方向及其延伸到顶面的水平裂纹长度,mm	≤70
	不大于 70 mm 的裂纹条数,条	≤2

（4）孔型、孔洞率及孔洞结构

孔洞宜呈圆形，应垂直于大面，排列对称，分布均匀；孔洞率不应小于 20%；外壁和肋厚分别不应小于 10mm。

（5）强度等级

非承重蒸压灰砂多孔砖强度等级应符合表 1-20 的规定。

非承重蒸压灰砂多孔砖强度等级技术要求　表 1-20

强度等级	抗压强度,MPa	
	平均值≥	单块最小值≥
MU10	10.0	8.0
MU7.5	7.5	6.0

（6）体积密度等级

非承重蒸压灰砂多孔砖体积密度等级应符合表 1-21 的规定。

非承重蒸压灰砂多孔砖体积密度等级技术要求　表 1-21

体积密度等级	体积密度/(kg/m³)
B10	≤ 1000
B13	≤ 1300

4. 非黏土烧结制品

非黏土烧结多孔砖和多孔砌块

非黏土烧结多孔砖和多孔砌块的产品性能应符合现行《烧结

多孔砖和多孔砌块》（GB 13544）的规定。

（1）等级和标记

① 产品分类

按主要原料分为页岩砖和页岩砌块（Y）、煤矸石砖和煤矸石砌块（M）、粉煤灰砖和粉煤灰砌块（F）、淤泥砖和淤泥砌块（U）、固体废弃物砖和固体废弃物砌块（G）。

② 规格

砖规格尺寸（mm）：290、240、190、180、140、115、90。

砌块规格尺寸（mm）：490、440、390、340、290、190、180、140、115、90；其他规格尺寸由供需双方协商确定。

③ 等级

根据抗压强度分为 MU30、MU25、MU20、MU15、MU10 五个强度等级。

砖的密度等级分为 1000、1100、1200、1300 四个等级。砌块密度等级分为 900、1000、1100、1200 四个等级。

④ 产品标记

砖和砌块的产品标记按产品名称、品种、规格、强度等级、密度等级和标准编号顺序编写。

标记示例：规格尺寸 290mm×140mm×90mm、强度等级 MU25、密度 1200 级的页岩烧结多孔砖，其标记为：烧结多孔砖 Y 290×140×90 MU25 1200 GB13544-2011

（2）部分技术要求

① 密度等级

密度等级应符合表 1-22 规定。

密度等级（kg/m³） 表 1-22

密度等级		3块砖或砌块干燥表观密度平均值
砖	砌块	
—	900	≤900
1000	1000	900～1000
1100	1100	1000～1100
1200	1200	1100～1200
1300	—	1200～1300

② 强度等级

强度等级应符合表1-23规定。

强度等级（MPa）　　　　　　　　　　表 1-23

强度等级	抗压强度平均值≥	强度标准值 f_k≥
MU 30	30.0	22.0
MU 25	25.0	18.0
MU 20	20.0	14.0
MU 15	15.0	10.0
MU 10	10.0	6.5

③ 孔型孔结构及孔洞率

孔型孔结构及孔洞率应符合表1-24规定。

孔型孔结构及孔隙率　　　　　　　　表 1-24

孔型	孔洞尺寸/mm		最小外壁厚/mm	最小肋厚/mm	孔洞率/%		孔洞排列
	孔宽度尺寸 b	孔长度尺寸 L			砖	砌块	
矩型条孔或矩型孔	≤13	≤40	≥12	≥5	≥28	≥33	1. 所有孔宽应相等。孔采用单向或双向交错排列； 2. 孔洞排列上下、左右应对称，分布均匀，手抓孔的长度方向尺寸必须平行于砖的条面。

注1：矩型孔的孔长 L、孔宽 b 满足 $L≥3b$ 时，为矩型条孔。

注2：孔四角应做成过渡圆角，不得做成直尖角。

注3：如设有砌筑砂浆槽，则砌筑砂浆槽不计算在孔洞率内。

注4：规格大的砖和砌块应设置手抓孔，手抓孔尺寸为（30～40mm）×（75～85mm）。

非黏土烧结空心砖和空心砌块

非黏土烧结空心砖和空心砌块的产品性能应符合现行《烧结空心砖和空心砌块》（GB/T 13545—2014）的规定。

（1）等级和标记

① 产品分类

按主要原料分为页岩砖和页岩砌块（Y）、煤矸石砖和煤矸石砌块（M）、粉煤灰砖和粉煤灰砌块（F）。

② 规格

砖和砌块的外型为直角六面体，其长度、宽度、高度尺寸应符合下列要求：390、290、240、190、180（175）、140、115、90。其他规格尺寸由供需双方协商确定。

③ 等级

抗压强度分为 MU10.0、MU7.5、MU5.0、MU3.5、MU2.5 五个强度等级。

砖和砌块的密度等级分为 800、900、1000、1100 四个等级。

强度、密度、抗风化性能和放射性物质合格的砖和砌块，根据尺寸偏差、外观质量、孔洞排列及其结构、泛霜、石灰爆裂、吸水率分为优等品（A）、一等品（B）和合格品（C）三个质量等级。

（2）部分技术要求

① 密度等级

密度等级应符合表 1-25 的规定。

密度等级（kg/m³）   表 1-25

密度等级	5 快密度平均值
800	≤800
900	801～900
1000	901～1000
1100	1001～1100

② 强度等级

强度等级应符合表 1-26 的规定。

③ 孔洞排列及其结构

孔洞率和孔洞排数应符合表 1-27 要求。

5. 非黏土烧结保温砖和保温砌块

非黏土烧结保温砖和保温砌块的产品性能应符合现行《烧结保温砖和保温砌块》（GB 26538—2011）的规定。

强度等级 表 1-26

| 强度等级 | 抗压强度/MPa | | | 密度等级范围/(kg/m³) |
| | 抗压强度平均值 $f\geqslant$ | 变异系数$\leqslant$0.21 | 变异系数>0.21 | |
		强度标准值 $f_k\geqslant$	单块最小抗压强度值 $f_{min}\geqslant$	
MU10.0	10.0	7.0	8.0	
MU7.5	7.5	5.0	5.8	$\leqslant$1100
MU5.0	5.0	3.5	4.0	
MU3.5	3.5	2.5	2.8	
MU2.5	2.5	1.6	1.8	$\leqslant$800

孔洞排列及其结构 表 1-27

| 等级 | 孔洞排列 | 孔洞排数/排 | | 孔洞率/% |
		宽度方向	高度方向	
优等品	有序交错排列	$b\geqslant$200mm $\geqslant$7 $b<$200mm $\geqslant$5	$\geqslant$2	
一等品	有序排列	$b\geqslant$200mm $\geqslant$5 $b<$200mm $\geqslant$4	$\geqslant$2	$\geqslant$40
合格品	有序排列	$\geqslant$3	—	

注:b 为宽度的尺寸

(1)等级和标记

① 产品分类

按烧结处理工艺和砌筑方法分

a)经精细工艺处理砌筑中采用薄灰缝,契合无灰缝的烧结保温砖和保温砌块(A 类)

b)未经精细工艺处理的砌筑中采用普通灰缝的烧结保温砖和保温砌块(B 类)

按主要原料分

页岩保温砖和保温砌块(YB),煤矸石保温砖和保温砌块(MB),粉煤灰保温砖和保温砌块(FB),淤泥保温砖和保温砌块（YNB），其他固体废弃物保温砖和保温砌块（QGB）。

② 规格

砖和砌块的外型为直角六面体，其长度、宽度、高度尺寸应符合下列要求，其他规格尺寸由供需双方协商确定（表1-28）。

尺寸要求（mm）   表 1-28

分类	长度、宽度或高度
A	490,360(359,365),300,250(249,248),200,100
B	390,290,240,190,180(175),140,115,90,53

③ 等级

强 度 等 级 分 为 MU15.0、 MU10.0、 MU7.5、MU5.0、MU3.5。

密度等级分为700级、800级、900级、1000级。

传热系数按 K 值分为 2.00、1.50、1.35、1.00、0.90、0.80、0.70、0.60、0.50、0.40 十个质量等级。

④ 产品标记

砖和砌块的产品标记按产品名称、类别、规格、密度等级、强度等级、传热系数和标准编号顺序编写。

标记示例1：规格尺寸 240mm×115mm×53mm、密度等级900、强度等级 MU7.5、传热系数 1.00 级，B类的页岩保温砖，其标记为：烧结保温砖 YB B（240 × 115 × 53） 900 MU7.5 1.00

标记示例2：规格尺寸 490mm×360mm×200mm、密度等级800、强度等级 MU3.5、传热系数 0.50 级，A类的淤泥砌块，其标记为：烧结保温砌块 YNB A（490×360×200） 800 MU3.5 0.50

（2）部分技术要求

① 密度等级

密度等级应符合表1-29的规定。

密度等级（kg/m³）　　　　　　　　　　表 1-29

密度等级	5块密度平均值
700	≤700
800	701～800
900	801～900
1000	901～1000

② 强度等级

强度等级应符合表 1-30 的要求。

抗压强度（MPa）　　　　　　　　　　表 1-30

强度等级	抗压强度/MPa			密度等级范围 /(kg/m³)
	抗压强度平均值 $f\geqslant$	变异系数≤0.21	变异系数>0.21	
		强度标准值 $f_k\geqslant$	单块最小抗压强度值 $f_{min}\geqslant$	
MU15.0	15.0	10.0	12.0	≤1000
MU10.0	10.0	7.0	8.0	
MU7.5	7.5	5.0	5..8	
MU5.0	5.0	3.5	4.0	
MU3.5	3.5	2.5	2.8	≤800

6. 建筑隔墙用条板

玻璃纤维增强型水泥轻质多孔隔墙条板（夹心型）

GRC 轻质多孔隔墙条板是以耐碱玻璃纤维为增强材料，以硫铝酸盐轻质水泥砂浆为基材，通过一定工艺制成的多孔条形板材。但最初的 GRC 材料是以中碱玻璃纤维和无碱玻璃纤维为增强材料，以硅酸盐水泥为基材。后来研究发现硅酸盐水泥水化产物 Ca（OH）$_2$ 对玻璃纤维有强烈的腐蚀作用，降低 GRC 材料的耐久性。为提高 GRC 材料的耐久性，人们研制了耐碱玻璃纤维和降低水泥碱性。由于 GRC 轻质空心条板具有重量轻、防火、防潮、防震、隔声、保温等性能，可加工性能好，施工简便等特点，并且条板表面还可粘贴各种装饰材料，作为目前代替黏土空心砖的最佳非承重隔墙材料，已广泛应用于各大综合性办公写字楼、高层住宅等。

GRC多孔轻质隔墙板条的性能指标应符合标准《玻璃纤维增强水泥轻质多孔隔墙条板》（GB/T 19631—2005）。GRC多孔轻质隔墙板条的性能指标如表1-31，尺寸偏差如表1-32，外观质量如表1-33。

GRC多孔轻质隔墙板条的性能指标表　　　表1-31

项目		一等品	合格品
含水率 /%	采暖地区≤	10	
	非采暖地区≤	15	
气干面密度/(kg/m²)	90型≤	75	
	120型≤	95	
抗折破坏荷载 /N	90型≥	2200	2000
	120型≥	3000	2800
干燥收缩值/(mm/m)≤		0.6	
抗冲击性(30kg,0.5m落差)		冲击5次,板面无裂缝	
吊挂力/N≥		1000	
空气计权隔声量/dB	90型≥	35	
	120型≥	40	
抗折破坏荷载保留率(耐久性)/%		80	70
放射性比活度	I_{Rs}≤	1.0	
	I_r≤	1.0	
耐火极限/h		1	
燃烧性能		不燃	

GRC多孔轻质隔墙板尺寸偏差表（mm）　　　表1-32

项目	长度	宽度	厚度	侧向弯曲	表面平整度	对角线差	接缝槽宽	接缝槽深
一等品	±3	±1	±1	≤1	≤2	≤10	+2 0	+0.5 0
合格品	±5	±2	±2	≤2	≤2	≤10	+2 0	+0.5 0

GRC 多孔轻质隔墙板外观质量表　表 1-33

项目		等级	
		一等品	合格品
缺棱掉角	长度 mm/≤	20	50
	宽度 mm/≤	20	50
	数量≤	2 处	3 处
板面裂缝		不允许	
蜂窝气孔	长径 mm/≤	10	30
	宽径 mm/≤	4	5
	数量≤	1 处	3 处
飞边毛刺		不允许	
壁厚 mm/≥		10	
孔间肋厚 mm/≥		20	

GRC 多孔轻质隔墙板分为一等品和合格品，出厂检验项目为外观质量、尺寸偏差、含水率、气干面密度和抗折破坏荷载。产品出厂检验外观和尺寸偏差按 GB/T 2828.1 正常二次抽样方案进行，含水率、气干面密度和抗折破坏荷载在以上项目检验合格的产品中抽取 4 块进行检验。

轻质条板

轻质配筋条板是以水泥为胶凝材料，陶粒或天然浮石等为粗集料，陶砂或膨胀珍珠岩等为细集料，经过搅拌、成型、养护而制作成。轻质配筋条板性能指标应符合标准《建筑用轻质隔墙条板》（GB/T 23451-2009），性能指标如表 1-34，尺寸偏差如表 1-35，外观质量如表 1-36。

轻集料混凝土墙板性能指标　表 1-34

项目	指标	
	板厚 90 mm	板厚 120mm
抗冲击性能	经 5 次抗冲击试验后,板面无裂纹	
抗弯承载(板自重倍速)	≥1.5	

项目	指标	
	板厚 90 mm	板厚 120mm
抗压强度/MPa	≥3.5	
软化系数	≥0.8	
面密度/(kg/m²)	≤90	≤110
含水率/%	≤12	
干燥收缩值/(mm/m)	≤0.6	
抗冻性	不应出现可见的裂纹且表面无变化	
吊挂力	荷载 1000 N 静置 24h 板面无宽度超过 0.5mm 的裂缝	
空气计权隔声量/dB	≥35	≥40
燃烧性能	A_1 或 A_2 级	
放射性比活度	实心板	空心板(空心率大于 25%)
I_{Rs}	≤1.0	≤1.0
I_r	≤1.0	≤1.3
耐火极限/h	≥1	

轻质条板尺寸偏差表　　　　　　表 1-35

序号	项目	指标
1	长度偏差	±5
2	厚度偏差	±1.5
3	宽度偏差	±2
4	板面平整度	≤2
5	对角线差	≤6
6	侧向弯曲	≤L/1000

轻质条板外观质量表　　　　　　表 1-36

项目	指标
板面裂缝,长度 50~100mm,宽度 0.5~1.0mm	≤2 处/板
板面外露筋、纤;飞边毛刺;板面泛露;板的横向、纵向、厚度方向贯穿裂缝	无

54

项目	指标
缺棱掉角,长度×宽度(10mm×25mm～20mm×30mm)	≤2 处板
蜂窝气孔,长径 5～30mm	≤3 处/板
壁厚/mm	≥12

缺棱掉角、板面裂缝、蜂窝气孔中低于下限值的缺陷忽略不计,高于上限值的缺陷为不合格

石膏空心板

石膏空心板是以熟石膏为主要原料,掺加一定的粉煤灰或是水泥,适量的膨胀珍珠岩,加水搅拌成料浆,再加入少量增强纤维素或配置玻璃纤维网格布,浇筑入模成型,经初凝、抽芯、干燥等工序而得的一种轻质高强防火建筑板材空心条板。该板材具有墙面平整,吊挂力大,安装简便,不需龙骨,施工劳动强度低,速度快的特性,经济效益强。石膏空心条板性能指标应符合《石膏空心条板》（JC/T 829—2010）,主要性能指标如表 1-37,不同构造石膏空心隔板条的性能如表 1-38。

石膏空心板性能指标表　　表 1-37

项目	指标		
面密度/(kg/m²)	厚度 T/mm		
	60	90	120
	≤45	≤60	≤75
抗弯破坏载荷,板自重倍数	≥1.5		
抗冲击性能	无裂纹		
单点吊挂力	不破坏		
孔与孔的最小壁厚	≥12.0mm		
孔与板面的最小壁厚	≥12.0 mm		

7. 石膏基新型墙体材料（纸面石膏板）

纸面石膏板的产品性能应符合《纸面石膏板》（GB/T 9775—2008）的规定。

不同构造石膏空心隔板条的性能指标表　　表 1-38

隔墙分类	构造	墙体		隔声指数 /dB	耐火极限 /h	备注
		面密度 /（kg/m²）	厚度 /mm			
一般隔墙	单层墙板	42	60	30	1.3	
防火隔墙	双层墙板	84	140	41	3.0	板错缝间距 ≥200mm
隔声隔墙	双层墙板	84	160	41	3.0	板错缝间距 ≥200mm
隔声隔墙	双层墙板	85	160	45	3.25	板错缝间 ≥200mm，中间 加吸声材料

（1）面密度

板材的面密度应不大于表 1-39 的规定。

面密度　　表 1-39

板材厚度/mm	面密度/（kg/m²）
9.5	9.5
12.0	12.0
15.0	15.0
18.0	18.0
21.0	21.0
25.0	25.0

（2）断裂荷载

板材的断裂荷载应不小于表 1-40 的规定。

断裂荷载　　表 1-40

板材厚度/mm	断裂荷载/N			
	纵向		横向	
	平均值	最小值	平均值	最小值
9.5	400	360	160	140
12.0	520	460	200	180

板材厚度/mm	断裂荷载/N			
	纵向		横向	
	平均值	最小值	平均值	最小值
15.0	650	580	250	220
18.0	770	700	300	270
21.0	900	810	350	320
25.0	1100	970	420	380

（3）其他性能要求

板材的棱边硬度和端头硬度应不小于 70N；

经冲击后，板材背面应无径向裂纹；

护面纸与芯材应不剥离；

板材（仅适用于耐水纸面石膏板和耐水耐火纸面石膏板）的吸水率应不大于 10%；

板材（仅适用于耐水纸面石膏板和耐水耐火纸面石膏板）的表面吸水量应不大于 $160g/m^2$；

板材（仅适用于耐火纸面石膏板和耐水耐火纸面石膏板）的遇火稳定性时间应不少于 20min。

8. 金属夹心板

金属夹芯板产品性能应符合《建筑用金属面绝热夹芯板》（GB/T 23932）的规定，其中产品技术指标要求如下（书中为 2009 年发布的标准规定，如标准发生变化，应按照最新标准的规定指导生产）。

（1）规格尺寸（表 1-41）

规格尺寸 表 1-41

项目	聚苯乙烯夹芯板		硬质聚氨酯夹芯板	岩棉、矿渣棉夹芯板	玻璃棉夹芯板
	EPS	XPS			
厚度	50	50	50	50	50
	75	75	-75	80	80

项目	聚苯乙烯夹芯板		硬质聚氨酯夹芯板	岩棉、矿渣棉夹芯板	玻璃棉夹芯板
	EPS	XPS			
厚度	100	100	100	100	100
	150			120	120
	200			150	150
宽度	900～1200				
长度	≤12000				

注:其他规格由供需双方商定。

（2）传热系数（表 1-42）

传热系数 表 1-42

名称		标称厚度,mm	传热系数,W/(m². K),≤	试验方法
聚苯乙烯夹芯板	EPS	50	0.68	
		75	0.47	
		100	0.36	
		150	0.24	
		200	0.18	
	XPS	50	0.63	
		75	0.44	
		100	0.33	
硬质聚氨酯夹芯板	PU	50	0.45	
		75	0.30	
		100	0.23	GB/T 13475
岩棉、矿渣棉夹芯板	RW/ SW	50	0.85	
		80	0.56	
		100	0.46	
		120	0.38	
		150	0.31	
玻璃棉夹芯板	GW	50	0.90	
		80	0.59	
		100	0.48	
		120	0.41	
		150	0.33	

注:其他规格可由供需双方商定,其传热系数指标按标称厚度以内差法确定。

（4）粘结强度

粘结强度应符合表 1-43 的规定。

粘结强度   表 1-43

项目	聚苯乙烯夹芯板		硬质聚氨酯夹芯板	岩棉、矿渣棉夹芯板	玻璃棉夹芯板	试验方法
	EPS	XPS				
粘结强度 ≥	0.10	0.10	0.10	0.06	0.03	GB/T 23932

（5）剥离性能

按 GB/T 23932 进行剥离性能试验，粘结在金属面板上的芯材应均匀分布，并且每个剥离面的粘结面积应不小于 85%。

（6）抗弯承载力

按 GB/T 23932 进行抗弯承载力试验。

夹芯板为屋面板时，夹芯板挠度为 $L_0/200$（L_0 为 3500mm）时，均不荷载应不小于 $0.5KN/m^2$；

夹芯板为墙板时，夹芯板挠度为 $L_0/150$（L_0 为 3500mm）时，均不荷载应不小于 $0.5KN/m^2$。

当有下列情况之一者时，应符合相关结构设计规范的规定：

a）L_0 大于 3500mm；

b）屋面坡度小于 1/20；

1.3.4 验收要点

1. 混凝土小型空心砌块、混凝土砖验收

混凝土小型空心砌块（在本节内简称砌块）

（1）砌块砌体工程验收应按检验批验收、分项工程验收、子分部工程验收的程序依次进行。

（2）检验批的数量及范围可按楼层及施工段数确定，不应超过 250m³ 砌块砌体，且应为同质材料及同强度等级的砌体。当砌块填充墙砌体的量很少时，可将几个楼层的同质材料及同强度等级的砌体合为一个检验批。

（3）检验批验收时，其主控项目应全部符合《混凝土小型空心砌块建筑技术规程》（JGJ/T 14）的规定；一般项目应有 80%

及以上的抽检处符合 JGJ/T 14 的规定；允许偏差项目的最大超差值，不得大于允许偏差值的 1.5 倍。

（4）检验批的工程质量不符合要求时，应按现行国家标准《建筑工程施工质量验收统一标准》（GB 50300）的规定执行。

（5）砌体子分部工程验收时，应对砌块砌体工程的观感质量作出总体评价。

（6）通过返修或加固处理仍不能满足安全使用要求的子分部工程，严禁验收。

（7）砌体子分部工程验收时，应提交下列文件和记录：

a. 施工执行的技术标准。

b. 原材料合格证书、产品性能检测报告。

c. 砌筑砂浆和混凝土试件抗压强度试验报告。

d. 施工记录。

e. 砌体和钢筋混凝土柱（墙、梁）间的界面缝施工记录。

f. 各检验批的主控项目、一般项目验收记录。

g. 分项工程质量验收记录。

h. 子分部工程质量验收记录。

i. 施工质量控制资料。

j. 重大技术问题处理记录。

k. 修改及变更设计的文件和资料。

l. 其他应提供的材料。

（8）砌块墙体抹灰工程验收，应按现行上海市地方标准《预拌砂浆应用技术规程》（DG/TJ 08-502）的规定执行。

（9）砌块墙体节能工程验收，应按现行上海市地方标准《建筑节能工程施工质量验收规程》（DGJ 08-113）的规定执行。

（10）填充墙砌块砌体工程验收的主控项目包括：

a. 砌块和砌筑砂浆的强度等级应符合设计要求。检查数量：厂家相同的原材料以同一生产时间、配合比例、生产工艺、成型设备所生产的同强度等级的，每 1 万块标准砌块至少应抽检 1 组。检验方法：检查砌块的产品合格证书、产品性能检测报告、强度试验（复验）报告和砌筑砂浆试块试验报告。

b. 砌块填充墙与房屋主体结构间的连接构造应符合设计要求。检查数量：每检验批抽检不应少于5处。检验方法：观察检查，并应有全施工过程的影像资料。

c. 砌块填充墙与柱、梁的连接钢筋，当采用化学植筋的连接方式时，应进行实体检测。锚固钢筋拉拔试验的轴向受拉非破坏承载力检验值应为6.0kN。抽检钢筋在检验值作用下应基材无裂缝、钢筋无滑移宏观裂损现象；持荷2min期间荷载值降低不大于5%。抽检数量：按表1-44确定。检验方法：原位试验检查。

检验批抽检锚固钢筋样本最小容量　　　　　表1-44

检验批的容量	样本最小容量	检验批的容量	样本最小容量
≤90	5	281～500	20
91～150	8	501～1200	32
151～280	13	1201～3200	50

混凝土砖（含混凝土实心砖和多孔砖，以下简称砖）

验收

（1）砖和砂浆的强度等级必须符合设计要求。

抽检数量：每一生产厂家，混凝土实心砖每15万块，混凝土多孔砖每10万块为一验收批。不足上述数量时按一批计。

检验方法：砖和砂浆试块试验报告。

（2）砌体灰缝砂浆应密实饱满，砖墙水平灰缝的砂浆饱满度不得低于80%；砖柱水平灰缝和竖向灰缝饱满度不得低于90%。

抽检数量：每检验批抽查不应少于5处。

检验方法：用百格网检查砖底面与砂浆的粘结痕迹面积，每处检测3块砖，取其平均值。

（3）砖砌体的转角处和交接处应同时砌筑，严禁无可靠措施的内外墙分砌施工。

抽检数量：每检验批抽查不应少于5处。

检验方法：观察检查。

（4）非抗震设防及抗震设防烈度为 6 度、7 度地区的临时间断处，当不能留斜槎时，除转角处外，可留直槎，但直槎必须做成凸槎，且应加设拉结钢筋，拉结钢筋应符合下列规定。

① 每 120mm 墙厚放置 1ϕ6 拉结钢筋（120mm 厚墙应放置 2ϕ6 拉结钢筋）；

② 间距沿墙高不应超过 500mm，且竖向间距偏差不应超过 100mm；

③ 埋入长度从留槎处算起每边均不应小于 500mm，对抗震设防烈度 6 度、7 度的地区，不应小于 1000mm；

④ 末端应有 90°弯钩。

抽检数量：每检验批抽查不应少于 5 处。

检验方法：观察和尺量检查。

2. 蒸压加气混凝土砌块（板）

蒸压加气混凝土砌块（以下简称加气块）

（1）加气砌块的尺寸偏差和外观质量、导热系数、干密度级别、强度级别应符合设计要求。

抽检数量：同品种、同规格、同等级的加气砌块 1 万块为一批，不足 1 万块也为一批。随机抽取 50 块进行尺寸偏差与外观检查，其中不合格数不得超过 3 块。

检验方法：观察；尺量；检查产品合格证书、性能检测报告和进场验收记录。

（2）砂浆抗压强度、保水性应符合设计要求。

抽检数量：每一检验批应抽检一次。

检验方法：试块应在拌料处随机取样制作；检查产品合格证书、性能检测报告和试块强度试验报告。

（3）与主体结构连接的 L 形铁件或拉结钢筋应置于灰缝内，不得外露，且垂直间距为 2 皮自保温块高度。

抽检数量：在检验批中抽检 20%，且不应少于 5 处。

检验方法：观察和用尺量检查。

（4）构造柱钢筋的品种、规格和数量应符合设计要求。

检验方法：检查钢筋的合格证书、钢筋性能试验报告、隐蔽工程记录。

（5）构造柱混凝土强度级别应符合设计要求。

抽检数量：每一检验批至少应做一组试块。

检验方法：检查混凝土试块试验报告。

蒸压加气混凝土板

验收墙板墙体时，墙板结构尺寸和位置的偏差不应超过表1-45的规定。

墙板结构尺寸和位置允许偏差　　　　　　表1-45

项目			允许偏差（mm）	检查方法
拼装大板的高度或宽度两对角线长度差			±55	拉线
外墙板安装	垂直度	每层	5	用2m靠尺检查
		全高	20	
	平整度	表面平整	5	
内墙板安装	垂直度	墙面垂直	4	用2m靠尺检查
	平整度	表面平整	4	
内外墙门、窗框余量10mm			±5	—

3. 蒸压灰砂砖

（1）检验批的数量及范围可按楼层及施工段数确定，不应超过250m³ 非承重蒸压灰砂多孔砖砌体，且应为同质材料及同强度等级的砌体。当非承重蒸压灰砂多孔砖砌体的量很少时，可将几个楼层的同质材料及同强度等级的砌体合为一个检验批。

（2）非承重蒸压灰砂多孔砖的强度等级应符合设计要求。

抽检数量：每一生产厂家的非承重蒸压灰砂多孔砖到施工现场后，按10万块为一个验收批，不足10万块也按一批计。抽检数量为1组，应从尺寸偏差和外观质量检验合格的砖样中按随机抽样法抽取。

检验方法：检查非承重蒸压灰砂多孔砖的产品质量证明书、

产品性能检测报告和进场复验报告。

（3）砌筑砂浆的强度等级应符合设计要求。

抽检数量：每一检验批且不超过 250m³ 砌体的各种类型及强度等级的砌筑砂浆，在砂浆搅拌机出料口或在湿拌砂浆的储存容器出料口随机取样制作砂浆试块，数量不应少于 3 组，每组 3 块，试块标养 28d 后作强度试验，应满足：同一验收批砂浆试块强度平均值应大于或等于设计强度等级值的 1.1 倍；同一验收批砂浆试块抗压强度的最小一组平均值应大于或等于设计强度等级值的 85%。

检验方法：检查砌筑砂浆的产品质量证明书、产品性能检测报告和强度复验报告。砂浆强度应以标准养护，龄期为 28d 的试块抗压试验结果为准。

（4）非承重蒸压灰砂多孔砖墙体应与主体结构可靠连接，其连接构造应符合设计要求，未经同意，不得随意改变连接构造方法。每一自承重墙与柱的拉结筋的位置超过一皮块体高度的数量不得多于一处。

抽检数量：每检验批抽查不应少于 5 处。

检验方法：观察检查。

（5）自承重墙体与柱、梁的连接钢筋，当采用化学植筋的连接方式时，应进行实体检测。锚固钢筋拉拔试验的轴向受拉非破坏承载力检验值应为 6.0kN。抽检钢筋在检验值作用下应基材无裂缝、钢筋无滑移宏观裂损现象；持荷 2min 期间荷载值降低不大于 5%。

抽检数量：按表 1-46 确定。

检验方法：原位试验检查。

检验批抽检锚固钢筋样本最小容量　　　　表 1-46

检验批的容量	样本最小容量	检验批的容量	样本最小容量
≤90	5	281~500	20
91~150	8	501~1200	32
151~280	13	1201~3200	50

4. 非黏土烧结制品

非黏土烧结制品墙体工程的质量验收应符合《砌体工程施工质量验收规范》（GB 50203—2011）等有关标准规范的规定。

5. 建筑隔墙用条板

一般规定

（1）条板隔墙工程质量验收应检查下列文件和记录：

条件隔墙施工图、设计说明及其他设计文件；条板制品和主要配套材料出厂合格证、性能检验报告及现场验收记录和实验报告；隔墙分项工序施工记录、隐藏工程验收记录；施工过程中重大技术问题的处理文件、工作记录和工程变更记录。

（2）条板隔墙工程应对下列隐藏工程项目进行验收：

隔墙中预埋件、吊挂件、拉结筋等的安装验收记录；配电箱、开关盒及管线开槽、敷设、安装现场验收记录；双层复合隔墙中隔声、防火、保温等材料的设置验收记录。

（3）条板隔墙的检验批应以同一品种的轻质隔墙工程每 50 间（大面积房间和走廊按轻质隔墙的墙面 30m² 为一间）划分为一个检验批，不足 50 间的也应划分为一个检验批。

（4）条板隔墙工程质量验收应符合国家现行标准《建筑装饰装修工程质量验收规范》（GB 50210-2001）的相关规定。

（5）民用建筑隔墙条板工程的隔声性能应符合国家现行国家标准《建筑隔声评价标准》（GB/T 50121—2005）及相关产品标准的规定。

工程验收

检验批质量合格及检验数量应符合下列规定：

主控项目和一般项目的质量经抽样检验合格；具有完整的施工操作依据、质量检验记录。每个检验批应至少抽查 10%，但不得少于 3 间。不足 3 间时应全数检查。

主控项目：

（1）隔墙条板的品种、规格、性能、外观应符合设计要求。有隔墙、防火、保温、防潮等特殊要求的工程，产品应满足相应性能等级的检测报告。

检验方法：观察；检查产品合格证书、进场验收记录和性能检测报告。

（2）条板隔墙安装所需预埋件、连接件的位置、规格、数量和连接方法应符合设计要求。

检验方法：观察；尺量检查；检验隐藏工程验收项目。

（3）条板之间、条板与建筑结构间结合应牢固、稳定，连接方法应符合设计要求。

检验方法：观察；手扳检验。

（4）条板隔墙安装所用接缝材料的品种和接缝方法应符合设计要求。

检验方法：观察；检查产品合格证书和施工记录。

6. 石膏基新型墙体材料（纸面石膏板）

（1）隔墙工程所用龙骨、配件、石膏板、填充材料及接缝材料的品种、规格、性能应符合设计要求。有隔声、隔热、阻燃、防潮等特殊要求的工程，材料应有相应性能等级的检测报告。

检验方法：观察；检查产品合格证书、进场验收记录、性能检测报告和复验报告。

（2）隔墙工程中龙骨间距和构造连接方法应符合设计要求。

骨架内设备管线的安装、门窗洞口等部位加强龙骨应安装牢固、位置正确，填充材料的设置应符合设计要求。

检验方法：检查隐蔽工程验收记录。

（3）石膏板应安装牢固，无脱层、翘曲、折裂及缺损。

检验方法：观察；手扳检查。

（4）石膏板所用接缝材料的接缝方法应符合设计要求。

检验方法：观察。

7. 金属夹芯板

（1）夹芯板的检验批以同一品种的工程每 $500m^2$ 划分为一个检验批，不足 $500m^2$ 也应划分为一个检验批。

（2）夹芯板墙体工程检验批划分方案应按表 1-47 中的规定执行。

夹芯板墙体安装工程检验批划分方案表   表1-47

工程量范围（m²）	单位样本面积（m²）	单位样本抽检面积（m²/处）	最低抽检总量	
			数量（处）	面积（m²）
100～500	100	10		5×10＝50
501～2000	300	30		5×30＝150
2001～5000	500	50	5	5×50＝250
5001～10000	800	80		5×80＝400
＞10000	1000	100		5×100＝500

（3）检查数量：每个检验批至少抽查10%，且不得少于50m²；不足50m²时应全数检查。

（4）检验内容及检验标准应按表1-48的规定执行。

检验内容及检验标准表   表1-48

检验内容及检验标准	检查方法
夹芯板的品种、规格、物理力学性能应符合设计要求。有隔声、保温、阻燃、防潮等特殊要求的工程，应有满足相应性能等级的检测报告	观察；检查产品合格证书、进场验收记录和性能检测报告
夹芯板安装所需预埋件、紧固件的位置、数量和连接方法应符合设计要求	观察；尺量检查；检查隐蔽工程验收记录
夹芯板之间、夹芯板与建筑结构之间结合应牢固、稳定，连接方法应符合设计要求	观察；手扳检查
夹芯板安装所用密封材料的品种及密封方法应符合设计要求	观察；检查产品合格证书和施工记录
夹芯板屋面竣工后，屋面不应有渗漏	观察；雨后检验或进行现场淋水检验

（5）夹芯板墙体工程安装运行偏差标准和检验方法应按表1-49的规定执行。

1.3.5 新型墙体材料应用

1. 混凝土砌块、混凝土砖应用技术

混凝土小砌块（普通混凝土小砌块、轻集料混凝土小砌块）的设计、施工和质量验收，应严格按照现行《混凝土小型空心砌块建筑技术规程》（JGJ/T 14-2011）执行，并应符合国家现行有关标准的规定。

夹芯板墙体工程安装允许偏差和检验方法　　　表 1-49

序号	项目		允许偏差	检验方法
1	基准线位移		≤5	
2	基础和墙体顶面标高		±5	
3	垂直度	墙体全高≤3m 时	≤3	
		3m＜墙体全高≤10m 时	≤6	
		墙体全高＞10m 时	≤10	
4	墙面横向平整度	墙面长度≤10m 时	≤6	用吊线、直尺、水准仪或经纬仪检查
		墙面长度＞10m 时	≤10	
5	门窗洞口	水平度每米长度	±5	
		垂直度每米长度	±5	
6	外墙上下窗口偏移		≤20	
7	铆钉间距	300～600mm	±20	
		同排铆钉在水平或垂直线上	±5	

施工

（1）小砌块在厂内的自然养护龄期不少于 28d。

（2）堆放小砌块的场地应预先夯实平整，并便于排水。不同规格型号、强度等级的小砌块应分别覆盖堆放。堆垛上应有标志，垛间应留适当宽度的通道。堆置高度不宜超过 1.6m，堆放场地应有防潮措施。装卸时，不得采用翻斗卸车和随意抛掷。

（3）墙体施工前必须按房屋设计图编绘小砌块平、立面排块图。排列时应根据小砌块规格、灰缝厚度和宽度、门窗洞口尺寸、过梁与圈梁或连系梁的高度、芯柱或构造柱位置、预留洞大小、管线、开关、插座敷设部位等进行对孔、错缝搭接排列，并以主规格小砌块为主；辅以相应的辅助块。

（4）严禁使用有竖向裂缝、断裂、龄期不足 28d 的小砌块及外表明显受潮的小砌块进行砌筑。

（5）墙体砌筑应从房屋外墙转角定位处开始。砌筑皮数、灰缝厚度、标高应与皮数杆标志相一致。皮数杆应竖立在墙体的转角和交界处，间距宜小于 15m。

（6）砌筑厚度大于 240mm 的小砌块墙体时，宜在墙体内外侧同时挂两根水平准线。

（7）正常施工条件下，小砌块墙体（柱）每日砌筑高度宜控制在 1.4m 或一步脚手架高度内。

（8）小砌块在砌筑前与砌筑中均不应浇水，尤其是填充聚苯板或其他绝热保温材料的小砌块。当施工期间气候异常炎热干燥时，对无聚苯板或其他绝热保温材料的小砌块及轻骨料小砌块可在砌筑前稍喷水湿润，但表面明显潮湿的小砌块不得上墙。

（9）小砌块墙内不得混砌黏土砖或其他墙体材料。镶砌时，应采用实心小砌块（90mm×190mm×53mm）或与小砌块材料强度同等级的预制混凝土块。

（10）小砌块砌筑形式应每皮顺砌。

（11）在砌体设置临时性施工洞口时，洞口净宽度不应超过 1m。洞边离交接处的墙面距离不得小于 600mm，并应在洞口两侧每隔 2 皮小砌块高度设置长度为 600mm 的 ϕ4 点焊钢筋网片及经计算的钢筋混凝土门过梁。

（12）轻集料混凝土小型空心砌块用于未设混凝土反梁或坎台（导墙）的厨房、卫生间及其他需防潮、防湿房间的墙体时，其底部第一皮应用 C20 混凝土填实孔洞的普通小砌块或实心小砌块（90mm×190mm×53mm）三皮砌筑。

（13）填充墙与框架或剪力墙间的界面缝连接应按下列要求施工：

a. 沿框架柱或剪力墙全高每隔 400mm 埋设或用植筋法预留 2ϕ6 拉结钢筋，其伸入填充墙内水平灰缝中的长度应按抗震设计要求沿墙全长贯通。

b. 填充内墙砌筑时，除应每隔 2 皮小砌块在水平灰缝中埋置长度不得小于 1000mm 或至门窗洞口边并与框架柱（剪力墙）

拉结的 2φ6 钢筋外，尚宜在水平灰缝中按垂直间距 400mm 沿墙全长铺设直径为 φ4 点焊钢筋网片。网片与拉结筋可不设在同皮水平灰缝内，宜相距一皮小砌块的高度。网片铺设时，应将其纵、横向钢筋分置于小砌块的壁、肋上。网片间搭接长度不宜小于 90mm 并焊接。

c. 除芯柱部位外，填充墙的底皮和顶皮小砌块宜用 C20 混凝土或 LC20 轻骨料混凝土预先填实后正砌砌筑。

d. 界面缝采用柔性连接时，填充墙与框架柱或剪力墙相接处应预留 10～15mm 宽的缝隙；填充墙顶与上层楼面的梁底或板底间也应预留 10～20mm 宽的缝隙。缝内中间处宜在填充墙砌完后 28d 用聚乙烯棒材嵌塞，其直径宜比缝宽大 2～5mm。缝的两侧应充填聚氨酯泡沫填缝剂（PU 发泡剂）或其他柔性嵌缝材料。缝口应在 PU 发泡剂外再用弹性腻子封闭；缝内也可嵌填宽度为墙厚减 60mm，厚度比缝宽大 1～2mm 的膨胀聚苯板，应挤紧，不得松动。聚苯板的外侧应喷 25mm 厚 PU 发泡剂，并用弹性腻子封至缝口。

e. 界面剂采用刚性连接时，填充墙与框架柱或剪力墙相接处的灰缝必须饱满、密实，并应二次补浆勾缝，凹进墙面宜 5mm；填充墙砌至接近上层楼面的梁、板底时，应留空隙 100mm 高。空隙宜在填充墙砌完后 28d 用实心小砌块（90mm×190mm×53mm）斜砌挤紧，灰缝等空隙处的砂浆应饱满、密实。

f. 填充墙与框架柱或剪力墙之间不埋设拉结钢筋，并相离 10～15mm；墙的两端与墙中或 1/3 墙长处以及门窗洞口两侧各设 2～3 孔配筋芯柱或构造柱，其纵筋的上下两端应采用预留钢筋、预埋铁件、化学植筋或膨胀螺栓等连接方式与主体结构固定；墙体内在砌筑时每隔 2 皮小砌块沿墙长铺设 φ4 点焊钢筋网片；墙顶除芯柱或构造柱部位外，宜留 10～20mm 宽的缝隙，并按要求进行界面缝施工。填充外墙尚应在窗台与窗顶位置沿墙长设置现浇钢筋混凝土连系带，并与各芯柱或构造柱拉结。连系带宜用 U 型小砌块砌筑，内置的纵向水平钢筋应符合设计要求且不得小于 2φ12。

（14）小砌块填充墙与框架柱、梁或剪力墙相接处的界面缝的正反两面，均应平整地紧贴墙、柱、梁的表面钉设钢丝直径为 0.5～0.9mm、菱形网孔边长 20mm 的热镀锌钢丝网。网宽应为缝两侧各 200mm，且不得使用翘曲、扭曲等不平整的钢丝网。固定钢丝网的射钉、水泥钉、骑马钉等紧固件应为金属制品并配带垫圈或压板压紧。同时，在此部位的抹灰层面层且靠近面层的表面处，宜增设一层与钢丝网外形尺寸相同由聚酯纤维制成的无纺布或薄型涤棉平布。

（15）填充墙中的芯柱施工除底部设清扫口外，尚应在 1/2 柱高与柱顶处设置。芯柱纵向钢筋的下料长度应为 1/2 柱高加搭接长度，数量应为两根，并应同时放入中部的清扫口。一根纵筋应通过底部清扫口与本层楼面的竖向插筋或其他方式固定；另一根纵筋应在砌到墙顶时通过中部清扫口向上提升。在顶部清扫口与上层梁、板底的预留筋或其他方式连接。底部清扫口应在清除孔道内砂浆等杂物后先行封模；中部清扫口应在芯柱下半部的混凝土浇灌、振捣完成后封闭，并继续浇灌直至顶部清扫口下缘。顶部清扫口内应用 C20 干硬性混凝土或粗砂拌制的 1：2 水泥砂浆填实。

2. 蒸压加气混凝土砌块（板）应用技术

（1）材料进场应采取防雨防潮措施。砌筑前，加气砌块表面应清洁、干净，不得有油污和浮灰。

（2）施工期间及完工后 24h 内，基层及施工环境空气温度不应低于 5℃。夏季施工应避免阳光暴晒；空气温度大于 35℃ 及 5 级大风以上和雨雪天不得施工。

（3）冬期施工应符合现行《建筑工程冬期施工规程》（JGJ 104—2011）的有关规定。

（4）加气砌块切割应使用台式切割机或手提式机具，其切割面应平整。不得用斧子或瓦刀砍劈。

（5）加气砌块洒水后不得立即进行铺砌，表面明显受潮的加气砌块不得砌筑。

（6）加气砌块砌筑时宜使用薄层砌筑砂浆（粘结剂，灰缝为3～5mm）进行砌筑。

（7）砌筑每楼层第一皮加气砌块前，应先用水湿润基面，再施铺 M7.5 强度等级砂浆。

（8）第二皮加气砌块的砌筑，应待第一皮砌块砌筑砂浆凝固后方可进行。

（9）每皮加气砌块砌筑前，宜先将下皮加气砌块表面以磨砂板磨平，并用毛刷清理干净。

（10）加气砌块砌筑时，水平灰缝的薄层砌筑砂浆宜施铺于下皮加气砌块表面；垂直灰缝可先铺薄层砌筑砂浆于加气砌块侧面再上墙砌筑。灰缝应饱满，并及时将挤出的砂浆清除干净，做到随砌随勒。

（11）每块加气砌块砌筑时，宜用水平尺与橡皮锤校正水平、垂直位置，并做到上下皮加气砌块错缝搭接，其搭接长度一般不宜小于被搭接砌块长度的 1/3，且不得小于 100mm。

（12）墙体转角和纵横墙交接处应同时砌筑，临时间断处应砌成斜槎。

（13）加气砌块墙体与钢筋混凝土柱（墙）等竖向结构构件相接处应设置 L 形铁件或 $2\phi6$ 拉结筋，拉结筋应沿墙全长贯通或至门窗洞口边。设置间距应为两皮砌块的高度。拉接筋埋设时，宜预先在砌块水平灰缝面开设通长凹槽或倒三角槽，置入钢筋后，应用砂浆填实至槽的上口平。

（14）砌块墙顶面与钢筋混凝土梁板底面间应预留 10～25mm 空隙，空隙内的充填物宜在墙体砌筑完成后 14d 进行。嵌填时应在墙顶正中部位设通长 PE 棒，棒的两侧用 PU 发泡剂或 M5.0 强度等级预拌砂浆嵌平实。当砌块墙高度大于 4m 或长度大于 5m 时，墙顶部应用 L 型铁件与上层楼板板底固定。

（15）加气砌块填充外墙与结构柱、梁、板、墙相接处应预留 10～20mm 宽缝隙。缝隙内应嵌塞 PE 棒并打 PU 发泡剂，外侧与混凝土柱的缝隙口应在 PU 发泡剂外再用专用嵌缝剂或修补砂浆封闭。

蒸压加气混凝土板应用技术

（1）应采用专用工具装卸加气混凝土板材，运输时应采用包装的绑扎措施。

（2）在加气混凝土板墙体上钻孔、镂槽或切锯时，应采用专用工具，不得任意剔凿，不得横向镂槽。

（3）应采用专用工具和设备安装外墙板。当墙板上有油污时，应在安装前将其清除。外墙板的板缝应采用有效的连接构造，缝隙应严密、粘结应牢固。

（4）内隔墙板的安装顺序应从洞口处向两端依次进行，门洞两侧宜用整块板。无门洞口的墙体应从一端向另一端顺序安装。

（5）平缝拼接缝间粘结砂浆应饱满，安装时应以缝隙间挤出砂浆为宜，缝宽不得大于 5mm。

（6）在墙板上钻孔、开洞，或固定物件时，必须待板缝内粘结砂浆达到设计强度后进行。

（7）应按设计要求焊接屋面板上的预埋件，不得漏焊。

3. 蒸压灰砂砖应用技术

（1）非承重蒸压灰砂多孔砖的含水率宜为 8%～12%，干的或含水已饱和的砖严禁上墙砌筑，也不得随浇水随砌筑，应根据施工期间的气温和砖的干湿程度至少提前 2d 浇水。当天气特别干燥炎热时，砌筑前再稍浇水湿润。

（2）非承重蒸压灰砂多孔砖砌体施工前，应将基础、楼板等表面的杂物清除干净并浇水湿润，按轴线、墙柱边线、标高等标志线进行砌筑。

（3）墙体施工宜采用独立脚手架，不宜在墙体内设脚手眼，当无法避免时，待砌筑完成后，应用 C20 细石混凝土将脚手眼填实。严禁在墙体的下列部位设置脚手眼：

① 过梁上与过梁成 60 三角形范围及过梁净跨度 1/2 的高度范围内；

② 门窗洞两侧 200mm 和墙体交接处 450mm 的范围内；

③ 设计不允许设脚手眼的部位。

（4）非承重蒸压灰砂多孔砖墙体应按一顺一丁或梅花的砌筑方式砌筑。

（5）非承重蒸压灰砂多孔砖的孔洞应垂直于受压面，呈竖向进行砌筑。

（6）非承重蒸压灰砂多孔砖的砌筑宜采用一铲灰、一块砖、一揉压的"三一"砌砖法进行操作。当用铺浆法砌筑时，铺浆长度不应大于 750mm。施工期间气温超过 30℃时，铺浆长度宜小于 500mm，竖向灰缝宜采用挤浆或加浆的方法砌筑。

（7）砌体转角及纵横交接处应咬槎砌筑。后砌墙或续砌临时间断处的墙体时，应将接槎处清理干净，提前润湿后再砌筑。槎口结合处的灰缝应填实饱满，且横平竖直。预留的拉结筋应置于后砌墙体水平缝的砂浆层中，不得外露。

（8）墙体的施工缝处必须砌成斜槎，斜槎长度不应小于高度的 2/3。当留斜槎确有困难时，可砌成直槎，但应沿墙高每隔 600mm 设置拉结钢网片或 2 根直径为 6mm 的钢筋，每边伸入墙内长度不应小于 600mm。

（9）自承重墙与框架或剪力墙间的界面缝连接应按下列要求施工：

① 沿框架缝或剪力墙全高每隔 500～600mm 埋设或后植入 2φ6 拉结钢筋，并伸入自承重墙内水平灰缝中的长度应符合设计要求。

② 界面缝采用柔性连接时，自承重墙与框架柱或剪力墙相连接处应预留 10～15mm 宽的缝隙；自承重墙顶与上层楼面的梁底或板底间也应预留 10～20mm 宽的缝隙。缝内中间处宜在自承重墙砌完后 28d 用聚乙烯（PE）棒材嵌塞，其直径宜比缝宽大 2～5mm。缝的两侧应充填聚氨酯泡沫填缝剂（PU 发泡剂）或其他柔性嵌缝材料。缝口应在 PU 发泡剂外再用弹性腻子封闭；缝内也可嵌填宽度为墙厚减 60mm，厚度比缝宽大 1～2mm

的膨胀聚苯板，应挤紧，不得松动。聚苯板的外侧应喷 25mm 厚 PU 发泡剂，并用弹性腻子封至缝口。

③ 界面缝采用刚性连接时，自承重墙与框架柱或剪力墙相接处的灰缝必须饱满、密实，并应二次补浆勾缝，凹进墙面宜 5mm；自承重墙砌至接近上层楼面的梁、板底时，应留空隙 100mm 高。空隙宜在自承重墙砌完后 28d 用砖斜砌挤紧，灰缝等空隙处的砂浆应饱满、密实。

（10）墙上留设施工洞口时，其洞口净宽度不应超过 1m，洞边离墙体交接处的墙面距离不得小于 500mm。洞顶应设经荷载计算的钢筋混凝土过梁。洞口补砌部分的砌体水平灰缝应与洞口两侧墙体水平缝相连，且平直一致；洞边与墙连接处的竖缝砂浆应饱满严密，表面平整。

（11）非承重蒸压灰砂多孔砖砌体的日砌筑高度宜控制在 1.5m 以内。

（12）同一片墙体，非承重蒸压灰砂多孔砖不得与其他砌块混砌，不同强度等级的非承重蒸压灰砂多孔砖也不得混砌。

（13）灰缝砂浆应饱满，水平灰缝的砂浆饱满度不得低于 80%。竖向灰缝不得出现透明缝、瞎缝和用杂物缝。当砂浆已初凝、砖块砌筑后需移动或松动时，应铲除原有砂浆重新砌筑。

（14）墙体抹灰应在砌体工程质量验收合格后进行。抹灰施工宜在墙体砌筑完成 60d 后进行，最短不应少于 45d。

（15）非承重蒸压灰砂多孔砖墙体抹灰时，应先将基层墙体表面的灰尘、污垢、油渍等清除干净，再在基层上涂抹界面处理砂浆，界面处理砂浆表面稍收浆后再进行抹灰。

（16）墙体与梁、板、柱结合处的抹灰层中，应采取防止开裂的加强措施；当采用加强网时，每侧铺设宽度不应小于 100mm。

（17）面层抹灰或贴面砖时，应按设计要求划分分隔缝以分段施工，分隔缝间距不宜超过 3m。分隔缝一般缝宽宜为 10mm，深宜为 5mm，可用柔性密封嵌缝材料嵌填。

4. 非黏土烧结制品应用技术

（1）砌筑清水墙、柱的多孔砖，应边角整齐、色泽均匀。

（2）烧结多孔砖在运输、装卸过程中，严禁倾倒和抛掷。经验收的砖，应分类堆放整齐，堆置高度不宜超过 2m。

（3）在常温状态下，多孔砖应提前 1～2d 浇水湿润。砌筑时砖的含水率宜控制在 10%～15%。

（4）砌体应上下错缝，内外搭砌，宜采用一顺一丁或梅花丁的砌筑形式。砖柱不得采用包心砌法。

（5）砌体灰缝应横平竖直，水平灰缝厚度和竖向灰缝宽度宜为 10mm，但不应小于 8mm 也不应大于 12mm。

（6）砌体灰缝砂浆应饱满。水平灰缝的 4 砂浆饱满度不得低于 80%，竖向灰缝宜采用加浆填灌的方法，使其砂浆饱满，严禁用水冲浆灌缝。对抗震设防地区砌体应采用一铲灰，一块砖一揉压的"三一"砌砖法砌筑。对非地震区可采用铺浆法砌筑，铺浆长度不得超过 750mm；当施工期间最高气温高于 30°时，铺浆长度不得超过 500mm。

（7）砌筑砌体时，多孔砖的孔洞应垂直于受压面，砌筑前应试摆。

（8）除设置构造柱的部位外，砌体的转角处和交接处应同时砌筑，对不能同时砌筑而又必须留置的临时间断处，应砌成斜槎。临时间断处的高度差，不得超过一步脚手架的高度。

（9）砌体接槎时，必须将接槎处的表面清理干净，浇水湿润并填实砂浆，保持灰缝平直。

（10）设置构造柱的墙体应先砌墙，后浇混凝土，构造柱应有外露面。

（11）浇灌混凝土构造柱前，必须将砖砌体和模板浇水湿润，并将模板内的落地灰、砖渣等清除干净。

（12）浇捣构造柱混凝土时，宜采用插入式振捣棒。振捣时，振捣棒不应直接触碰砖墙。

（13）砌筑完基础或每一楼层后，应校核砌体的轴线和标高。

当偏差超出允许范围时，其偏差应在基础顶面或圈梁顶面上校正。标高偏差宜通过调整上部灰缝厚度逐步校正。

（14）冬期施工时，尚应符合现行行业标准《建筑工程冬期施工规程》（JGJ 104）的有关规定。

（15）砌完基础后，应及时回填。

（16）砌体相邻工作段的高度差，不得超过一层楼的高度，也不宜大于 4m 工作段的分段位置，宜设在伸缩缝、沉降缝、防震缝构造柱或门窗洞口处。

（17）尚未安装楼板或屋面板的墙和柱，当可能遇大风时，其允许自由高度不得超过表 1-50 的规定。当超过表列限值时，必须采用临时支撑等有效措施。

<table>
<tr><td colspan="4" style="text-align:center">墙和柱的允许自由高度   表 1-50</td></tr>
<tr><td rowspan="2">墙（柱）厚
（mm）</td><td colspan="3">风荷载（N/m²）</td></tr>
<tr><td>300（相当于 7 级风）</td><td>400（相当于 8 级风）</td><td>600（相当于 9 级风）</td></tr>
<tr><td>190</td><td>1.4</td><td>1.1</td><td>0.7</td></tr>
<tr><td>240</td><td>2.2</td><td>1.7</td><td>1.1</td></tr>
<tr><td>400</td><td>4.2</td><td>3.2</td><td>2.1</td></tr>
<tr><td>490</td><td>7.0</td><td>5.2</td><td>3.5</td></tr>
<tr><td>620</td><td>11.4</td><td>8.6</td><td>5.7</td></tr>
</table>

注：1. 本表适用于施工处相对标高（H）在 10m 范围内的情况。如 10m＜H≤15m；15m＜H≤20m 时，表中的允许自由高度应分别乘以 0.9、0.8 的系数；如 H＞20m 时，应通过抗倾覆验算确定其允许自由高度；

2. 当所砌筑的墙，有横墙及其他结构与其连接，而且间距小于表列限值的 2 倍时，砌筑高度可不受本表规定的限制。

（18）施工中需在砖墙中留的临时洞口，其侧边离交接处的墙面不应小于 0.5m；洞口顶部宜设置钢筋砖过梁或钢筋混凝土过梁。

5. 建筑隔墙条板应用技术

为确保工程质量，建筑隔墙条板的设计、施工和质量验收应按照现行《建筑轻质条板隔墙技术规程》（JGJ/T 157—2008）

执行，并应符合其他相关现行标准的规定。

6. 纸面石膏板应用技术

纸面石膏板主要用于轻钢龙骨石膏板隔墙，为确保工程质量，轻钢龙骨石膏板隔墙设计、施工和质量验收按照上海市工程建设规范《轻钢龙骨石膏板隔墙、吊顶应用技术规程》（DG/TJ08-2098-2012）执行，并应符合国家现行有关标准的规定。纸面石膏板易受潮，若其含水率过高，易造成施工后的石膏板开裂和盐析泛霜，因此设计、施工中应考虑隔墙的防潮防水要求；同时当填充材料为岩棉时，若防水处理不当，会造成岩棉潮湿，极大降低保温、隔热效果。纸面石膏板的接缝及转角角缝等都是轻钢龙骨石膏板隔墙的薄弱处，为防止板缝开裂，应对这些薄弱处进行合理设计及施工。隔声性和保温性都是石膏板的特性，因此需对轻钢龙骨石膏板隔墙中有隔声要求和保温要求的构造进行合理的设计及施工。

7. 金属夹芯板应用技术

金属夹芯板的水平接缝应采用企口连接，防止雨水渗入，竖缝用密封膏封严，也可加压条密封。板与板之间的拼接缝宽度应考虑适应主体结构在外力作用下的位移变形并满足其自身热胀冷缩变形的要求。

（1）施工现场存放的夹芯板，堆码高度不宜超过 1.5m，可采用高度 150mm 的垫木将夹芯板垫好，垫材的间距不宜超过 2m，且两端部不宜悬空。

（2）夹芯板墙体与基础或地面连接时应按设计要求标出基准线。

（3）辅件与基础、主体结构、夹芯板的连接应满足设计要求。

（4）安装墙板时，应按施工图施工。墙板的拼接或插接应平整，板缝应均匀、严密。

（5）安装墙板时，应按设计图纸要求预留门窗洞口。

（6）在墙体的垂直方向上如需要搭接，搭接的长度不应小于

30mm，且外搭接缝应向下压接，内搭接缝可向上压接，搭接处应做密封处理。连接宜采用拉铆钉，铆钉竖向间距不应大于 150mm。

（7）夹芯板连接后应检查墙面的平整度，未达到要求应立即重做调整。

（8）夹芯板与主体结构的固定应使用紧固件。

（9）转角处的内包角，其对接缝应平整密实，与相接的夹芯板墙面保持顺平竖直。外包角搭接应向下压接，搭接长度不应小于 50mm。

（10）连接处不得出现明显凹陷，内外包角边连接后不得出现波浪形翘曲。

（11）夹芯板墙面不宜开设孔洞，如工程要求安装相应设备必须开设时，则应根据孔洞的大小和部位采取相应的加强措施。

（12）夹芯板墙体上安装吊挂件时，应与主体结构相连并应满足相应结构设计要求。

（13）夹芯板墙体上穿孔安装吊挂件时，宜采用套管螺栓及垫圈。

1.3.6 包装、标识、运输、储存

1. 加气砌块应在工厂内存放 5d，并经检验合格后方可出厂；

2. 蒸压灰砂砖应在工厂内存放三天；

3. 混凝土制品须放置 28 天后出厂；

4. 产品运输时宜成垛绑扎或有其他包装。运输装卸时宜用专用工具，应避免碰撞且应防雨，严禁摔、掷、翻斗车自卸；

5. 存放应按规格、等级分批堆放，在堆放运输时应有防雨水措施；

6. 装卸中严禁碰撞、扔摔，应轻码轻放，不许翻斗倾卸；

7. 砌块砖类墙体材料应当印有不得低于砌块砖数比例 30％的企业产品标识，标识中应当含有企业信息、产品的质量信息等；

8. 根据批次，生产企业应当提供带有出厂检验合格数据的质量保证书和相应单据。

1.4 骨 料

骨料是建筑砂浆与混凝土主要组成材料之一。起骨架及减少由于胶凝材料在凝结硬化过程中干缩湿涨引起体积变化等作用，同时还可作为胶凝材料的廉价填充料。在建筑工程中骨料有砂、卵石、碎石、煤渣、钢渣等。

1.4.1 建设用砂

1. 概述

建设用砂是用于建设工程中混凝土及其制品和普通砂浆的用砂。

2. 产品定义、分类

（1）按加工方法不同，砂分为天然砂、人工砂和混合砂。

由自然条件作用形成的，公称粒径小于 5.00mm 的岩石颗粒，称为天然砂。天然砂分为河砂、海砂和山砂。

由岩石经除土开采、机械破碎、筛分而成的，公称粒径小于 5.00mm 的岩石颗粒，称为人工砂。

由天然砂与人工砂按一定比例组合而成的砂，称为混合砂。

（2）按细度模数不同，砂分为粗砂、中砂、细砂和特细砂，其范围应符合表 1-51 的规定。

砂的细度模数　　　　　　　表 1-51

粗细程度	细度模数
粗　砂	3.7～3.1
中　砂	3.0～2.3
细　砂	2.2～1.6
特细砂	1.5～0.7

3. 种类、规格、主要技术指标

（1）颗粒级配

混凝土用砂除特细砂以外，砂的颗粒级配按公称直径 $630\mu m$ 筛孔的累计筛余量（以质量百分率计），分成三个级配区，且砂的颗粒级配应处于表 1-52 中的某一区内。

砂的颗粒级配区   表 1-52

公 称粒 径	级配区		
	Ⅰ区	Ⅱ区	Ⅲ区
	累计筛余(%)		
5.00mm	10～0	10～0	10～0
2.50mm	35～5	25～0	15～0
1.25mm	65～35	50～10	25～0
630μm	85～71	70～41	40～16
315μm	95～80	92～70	85～55
160μm	100～90	100～90	100～90

（2）天然砂的质量指标

天然砂的质量指标应符合表 1-53 的规定。

天然砂的质量指标   表 1-53

项 目		质量指标
含泥量（按质量计,%）	混凝土强度等级	
	≥C60	≤2.0
	C55～C30	≤3.0
	≤C25	≤5.0
泥块含量（按质量计,%）	混凝土强度等级	
	≥C60	≤0.5
	C55～C30	≤1.0
	≤C25	≤2.0
贝壳含量（按质量计,%）	混凝土强度等级	
	≥C40	≤3
	C35～C30	≤5
	C25～C15	≤8

项 目		质量指标
有害物质含量	云母含量(按质量计,%)	≤2.0
	轻物质含量(按质量计,%)	≤1.0
	硫化物及硫酸盐含量(折算成 SO₃,按质量计,%)	≤1.0
	有机物含量(用比色法试验)	颜色不应深于标准色,当颜色深于标准色时,应按水泥胶砂强度试验方法进行强度对比试验,抗压强度比不应低于0.95
坚固性	混凝土所处的环境条件及其性能要求	在严寒及寒冷地区室外使用并经常处于潮湿或干湿交替状态下的混凝土对于有抗疲劳、耐磨、抗冲击要求的混凝土有腐蚀介质作用或经常处于水位变化区的地下结构混凝土	5次循环后的质量损失(%)	≤8
		其他条件下使用的混凝土		≤10
氯离子含量(%)	对于钢筋混凝土用砂	≤0.06
	对于预应力混凝土用砂	≤0.02
含碱量(kg/m³)	当活性骨料时,混凝土中的碱含量	≤3

（3）人工砂的质量指标

人工砂的质量指标应符合表1-54的规定。

4. 验收要点

天然砂的出厂检验项目：颗粒级配、含泥量、泥块含量、云母含量、松散堆积密度。

人工砂的出厂检验项目：颗粒级配、石粉含量（含亚甲蓝试验）泥、块含量、压碎指标、松散堆积密度。

人工砂的质量指标   表 1-54

项　目			质量指标	
			MB<1.40 （合格）	MB≥1.40 （不合格）
石粉含量 （%）	混凝土 强度等级	≥C60	≤5.0	≤2.0
		C55～C30	≤7.0	≤3.0
		≤C25	≤10.0	≤5.0
总压碎值指标（%）			<30	
含碱量（kg/m³）	当活性骨料时，混凝土中的碱含量		≤3	

使用单位应按砂的同产地同规格分批验收。采用大型工具运输的，以 400m³ 或 600t 为一验收批。采用小型工具运输的，以 200m³ 或 300t 为一验收批。不足上述量者，应按验收批进行验收。

每验收批砂至少应进行颗粒级配、含泥量、泥块含量检验。对于海砂或有氯离子污染的砂，还应检验其氯离子含量；对于海砂，还应检验贝壳含量；对于人工砂及混合砂，还应检验石粉含量。

当砂的质量比较稳定、进料量又较大时，可以 1000t 为一验收批。

当使用新产源的砂时，应由生产单位或使用单位按质量要求进行全面检验，质量应符合国家现行标准《普通混凝土用砂、石质量及检验方法标准》（JGJ52）的规定。

5. 简单应用

制备混凝土拌合物时，宜选用级配良好、质地坚硬、颗粒洁净的天然砂、人工砂和混合砂。

配制混凝土时宜优先选用Ⅱ区砂。

当采用Ⅰ区砂时，应提高砂率，并保持足够的水泥用量，以满足混凝土的和易性。

当采用Ⅲ区砂时，宜适当降低砂率，以保证混凝土强度。

当采用特细砂时，应符合相应的规定。

配制泵送混凝土，宜选用中砂。

使用海砂时，其质量指标应符合现行行业标准《海砂混凝土应用技术规范》（JGJ 206）的规定。

6. 包装、标识、运输、贮存

出砂厂时，供需双方在厂内验收产品，生产厂应提供产品质量合格证书，其内容包括：

1）砂的分类、规格、类别和生产厂信息；

2）批量编号及供货数量；

3）出厂检验结果、日期及执行标准编号；

4）合格证编号及发放日期；

5）检验部门及检验人员签章。

砂应按分类、规格、类别分别堆放和运输，防止人为碾压、混合及污染产品。

输运时，应有必要的防遗撒设施，严禁污染环境。

砂在装卸和堆放过程中，应防止颗粒离析、混入杂质，并按产地、种类和规格分别堆放。

1.4.2 建设用石

1. 概述

建设用石是用于建设工程中混凝土及其制品的卵石或者碎石。

2. 产品定义、分类

石可分为碎石或卵石。

由天然岩石或卵石经破碎、筛分而成的，公称粒径大于5.00mm 的岩石颗粒，称为碎石；

由自然条件作用形成的，公称粒径大于 5.00mm 的岩石颗粒，称为卵石。

3. 种类、规格、主要技术指标

（1）颗粒级配

碎石或卵石的颗粒级配，应符合表 1-55 的规定。

碎石或卵石的颗粒级配范围　　　　表 1-55

级配情况	公称粒径(mm)	累计筛余,按质量(%)											
		方孔筛筛孔边长尺寸(mm)											
		2.36	4.75	9.5	16.0	19.0	26.5	31.5	37.5	53.0	63.0	75.0	90.0
连续粒级	5~10	95~100	80~100	0~15	0	—	—	—	—	—	—	—	—
	5~16	95~100	85~100	30~60	0~10	0	—	—	—	—	—	—	—
	5~20	95~100	90~100	40~80	—	0~10	0	—	—	—	—	—	—
	5~25	95~100	90~100		30~70	—	0~5	0	—	—	—	—	—
	5~31.5	95~100	90~100	70~90	—	15~45	—	0~5	0	—	—	—	—
	5~40	—	95~100	70~90	—	30~65	—	—	0~5	0	—	—	—
单粒级	10~20	—	95~100	85~100	—	0~15	0	—	—	—	—	—	—
	16~31.5	—	95~100	—	85~100	—	—	0~10	—	—	—	—	—
	20~40	—	—	95~100	—	80~100	—	0~10	0	—	—	—	—
	31.5~63	—	—	—	95~100	—	—	75~100	45~75	0~10	0	—	—
	40~80	—	—	—	—	95~100	—	—	70~100	30~60	0~10	—	0

混凝土用石宜采用连续粒级。

单粒级宜用于组合成满足要求的连续粒级;也可与连续粒级混合使用,以改善其级配或配成较大粒度的连续粒级。

(2) 质量指标

石的质量指标应符合表 1-56 的规定。

石的质量指标　　　　表 1-56

项　目			质量指标
含泥量	混凝土	≥C60	≤0.5
		C55~C30	≤1.0
(按质量计,%)	强度等级	≤C25	≤2.0

项　目				质量指标
泥块含量 （按质量计，%）	混凝土 强度等级		≥C60	≤0.2
			C55～C30	≤0.5
			≤C25	≤0.7
针、片状颗粒 含量 （按质量计，%）	混凝土 强度等级		≥C60	≤8
			C55～C30	≤15
			≤C25	≤25
碎石 压碎指标值 （%）	混凝土 强度等级	水成岩	C60～C40	≤10
			≤C35	≤16
		变质岩或深层的火成岩	C60～C40	≤12
			≤C35	≤20
		火成岩	C60～C40	≤13
			≤C35	≤30
卵石 压碎指标值（%）	混凝土强度等级		C60～C40	≤12
			≤C35	≤16
有害物质含量	硫化物及硫酸盐含量（折算成SO₃，按质量计，%）			≤1.0
	卵石中有机物含量（用比色法试验）			颜色应不深于标准色。当颜色深于标准色时，应配制成混凝土进行强度对比试验，抗压强度比不应低于0.95
坚固性	混凝土所处的环境条件及其性能要求	在严寒及寒冷地区室外使用并经常处于潮湿或干湿交替状态下的混凝土对于有抗疲劳、耐磨、抗冲击要求的混凝土有腐蚀介质作用或经常处于水位变化区的地下结构混凝土	5次循环后的质量损失（%）	≤8
		其他条件下使用的混凝土		≤12
含碱量（kg/m³）	当活性骨料时，混凝土中的碱含量			≤3

4. 验收要点

卵石、碎石的验收项目：松散堆积密度、颗粒级配、含泥量、泥块含量、针片状颗粒含量；连续粒级的石子应进行空隙率检验；吸水率应根据用户需要进行检验。

使用单位应按碎石或卵石的同产地同规格分批验收。采用大型工具运输的，以 400m³ 或 600t 为一验收批。采用小型工具运输的，以 200m³ 或 300t 为一验收批。不足上述量者，应按验收批进行验收。

每验收批碎石或卵石至少应进行颗粒级配、含泥量、泥块含量和针、片状颗粒含量检验。

当碎石或卵石的质量比较稳定、进料量又较大时，可以 1000t 为一验收批。

当使用新产源的碎石或卵石时，应由生产单位或使用单位按质量要求进行全面检验，质量应符合国家现行标准《普通混凝土用砂、石质量及检验方法标准》（JGJ 52）的规定。

5. 简单应用

制备混凝土拌合物时，宜选用粒形良好、质地坚硬、颗粒洁净的碎石或卵石。碎石或卵石宜采用连续粒级，也可用单粒级组合成满足要求的连续粒级。

（1）混凝土用的碎石或卵石，其最大颗粒粒径不得超过构件截面最小尺寸的 1/4，且不得超过钢筋最小净间距的 3/4。

（2）对实心混凝土板，碎石或卵石的最大粒径不宜超过板厚的 1/3，且不得超过 40mm。

（3）泵送混凝土用碎石的最大粒径不应大于输送管内径的 1/3，卵石的最大粒径不应大于输送管内径的 2/5。

6. 包装、标识、运输、贮存

（1）卵石、碎石出厂时，供需双方在厂内验收产品，生产厂应提供产品质量合格证书，其内容包括：

1）分类、规格、公称粒径和生产厂家信息；

2）批量编号及供货数量；

3）出厂检验结果、日期及执行标准编号；

4）合格证编号及发放日期；

5）检验部门及检验人员签章。

（2）卵石、碎石按分类、规格、类别分别堆放和运输：防止人为碾压、混合及污染产品。

（3）碎石或卵石在装卸和堆放过程中，应防止颗粒离析、混入杂质，并按产地、种类和规格分别堆放。碎石或卵石的堆放高度不宜超过 5m，对于单粒级或最大粒径不超过 20mm 的连续粒级，其堆料高度可增加到 10m。

1.4.3　轻集料

1. 概述

轻骨料一般用于结构或者结构保温用混凝土，表观密度轻，保温性能耗的轻骨料也可以用于保温轻混凝土。

2. 产品定义、分类

轻骨料是指堆积密度不大于 1200kg/m³ 的粗、细骨料的总称。

适用于混凝土用的轻骨料，主要包括人造轻骨料、天然轻骨料、工业废渣轻骨料。

人造轻骨料是采用无机材料经加工制粒、高温焙烧而制成的轻粗骨料（如陶粒等）及轻细骨料（如陶砂等）。

天然轻骨料是指由火山爆发形成的多孔岩石经破碎、筛分而制成的轻骨料。如浮石、火山渣等。

工业废渣轻骨料是由工业副产品或固体废弃物经破碎、筛分而制成的轻骨料。

3. 种类、规格、主要技术指标（表 1-57、表 1-58）

轻集料的颗粒级配　　　　　　　　　　表 1-57

轻集料	级配类别	公称粒级/mm	各号筛的累计筛余（按质量计）/%											
			方孔筛孔径											
			37.5 mm	31.5 mm	25.5 mm	19.0 mm	16.0 mm	9.5 mm	4.75 mm	2.36 mm	1.18 mm	600 μm	300 μm	150 μm
细集料	—	0～5	—	—	—	—	—	0	0～35	20～60	30～60	30～80	65～90	75～100

轻集料	级配类别	公称粒级/mm	各号筛的累计筛余(按质量计)/%											
			方孔筛孔径											
			37.5 mm	31.5 mm	25.5 mm	19.0 mm	16.0 mm	9.5 mm	4.75 mm	2.36 mm	1.18 mm	600 μm	300 μm	150 μm
粗集料	连续粒级	5~40	0~10	—	—	40~60		50~85	90~100	95~100	—	—	—	—
		5~31.5	0~5	0~10		—	40~75	—	90~100	95~100				
		5~25	0	0~5	0~10		30~70	—	90~100	95~100				
		5~20	0		0~5	0~10		40~80	90~100	95~100				
		5~16	—	—	0	0~5	0~10	20~60	90~100	95~100				
		5~10	—				0	0~15	90~100	95~100				
	单粒级	10~16	—	—		0	0~15	85~100	90~100	—				

密度等级　　　　表 1-58

轻集料种类	密度等级		堆积密度范围 /(kg/m³)
	轻粗集料	轻细集料	
人造轻集料 天然轻集料 工业废渣轻集料	200	—	>100,≤200
	300	—	>200,≤300
	400	—	>300,≤400
	500	500	>400,≤500
	600	600	>500,≤600
	700	700	>600,≤700
	800	800	>700,≤800
	900	900	>800,≤900
	1000	1000	>900,≤1000
	1100	1100	>1000,≤1100
	1200	1200	>1100,≤1200

不同等级密度的轻粗集料的筒压强度应不低于表 1-59 的
规定。

轻粗集料筒压强度　　　　　　　　　　　　表 1-59

轻粗集料种类	密度等级	筒压等级/MPa
人造轻集料	200	0.2
	300	0.5
	400	1.0
	500	1.5
	600	2.0
	700	3.0
	800	4.0
	900	5.0
天然轻集料 工业废渣轻集料	600	0.8
	700	1.0
	800	1.2
	900	1.5
	1000	1.5
工业废渣轻集料中 的自然煤矸石	900	3.0
	1000	3.5
	1100～1200	4.0

不同密度等级高强轻粗集料的筒压强度和强度标号应不低于
表 1-60～表 1-63 的规定。

高强轻粗集料的筒压强度与强度标号　　　　表 1-60

轻粗集料种类	密度等级	筒压强度/MPa	强度标号
人造轻集料	600	4.0	25
	700	5.0	30
	800	6.0	35
	900	6.5	40

轻粗集料的吸水率　　　　　　　　表 1-61

轻粗集料种类	密度等级	1h 吸水率/%
人造轻集料工业废弃轻集料	200	30
	300	25
	400	20
	500	15
	600～1200	10
人造轻集料中的粉煤灰陶粒	600～900	20
天然轻集料	600～1200	—

系指采用烧结工艺生产的粉煤灰陶粒

轻粗集料的粒型系数　　　　　　　　表 1-62

轻粗集料种类	平均粒型系数
人造轻集料	≤2.0
天然轻集料工业废渣轻集料	不作规定

有害物质规定　　　　　　　　表 1-63

项 目 名 称	技 术 指 标
含泥量(%)	≤3.0
	结构混凝土用轻集料≤2.0
泥块含量(%)	≤1.0
	结构混凝土用轻集料≤0.5
煮沸质量损失(%)	≤5.0
烧失量(%)	≤5.0
	天然轻集料不作规定,用于无筋混凝土的煤渣允许≤18
硫化物和硫酸盐含量(按 SO₃ 计)(%)	≤1.0
	用于无筋混凝土的自燃煤矸石允许含量≤1.5
有机物含量	不深于标准色,如深于标准色,按 GB/T 17431.2—2010 中 18.5.3 的规定操作,且试验培养不低于 95%
氯化物(以氯离子含量计)含量(%)	≤0.02
放射性	符合 GB 6566 的规定

4. 验收要点

轻粗集料的检验项目：包括颗粒级配、堆积密度、粒型系数、筒压强度和吸水率；高强陶粒粗骨料应检测强度标号等。

轻细集料的检验项目：细度模数、堆积密度；

判定：各项试验结果符合上述技术的相关规定时，则判定该批产品合格。

复验：若试验结果中有一项性能不符合上述技术的规定，允许从同一批轻集料中加倍取样，对不合格项目进行复验。复验后，若该项试验结果符合本部分的规定的，则判该批产品合格；否则，判该批产品为不合格。

5. 简单应用

轻集料按类别、名称、密度等级分批检验与验收，每 400m³ 为一批，不足 400m³ 亦按一批计。

6. 包装、标识、运输、贮存

轻集料应按类别、密度等级和颗粒级配分别堆放和运输，并应有防运措施。

可用车、船散装货袋装运输，运输过程中应避免污染或压碎。

运输时，应采取措施防止粉尘飞扬和散落。

轻骨料在贮存时不得混入杂物，不同种类和密度等级的轻骨料应分别贮运。

1.5 胶凝材料

1.5.1 水泥

1. 概述

土木建筑工程中最为常用的是通用硅酸盐水泥（以下简称通用水泥）。

2. 产品定义、分类

水泥是一种最常用的水硬性胶凝材料。水泥呈粉末状，加入适量水后，成为塑性浆体，既能在空气中硬化，又能在水中硬化，并能把砂、石散状材料牢固地胶结在一起。

规定的通用硅酸盐水泥按混合材料的品种和掺量分为硅酸盐水泥、普通硅酸盐水泥、矿渣硅酸盐水泥、火山灰质硅酸盐水泥、粉煤灰硅酸盐水泥和复合硅酸盐水泥。

通用水泥的组分与强度等级　　　　表 1-64

品种	标准编号	组分(质量分数,%)		代号	强度等级
		熟料＋石膏	混合材料		
硅酸盐水泥	GB 175—2007	100	—	P・Ⅰ	42.5、42.5R、52.5 52.5R、62.5、62.5R
		≥95	≤5	P・Ⅱ	
普通硅酸盐水泥	GB 175—2007	≥80 且<95	>5 且≤20	P・O	42.5、42.5R 52.5、52.5R
矿渣硅酸盐水泥	GB 175—2007	≥50 且<80	>20 且≤50	P・S・A	32.5、32.5R、42.5 42.5R、52.5、52.5R
		≥30 且<50	>50 且≤70	P・S・B	
火山灰质硅酸盐水泥	GB 175—2007	≥60 且<80	>20 且≤40	P・P	32.5、32.5R、42.5 42.5R、52.5、52.5R
粉煤灰硅酸盐水泥	GB 175—2007	≥60 且<80	>20 且≤40	P・F	32.5、32.5R、42.5 42.5R、52.5、52.5R
复合硅酸盐水泥	GB 175—2007	≥50 且<80	>20 且≤50	P・C	32.5、32.5R、42.5 42.5R、52.5、52.5R

注：混合材料的品种包括粒化高炉矿渣、火山灰质混合材料、粉煤灰、石灰石。

3. 种类、规格、主要技术指标

通用水泥的物理指标应符合表 1-65 的规定。

通用水泥的化学指标应符合表 1-66 的规定。

4. 验收要点

（1）水泥进场时应对其品种、级别、包装或散装仓号、出厂日期等进行检查，并应对其强度、安定性及其他必要的性能指标进行复验，其质量必须符合现行国家标准《通用硅酸盐水泥》（GB 175）等的规定。

通用水泥的物理指标　　　　　　　　　表 1-65

品种	强度等级	抗压强度（MPa）		抗折强度（MPa）		凝结时间	安定性	细度
		3d	28d	3d	28d			
硅酸盐水泥	42.5	≥17.0	≥42.5	≥3.5	≥6.5	初凝时间不小于45min，终凝时间不大于390min	沸煮法合格	比表面积不小于300m²/kg
	42.5R	≥22.0		≥4.0				
	52.5	≥23.0	≥52.5	≥4.0	≥7.0			
	52.5R	≥27.0		≥5.0				
	62.5	≥28.0	≥62.5	≥5.0	≥8.0			
	62.5R	≥32.0		≥5.5				
普通硅酸盐水泥	42.5	≥17.0	≥42.5	≥3.5	≥6.5	初凝时间不小于45min，终凝时间不大于600min	沸煮法合格	比表面积不小于300m²/kg
	42.5R	≥22.0		≥4.0				
	52.5	≥23.0	≥52.5	≥4.0	≥7.0			
	52.5R	≥27.0		≥5.0				
矿渣硅酸盐水泥火山灰质硅酸盐水泥粉煤灰硅酸盐水泥复合硅酸盐水泥	32.5	≥10.0	≥32.5	≥2.5	≥5.5	初凝时间不小于45min，终凝时间不大于390min	沸煮法合格	80μm方孔筛筛余不大于10%或45μm方孔筛筛余不大于30%
	32.5R	≥15.0		≥3.5				
	42.5	≥15.0	≥42.5	≥3.5	≥6.5			
	42.5R	≥19.0		≥4.0				
	52.5	≥21.0	≥52.5	≥4.0	≥7.0			
	52.5R	≥23.0		≥4.5				

通用水泥化学指标　　　　　　　　　表 1-66

品种	代号	不溶物（质量分数）	烧失量（质量分数）	三氧化硫（质量分数）	氧化镁（质量分数）	氯离子（质量分数）
硅酸盐水泥	P·Ⅰ	≤0.75	≤3.0	≤3.5	≤5.0ᵃ	≤0.06ᶜ
	P·Ⅱ	≤1.50	≤3.5			
普通硅酸盐水泥	P·O	—	≤5.0			
矿渣硅酸盐水泥	P·S·A	—		≤4.0	≤6.0ᵇ	
	P·S·B	—			—	

品种	代号	不溶物（质量分数）	烧失量（质量分数）	三氧化硫（质量分数）	氧化镁（质量分数）	氯离子（质量分数）
火山灰质硅酸盐水泥	P·P	—	—			
粉煤灰硅酸盐水泥	P·F	—	—	≤3.5	≤6.0^b	≤0.06^c
复合硅酸盐水泥	P·C	—	—			

a　如果水泥压蒸试验合格，则水泥中氧化镁的含量（质量分数）允许放宽至6.0%。

b　如果水泥中氧化镁的含量（质量分数）大于6.0%时，需进行水泥压蒸安定性试验并合格。

c　当有更低要求时，该指标由买卖双方协商确定。

（2）当在使用中对水泥质量有怀疑或水泥出厂超过三个月（快硬硅酸盐水泥超过一个月）时，应进行复验，并按复验结果使用。

钢筋混凝土结构、预应力混凝土结构中，严禁使用含氯化物的水泥。

（3）检查数量：按同一生产厂家、同一等级、同一品种、同一批号且连续进场的水泥，袋装不超过200t为一批，散装不超过500t为一批，每批抽样不少于一次。

（4）水泥的28d强度值在水泥发出日起32d内由发出单位补报。收货仓库接到此试验报告单后，应与到货通知书等核对品种、强度等级（标号）和质量，然后保存此报告单，以备查考。袋装水泥一般每袋净重50±1kg。但快凝快硬硅酸盐水泥每袋净重为45±1kg，砌筑水泥为40±1kg，硫铝酸盐早强水泥为46±1kg，验收时应特别注意。

（5）检验方法：水泥的强度、安定性、凝结时间和细度，应分别按《水泥胶砂强度检验方法》（GB/T 17671）、《水泥标准稠度用水量、凝结时间、安定性检验方法》GB/T 1346、《水泥比表面积测定方法勃氏法》GB/T 8074和《水泥细度检验方法筛析法》（GB/T 1345）的规定进行检验。

水泥出厂前按同品种、同强度等级编号和取样。袋装水泥和散装水泥应分别进行编号和取样。每一编号为一取样单位。水泥出厂编号按年生产能力规定为:

5. 简单应用

通用水泥品种与强度等级应根据设计、施工要求以及工程所处环境确定,可按表 1-67 选用。

通用水泥的选用表 表 1-67

混凝土工程特点或所处环境条件		优先选用	可以使用	不得使用
环境条件	在普通气候环境中的混凝土	普通硅酸盐水泥	矿渣硅酸盐水泥、火山灰质硅酸盐水泥、粉煤灰硅酸盐水泥	—
	在干燥环境中的混凝土	普通硅酸盐水泥	矿渣硅酸盐水泥	火山灰质硅酸盐水泥、粉煤灰硅酸盐水泥
	在高湿度环境中或永远处在水下的混凝土	矿渣硅酸盐水泥	普通硅酸盐水泥、火山灰质硅酸盐水泥、粉煤灰硅酸盐水泥	—
	严寒地区的露天混凝土、寒冷地区的处在水位升降范围内的混凝土	普通硅酸盐水泥	矿渣硅酸盐水泥	火山灰质硅酸盐水泥、粉煤灰硅酸盐水泥
	受侵蚀性环境水或侵蚀性气体作用的混凝土	根据侵蚀性介质的种类、浓度等具体条件按规定选用		
	厚大体积的混凝土	粉煤灰硅酸盐水泥、矿渣硅酸盐水泥	普通硅酸盐水泥、火山灰质硅酸盐水泥	硅酸盐水泥

6. 包装、标识、运输、贮存

(1) 水泥在运输时不得受潮和混入杂物。不同品种、强度等级、出厂日期和出厂编号的水泥应分别运输装卸,并做好明显标志,严防混淆。

（2）散装水泥宜在专用的仓罐中贮存并有防潮措施。不同品种、强度等级的水泥不得混仓，并应定期清仓。

（3）袋装水泥应在库房内贮存，库房应尽量密闭，应注意防潮、防漏。堆放时应按品种、强度等级、出厂编号、到货先后或使用顺序排列成垛，地面垫板离地 30cm，四周离墙 30cm；袋装水泥堆垛不宜太高，以免下部水泥受压结硬，一般以 10 袋为宜，如存放期短、库房紧张，亦不宜超过 15 袋。临时露天暂存水泥也应用防雨篷布盖严，底板要垫高，并有防潮措施。

（4）水泥贮存期不宜过长，以免受潮而降低水泥强度。贮存期一般水泥为 3 个月，高铝水泥为 2 个月，快硬水泥 1 个月。

一般水泥存放 3 个月以上为过期水泥，强度将降低 10%～20%，存放期愈长，强度降低值也愈大。过期水泥使用前必须重新检验强度等级，否则不得使用。

（5）受潮水泥的处理

受潮水泥的处理和使用可参照表 1-68 办理。

受潮水泥的处理和使用方法　　　　表 1-68

受潮程度	处理方法	使用方法
有松动、小球，可以捏成粉末，但无硬块	将松动、小球等压成粉末，用时加强搅拌	经试验后根据实际强度等级使用
部分结成硬块	筛去硬块，并将松快压碎	1)经试验后根据实际强度等级使用 2)用于不重要、受力小的部位 3)用于砌筑砂浆
硬块	将硬块压成粉末，掺入 25% 硬块重量的新鲜水泥做强度试验	经试验后根据实际强度等级使用

1.5.2 矿粉

1. 概述

矿粉是混凝土的主要组成材料，它起着改善混凝土性能的作用。在混凝土中加入适量的矿粉，可以起到降低温升，改善工作性，增进后期强度，改善混凝土内部结构，提高耐久性，节约资源作用。

2. 产品定义、分类

粒化高炉矿渣粉（下面简称矿粉）是指以粒化高炉矿渣为主要原料，掺加少量石膏磨细制成一定细度的粉体。

粒化高炉矿渣粉按其技术要求分为 S105、S95、S75。

3. 种类、规格、主要技术指标

磨细矿渣粉的技术要求应符合表 1-69 的规定。

磨细矿渣粉的技术要求   表 1-69

项　　目		技术要求		
		S105	S95	S75
密度/(g/cm^3) ≥		2.8		
比表面积/(m^2/kg) ≥		500	400	300
活性指数/% ≥	7d	95	75	55
	28d	105	95	75
流动度比/% ≥		95		
含水量(质量分数)/% ≤		1.0		
三氧化硫(质量分数)/% ≤		4.0		
氯离子(质量分数)/% ≤		0.06		
烧失量(质量分数)/% ≤		3.0		
玻璃体含量(质量分数)/% ≥		85		
放射性		合格		

4. 验收要点

使用单位以连续供应的 200t 相同厂家、相同等级、相同种类的粒化高炉矿渣粉为一验收批。不足上述量时，应按验收批进行验收。

每验收批粒化高炉矿渣粉至少应进行活性指数和流动度比检验。当有要求时尚应进行其他项目检验。

5. 简单应用

混凝土用矿渣粉应符合《用于水泥和混凝土中的粒化高炉矿渣粉》（GB/T 18046）的规定。

S105 级粒化高炉矿渣粉主要用于高性能钢筋混凝土。

S95 级粒化高炉矿渣粉主要用于普通钢筋混凝土。

S75 级粒化高炉矿渣粉主要用于无筋混凝土和砂浆。

6. 包装、标识、运输、贮存

矿粉在未经烘干前，其贮存期限，从淬冷成粒时算起，不宜超过 3 个月。

矿粉应根据不同的品种、规格及等级按批分别存储在专用的仓罐内，防止受潮和环境污染，并作好明显标识。

矿粉在运输和贮存时不得受潮、混入杂物，应防止污染环境，并应标明矿粉种类及其厂名、等级等。

1.5.3 粉煤灰

1. 概述

粉煤灰是混凝土的主要组成材料，它起着改善混凝土性能的作用。在混凝土中加入适量的粉煤灰，可以起到降低温升，改善工作性，增进后期强度，改善混凝土内部结构，提高耐久性，节约资源作用。

2. 产品定义、分类

粉煤灰是指电厂煤粉炉烟道气体中收集的粉末。

粉煤灰按煤种分为 F 类和 C 类；按其技术要求分为Ⅰ级、Ⅱ级、Ⅲ级。

3. 种类、规格、主要技术指标

粉煤灰的技术要求

粉煤灰的技术要求应符合表 1-70 的规定。

4. 验收要点

使用单位以连续供应的 200t 相同厂家、相同等级、相同种类的粉煤灰为一验收批。不足上述量时，应按验收批进行验收。

每批粉煤灰至少应进行细度、需水量比、含水量和雷氏法安

<table>
<tr><td colspan="2" style="text-align:center">粉煤灰的技术要求</td><td colspan="3" style="text-align:right">表 1-70</td></tr>
</table>

项　目		技术要求		
		Ⅰ级	Ⅱ级	Ⅲ级
细度(45μm 方孔筛筛余),不大于/%	F 类粉煤灰	12.0	25.0	45.0
	C 类粉煤灰			
需水量比,不大于/%	F 类粉煤灰	95	105	115
	C 类粉煤灰			
烧失量,不大于/%	F 类粉煤灰	5.0	8.0	15.0
	C 类粉煤灰			
含水量,不大于/%	F 类粉煤灰	1.0		
	C 类粉煤灰			
三氧化硫,不大于/%	F 类粉煤灰	3.0		
	C 类粉煤灰			
游离氧化钙,不大于/%	F 类粉煤灰	1.0		
	C 类粉煤灰	4.0		
安定性 雷氏夹沸煮后增加距离,不大于/mm	C 类粉煤灰	5.0		
放射性	F 类粉煤灰	合格		
	C 类粉煤灰			
碱含量	F 类粉煤灰	由买卖双方协商确定		
	C 类粉煤灰			

定性（F 类粉煤灰可每季度测定一次）检验。当有要求时尚应进行其他项目检验。

对同一生产厂家、同一等级、同一品种、连续进场且不超过 10 天的粉煤灰为一验收批，但一批的总量不得超过 200t。不足 200t 者应按一验收批进行验收。

粉煤灰的检验技术指标和检验频率应符合以下规定：对所用的粉煤灰，每验收批应测定细度、需水量比、含水量和雷氏法安定性（低钙粉煤灰宜每季度测定一次）；每季度应测定烧失量、活性指数（低钙和高钙粉煤灰可不测）不少于一次；每半年应测定三氧化硫和游离氧化钙含量不少于一次。需要时还应检验其他质量指标。

5. 简单应用

混凝土用粉煤灰应符合《用于水泥和混凝土中的粉煤灰》（GB/T 1596）的规定。

Ⅰ级粉煤灰允许用于后张预应力钢筋混凝土构件及跨度小于 6m 的先张预应力钢筋混凝土构件。

Ⅱ级粉煤灰主要用于普通钢筋混凝土和轻骨料钢筋混凝土。

Ⅲ级粉煤灰主要用于无筋混凝土和砂浆。

6. 包装、标识、运输、贮存

袋装粉煤灰的包装袋上应标明产品名称（F 类粉煤灰或 C 类粉煤灰）、等级、分选或磨细、净含量、批号、执行标准号、生产厂名称和地址、包装日期。

粉煤灰应根据不同的品种、规格及等级按批分别存储在专用的仓罐内，防止受潮和环境污染，并作好明显标识。

袋装粉煤灰的包装袋上应清楚地标明厂名、级别、质量、批号和包装日期。

粉煤灰运输、贮存时，不得与其他材料混杂，并注意防止受潮和污染环境。

粉煤灰可以袋装或散装。袋装每袋净含量为 25kg 或 40kg，每袋净含量不得少于标志质量的 98%。其他包装规格由买卖双方协商确定。

1.5.4 石灰

1. 概述

石灰主要是用于硅酸盐建筑制品的原料，并可制作碳化石灰板、砖等制品，还可以配制熟石灰、石灰膏等，用于拌制灰土和三合土，用于配制石灰砌筑砂浆和抹灰砂浆，用于简易房屋的室内粉刷等建筑材料。

2. 产品定义、分类

以碳酸钙（$CaCO_3$）为主要成分的石灰石，经 $800\sim1000℃$

高温煅烧而成的块灰状气硬性胶凝材料叫石灰，它主要的成分是氧化钙（CaO）。

将块灰（生石灰）加入以不同量的水，可配制成熟石灰、石灰膏或石灰乳，他们的主要成分是氢氧化钙 $[Ca(OH)_2]$-消石灰。消石灰吸收空气中的二氧化碳（CO_2），便还原碳酸钙（$CaCO_3$），并在干燥环境中析出水分，蒸发后可具有一定强度。砌筑和粉刷用的灰浆之所以能在大气中硬化，就是这个作用。石灰的品种、特性、用途和技术指标等，列于表1-71。

石灰的品种、组成、特性和用途　　　　表1-71

品种	块灰 （生石灰）	磨细生石 （生石灰粉）	熟石灰 （消石灰）	石灰膏	石灰乳 （石灰水）
组成	以碳酸钙（$CaCO_3$）为主要成分的石灰石，经 800～1000℃ 高温煅烧而成的块灰状气硬性胶凝材料叫石灰，它主要的成分是氧化钙（CaO）	由火候适宜的块灰经磨细而成粉末状物料	将生石灰（块灰）淋以适当的水（约为石灰重量的 60%～80%），经熟化作用所得的粉末材料 $[Ca(OH)_2]$	将块灰加入足量的水，经过淋制熟化而成的厚膏状物质 $[Ca(OH)_2]$	将石灰膏用水冲淡所成的浆液状物质
特性和细度要求	块灰中的灰分含量愈少，质量愈高；通常所说的三七灰，即指三成灰粉七成块灰	与熟石灰相比，具快干、高强等特点，便于施工。成品需经 4900 孔/cm^2 的筛子过筛	需经 3～6mm 的筛子过筛	淋浆时应用 6mm 的网格过滤；应在沉淀池内贮存两周后使用；保水性能好	
用途	用于配制磨细生灰、石灰膏等	用作硅酸盐建筑制品（砖、瓦、砌块）的原料，并可制作（碳化石灰板、砖等制品），还可以配制熟石灰、石灰膏等	用于拌制灰土（石灰、黏土）和三合土（石灰、黏土、砂或炉渣）	用于配制石灰砌筑砂浆和抹灰砂浆	用于简易房屋的室内粉刷

3. 种类、规格、主要技术指标（表 1-72～表 1-75）

生石灰的主要技术指标　　　　表 1-72

项　　目	钙质生石灰			镁质生石灰		
	优等品	一等品	合格品	优等品	一等品	合格品
（CaO＋MgO）含量（%），不小于	90	85	80	85	80	75
未消化残渣含量（5mm 圆孔筛余）（%），不大于	5	10	15	5	10	15
CO_2（%），不大于	5	7	9	6	8	10
产浆量（L/kg），不小于	2.8	2.3	2.0	2.8	2.3	2.0

生石灰粉的技术指标　　　　表 1-73

项　　目		钙质生石灰			镁质生石灰		
		优等品	一等品	合格品	优等品	一等品	合格品
（CaO＋MgO）含量（%），不小于		85	80	75	80	75	70
CO_2（%），不大于		7	9	11	8	10	12
细度	0.90mm 筛的筛余（%），不大于	0.2	0.5	1.5	0.2	0.5	1.5
	0.125mm 筛的筛余（%），不大于	7.0	12.0	18.0	7.0	12.0	18.0

注：本表引自 JG/T 480《建筑石灰粉》

消石灰粉的技术指标　　　　表 1-74

项　　目	钙质生石灰粉			镁质生石灰粉			白云石消石灰粉		
	优等品	一等品	合格品	优等品	一等品	合格品	优等品	一等品	合格品
（CaO＋MgO）含量（%），不小于	70	65	60	65	60	55	65	60	55
游离水（%）	0.4～2	0.4～2	0.4～2	0.4～2	0.4～2	0.4～2	0.4～2	0.4～2	0.4～2
体积安定性	合格	合格	—	合格	合格	—	合格	合格	—

项　目		钙质生石灰粉			镁质生石灰粉			白云石消石灰粉		
		优等品	一等品	合格品	优等品	一等品	合格品	优等品	一等品	合格品
细度	0.90mm 筛的筛余(%)，不大于	0	0	0.5	0	0	0.5	0	0	0.5
	0.125mm 筛的筛余(%)，不大于	3	10	15	3	10	15	3	10	15

注：本表引自《建筑消石灰粉》(JG/T 481)。

石灰体积和用量的换算　　　　表 1-75

石灰组成 (块：灰)	在密实状态下每 1m³ 石灰重量(kg)	每 1m³ 熟石灰用生石灰数量(kg)	每 1000kg 生石灰消解后的体积(m³)	每 1m³ 石灰膏用石灰数量(kg)
10：0	1470	355.4	2.184	—
9：1	1453	369.6	2.706	—
8：2	1439	382.7	2.613	571
7：3	1426	399.2	2.505	602
6：4	1412	417.3	2.396	636
5：5	1395	434.0	2.304	674
4：6	1379	455.6	2.195	716
3：7	1367	475.5	2.103	736
2：8	1354	501.5	1.994	820
1：9	1335	526.0	1.902	—
0：10	1320	557.7	1.793	—

4. 验收要点

型式检验项目应为上述规定的全部项目。

出厂检验项目：石灰应符合表 1-72、表 1-76、表 1-74 的规定；

产品技术质量达到规范要求的技术要求相应等级时，判定为该等级，有一项指标低于合格品要求时，判为不合格品。

5. 简单应用

(1) 批量

建筑石灰受检批量规定如下：

日生产量 200t 以上，每批量不大于 200t；

日生产量不足 200t，每批量不大于 100t；

日生产量不足 100t，每批量不大于日生产量。

（2）取样

建筑石灰的取样按对顶的批量进行，从整批物料的不同部位选取。取样点不少于 25 个，每个点的取样量不少于 2kg，缩分至 4kg 装入密封容器内。

（3）复检

用户对产品质量发生异议时，可以复验物理项目，按规定送交质量监督部门进行复验。

6. 包装、标识、运输、贮存

（1）包装、标志

生石灰粉、消石灰粉用牛皮纸、复合纸、编织袋包装。袋上标明：厂名、产品名称、商标、净重、等级和批量编号。

（2）包装重量及偏差

生石灰粉：每袋净重分 40±1kg 和 50±1kg 两种。

消石灰粉：每袋净重分 20±1kg 和 40±1kg 两种。

运输：在运输中不准与易燃、易爆及液态物品同时装运，运输时要采取防水措施。

贮存：应分类、分等贮存在干燥的仓库内。不宜长期存放。生石灰应与可燃物及有机物隔离保管，以免腐蚀，或引起火灾。

质量证明书

每批产品出厂时应向用户提供质量证明书，注明：厂名、商标、产品名称、等级、试验结果、批量结果、出厂日期、本标准编号及使用说明。

1.5.5 石膏

1. 概述

石膏是单斜晶系矿物，主要化学成分是硫酸钙（$CaSO_4$）。石膏是一种用途广泛的工业材料和建筑材料。

2. 产品分类（表 1-76）

石膏的分类、组成、特性   表 1-76

分类	天然石膏（生石膏）	熟石膏			
		建筑石膏	地板石膏	模型石膏	高强度石膏
组成	即二水石膏，分子式为 $CaSO_4 \cdot 2H_2O$	生石膏经过 $150\sim170℃$ 煅烧而成，分子式为 $CaSO_4 \cdot 1/2H_2O$	生石膏在 $400\sim500℃$ 或高于 $800℃$ 下煅烧而成，分子式为 $CaSO_4$	生石膏在 $190℃$ 下煅烧而成	生石膏在 $750\sim800℃$ 下煅烧并与硫酸钾或明矾共同磨细而成
特性	质软，略溶于水，呈白或灰、红青等色	与水调和后，凝固很快，并在空气中硬化时体积不收缩	细磨及用水调和后，凝固及硬化缓慢，7d 的抗压强度为 10MPa，28d 为 15MPa	凝结较快，调制成浆后于数分钟至 10 余分钟内即可凝固	凝固很慢，但硬化后强度高（$25\sim30$MPa），色白，能磨光，质地坚硬且不透水
用途	通常白色者用于制作熟石膏，青色者制作水泥、农肥等	制配石膏抹面灰浆，制作石膏板、建筑装饰及吸声、防火制品	制作石膏地面；配制石膏灰浆，用于抹灰及砌墙；配制石膏混凝土	供模型塑像、美术雕像、室内装饰及粉刷用	制作人造大理石、石膏板、人造石，用于湿度较高的室内抹灰及地面等

3. 种类、规格、主要技术指标（表 1-77）

建筑石膏的质量标准   表 1-77

指　　标	一级	二级	三级
细度（孔径为 0.2mm 的 900 孔/cm^2 筛筛余量），不大于（%）	15	25	25
抗压强度（MPa）1.5h，不小于干燥至恒重，不小于	4.0 10.0	3.0 7.5	2.5 7.0
抗拉强度（MPa）1.5h，不小于干燥至恒重，不小于	0.9 1.7	0.7 1.3	0.6 1.1

注：建筑石膏的凝结时间规定如下：初凝不得早于 4min；终凝不得早于 6min，不迟于 30min。

4. 验收要点

出厂前应进行出厂检验，出厂检验项目包括细度、凝结时间和抗折强度。

检验结果若均符合规定的技术要求时，则判为该批产品合格。若有一项以上指标不符合要求，即判该批产品不合格。若只有一项指标不合格，则可用其他两份试验对不合格指标进行重新检验。重新检验结果，若两份试样均合格，则判该批次产品合格；如仍有一份试样不合格，则判该批产品不合格。

5. 简单应用（表 1-78）

批量：对于年产量小于 15 万 t 的生产厂，以不超过 60t 产品为一批；对于年产量等于或大于 15 万 t 的生产厂，以不超过 120t 产品为一批，产品不足一批时以一批计。

抽样：产品袋装时，从一批产品中随机抽取 10 袋，每袋抽取约 2kg 试样，总共不少于 20kg；产品散装时，在产品卸料处或产品输送机上每 3min 抽取约 2kg 试样，总共不少于 20kg。将抽取的试样搅拌站均匀，一分为二，一份做试验，另一份密封保存三个月，以备复验用。

抽取做试验的试样按规定处理后分为三等份，以其中一份试样按规定进行试验。

石膏的用途   表 1-78

分类	天然石膏（生石膏）	熟石膏			
		建筑石膏	地板石膏	模型石膏	高强度石膏
用途	通常白色者用于制作熟石膏，青色者制作水泥、农肥等。	制配石膏抹面灰浆、制作石膏板、建筑装饰及吸声、防火制品	制作石膏地面；配制石膏灰浆，用于抹灰及砌墙；配制石膏混凝土	供模型塑像、美术雕像、室内装饰及粉刷用	制作人造大理石、石膏板、人造石，用于湿度较高的室内抹灰及地面等

6. 包装、标识、运输、贮存

应分类分等级贮存在干燥的仓库内，运输时要采取防水措施。

1.6 混凝土预制构件

1. 概述

随着工程技术的不断发展，新型钢桩和钢筋混凝土桩在工程建设中用途越来越广泛。而不同的桩型特点亦有不同。预制桩，是在工厂或施工现场制成的各种材料、各种形式的桩（如木桩、混凝土方桩、预应力混凝土管桩、钢桩等），用沉桩设备将桩打入、压入或振入土中。中国建筑施工领域采用较多的预制桩主要是混凝土预制桩和钢桩两大类。

2. 产品定义、分类

预制桩主要有混凝土预制桩和钢桩两大类。

混凝土预制桩能承受较大的荷载、坚固耐久、施工速度快，是广泛应用的桩型之一，但其施工对周围环境影响较大，常用的有混凝土实心方桩和预应力混凝土空心管桩。

钢桩主要是钢管桩和 H 型钢桩两种。

混凝土管桩

混凝土管桩一般在预制厂用离心法生产。桩径有 $\phi300$、$\phi400$、$\phi500mm$ 等，每节长度 8m、10m、12m 不等，接桩时，接头数量不宜超过 4 个。管壁内设 $\phi12\sim22mm$ 主筋 10～20 根，外面绕以 $\phi6mm$ 螺旋箍筋，多以 C30 混凝土制造。混凝土管桩各节段之间的连接可以用角钢焊接或法兰螺栓连接。由于用离心法成型，混凝土中多余的水分由于离心力而甩出，故混凝土致密，强度高，抵抗地下水和其他腐蚀的性能好。混凝土管桩应达到设计强度 100% 后方可运到现场打桩。堆放层数不超过三层，底层管桩边缘应用楔形木块塞紧，以防滚动。

混凝土实心方桩

钢筋混凝土实心桩，断面一般呈方形。桩身截面一般沿桩长不变。实心方桩截面尺寸一般为 200mm×200mm～600mm×600mm。钢筋混凝土实心桩桩身长度：限于桩架高度，现场预制桩的长度一般在 25～30m 以内。限于运输条件，工厂预制桩，桩长一般不超过 12m，否则应分节预制，然后在打桩过程中予以接长。接头不宜超过 3 个。钢筋混凝土实心桩的优点：长度和截面可在一定范围内根据现场实际需要选择，由于在地面上预制，制作质量容易保证，承载能力高，耐久性好。

3．种类、规格、主要技术指标

混凝土

（1）混凝土质量控制应符合《混凝土质量控制标准》（GB 50164）的规定。

（2）预应力混凝土管桩用混凝土强度等级不得低于 C50，预应力高强混凝土强度等级不得低于 C80。

（3）放张预应力筋时，预应力混凝土管桩的混凝土抗压强度不得低于 35MPa，预应力高强混凝土管桩的混凝土抗压强度不得低于 40MPa。

混凝土保护层

预应力筋的混凝土保护层厚度不得小于 25mm。

外观质量

外观质量应符合表 1-79 的规定。

管桩的外观质量　　　　　　表 1-79

项　　　目	产品质量等级		
	优等品	一等品	合格品
粘皮和麻面	不允许	局部粘皮和麻面累计面积不大于桩总外表面积的 0.2%；每处粘皮和麻面的深度不大于 5mm，且应修补	局部粘皮和麻面累计面积不大于桩总外表面积的 0.5%；每处粘皮和麻面的深度不大于 10mm，且应修补
桩身合缝漏浆	不允许	漏浆深度不大于 5mm，每处漏浆长度不大于 100mm，累计长度不大于管桩长度的 5%，且应修补	漏浆深度不大于 10mm，每处漏浆长度不大于 300mm，累计长度不大于管桩长度的 10%，或对称漏浆的搭接长度不大于 10mm，且应修补

项 目		产品质量等级		
		优等品	一等品	合格品
局部磕损		不允许	磕损深度不大于5mm,每处面积不大于20cm²,且应修补	磕损深度不大于10mm,每处面积不大于50cm²,且应修补
内外表面露筋		不允许		
表面裂缝		不得出现环向和纵向裂缝,但龟裂、水纹和内壁浮浆层中的收缩裂缝不在此限		
桩端面平整度		管桩端面混凝土和预应力钢筋镦头不得高出端板平面		
断筋、脱头		不允许		
桩套箍凹陷		不允许	凹陷深度不大于5mm	凹陷深度不大于10mm
内表面混凝土塌落		不允许		
接头和桩套箍与桩身结合面	漏浆	不允许	漏浆深度不大于5mm,漏浆长度不大于周长的1/8,且应修补	漏浆深度不大于10mm,漏浆长度不大于周长的1/4,且应修补
	空洞和蜂窝	不允许		

尺寸偏差:尺寸允许偏差应符合表 1-80 要求。

管桩的尺寸偏差 (mm)　　　　　　　　表 1-80

项 目		允许偏差		
		优等品	一等品	合格品
L		$\pm 0.3\% L$	$+0.5\% L$ $-0.4\% L$	$+0.7\% L$ $-0.5\% L$
端部倾斜		$\leqslant 0.3\% D$	$\leqslant 0.4\% D$	$\leqslant 0.5\% D$
D	$\leqslant 600$	± 2	$+4$ -2	$+5$ -4
	>600	$+3$ -2	$+5$ -2	$+7$ -4
t		$+10$ 0	$+15$ 0	正偏差不限 0

项　　目		允许偏差		
		优等品	一等品	合格品
保护层厚度		+5 0	+7 −3	+10 −5
桩身弯曲度		≤$L/1500$	≤$L/1200$	≤$L/1000$
桩端板	外侧平面度	0.2		
	外径	0 −1		
	内径	0 −2		
	厚度	正偏差不限 0		

注：1. 表内尺寸以设计图纸为基准

抗弯性能

管桩抗弯性能应符合《先张法预应力混凝土管桩》（GB 13476）规定的要求。

4. 验收要点

a）检查项目

包括外观质量、尺寸偏差、桩靴焊接质量、混凝土强度和抗裂性能。

b）判定规则

1）外观质量与尺寸偏差：若所抽 10 根中，不符合某一等级的管桩不超过两根，则判外观质量和尺寸偏差为相应等级。

2）抗裂性能：若所抽两根全部符合 GB 13476—5.5.1 规定时，则判定抗裂性能合格；若有一根不符合 GB 13476—5.5.1 规定时，应从同批产品中抽取加倍数量进行复验，复验结果若仍有一根不合格，则判抗裂性能不合格。

3）总判定：在混凝土抗压强度、抗裂性能合格的基础上，外观质量和尺寸偏差全部符合某一等级规定时，则判该批产品为相应质量等级。

5. 简单应用

批量和抽样

（1）外观质量、尺寸偏差与桩靴焊接质量：一同品种、同规格、同型号的管桩连续生产 30000m 为一批，但四个月内生产总数不足 30000m 时仍为一批，随机抽取 10 根进行检验。

（2）抗裂性能：在外观质量和尺寸偏差检验合格的产品中随机抽取两根进行抗裂性能的检验。

混凝土强度检验评定

（1）检验评定混凝土强度的龄期依据下列规定执行：

① 采用压蒸养护工艺时，混凝土强度等级的龄期为出釜后 1d；

② 采用其他养护工艺时，混凝土强度等级的龄期为 28 天。

（2）检验混凝土质量的试件的留置符合下列规定：

① 当混凝土配合比调整或原材料发生变更时，应制作三组试件；

② 每拌制 100 盘或一个工作班拌制的同配合比混凝土不足 100 盘时，应制作三组试件。其中：一组试件检验预应力钢筋放张时混凝土抗压强度，一组试件检验 28 天的混凝土抗压强度（采用压蒸养护工艺时，检验出釜后 1d 的混凝土抗压强度），另一组备用或检验管桩出厂时的混凝土抗压强度。

（3）混凝土强度检验评定应按《混凝土强度检验评定标准》GB/T 50107 执行。

6. 包装、标识、运输、贮存

标志

（1）永久标志应采用制造厂的厂名或产品注册商标，标在管桩表面距端头 1000～1500mm 处。

（2）临时标志为管桩标记、制造日期或管桩编号，其位置略低于永久标志。

运输

（1）成品应有明确的标识、型号、生产日期。集运发货应按发货单正确发货。

（2）产品吊运宜采用两支点法或两头钩吊法，装卸轻吊轻放，保持平稳，保护桩身质量，严禁抛掷、碰撞、滚落。

（3）水平运输时，应做到桩身平稳放置，无大的振动。

（4）管桩在运输过程中的支承要求应符合（8.1b）的规定。

（5）严禁在场地上以直接拖拉桩体方式，代替装车运输。

贮存

堆放场地必须平整坚实。

厂内堆放底层应在吊点位置放好枕垫，垫枕与支承点应保持在同一横断平面上，支承点离距较近的两端距离宜为 $0.21L$（L 为管桩长度）；现场堆放时场地应坚实、平整，堆放应有防滑移措施。

管桩应按品种、规格、型号、长度分别堆放，堆放层数不宜超过表 1-81 规定。

管桩堆放层数表　　　　　　　　　　表 1-81

外径(mm)	300～350	400～450	500～600
堆放层数	9	8	7

1.7 混凝土外加剂

1. 概述

混凝土外加剂的选择应根据工程设计和施工要求进行选择，通过试验及技术经济比较确定。

2. 产品定义、分类

混凝土外加剂是一种在混凝土搅拌之前或拌制过程中加入的、用以改善新拌混凝土和（或）硬化混凝土性能的材料。以下简称外加剂。

混凝土外加剂按其主要使用功能分为四类：

1）改善混凝土拌合物流变性能的外加剂，包括各种减水剂和泵送剂等；

2）调节混凝土凝结时间、硬化性能的外加剂，包括缓凝剂、促凝剂和速凝剂等；

3）改善混凝土耐久性的外加剂，包括引气剂、防水剂、阻锈剂和矿物外加剂等；

4）改善混凝土其他性能的外加剂，包括膨胀剂、防冻剂、着色剂等。

普通减水剂及高效减水剂

减水剂可用于现浇或预制的混凝土、钢筋混凝土及预应力混凝土。普通减水剂宜用于日最低气温5℃以上施工的混凝土，不宜单独同于蒸养混凝土。高效减水剂可用于日最低气温0℃以上施工的混凝土，并适用于制备大流动度性混凝土、高强混凝土以及蒸养混凝土。

引气剂及引气减水剂

引气剂及引气减水剂，可用于抗冻混凝土、防渗混凝土、抗硫酸盐混凝土、泌水严重的混凝土、贫混凝土、轻骨料混凝土以及对饰面有要求的混凝土。

引气剂不宜用于蒸养混凝土及预应力混凝土。

缓凝剂及缓凝减水剂

缓凝剂及缓凝减水剂，可用于大体积混凝土，炎热气候条件下施工的混凝土以及需长时间停放或长距离运输的混凝土。缓凝剂及缓凝减水剂不宜用于日最低气温5℃以下施工的混凝土，也不宜单独用于有早强要求的混凝土及蒸养混凝土。

早强剂及早强减水剂

1）氯盐类：用氯盐（氯化钙、氯化钠）或以氯盐为主的与其他早强剂、引气剂、减水剂复合的外加剂。

2）氯盐阻锈剂：氯盐与阻锈剂（亚硝酸钠）为主复合的外加剂。

3）无氯盐类：以亚硝酸盐、硝酸盐、碳酸盐、乙酸钠或尿素为主复合的外加剂。

膨胀剂

1）硫铝酸钙类：如明矾石膨胀剂、CSA 膨胀剂等；

2）氧化钙类：如石灰膨胀剂；

3）氧化钙-硫铝酸钙类：如复合膨胀剂；

4）氧化镁类：如氧化镁膨胀剂；

5）金属类：如铁屑膨胀剂。

3. 种类、规格、主要技术指标

掺外加剂混凝土的性能指标

（1）减水率、泌水率比、含气量

掺外加剂混凝土的减水率、泌水率比、含气量指标应符合表 1-82 的规定。

掺外加剂混凝土的减水率、泌水率比、含气量指标

表 1-82

外加剂品种及代号			减水率/%，不小于	泌水率比/%，不大于	含气量/%
高性能减水剂	早强型	HPWR-A	25	50	≤6.0
	标准型	HPWR-S	25	60	≤6.0
	缓凝型	HPWR-R	25	70	≤6.0
高效减水剂	标准型	HWR-S	14	90	≤3.0
	缓凝型	HWR-R	14	100	≤4.5
普通减水剂	早强型	WR-A	8	95	≤4.0
	标准型	WR-S	8	100	≤4.0
	缓凝型	WR-R	8	100	≤5.5
引气减水剂		AEWR	10	70	≥3.0
泵送剂		PA	12	70	≤5.5
早强剂		A_C	—	100	—
缓凝剂		R_C	—	100	—
引气剂		AE	6	70	≥3.0

注：1. 减水率、泌水率比、含气量为推荐性指标。

2. 表中所列数据为掺外加剂混凝土与基准混凝土的差值或比值。

（2）凝结时间之差、1h 经时变化量

掺外加剂混凝土的凝结时间之差、1h 经时变化量指标应符合表 1-83 的规定。

掺外加剂混凝土的凝结时间之差、1h 经时变化量指标

外加剂品种及代号			凝结时间之差 min		1h 经时变化量	
			初凝	终凝	坍落度/mm	含气量/%
高性能减水剂	早强型	HPWR-A	−90～+90		—	—
	标准型	HPWR-S	−90～+120		≤80	—
	缓凝型	HPWR-R	>+90		≤60	—
高效减水剂	标准型	HWR-S	−90～+120		—	—
	缓凝型	HWR-R	>+90	—	—	—
普通减水剂	早强型	WR-A	−90～+90		—	—
	标准型	WR-S	−90～+120		—	—
	缓凝型	WR-R	>+90	—	—	—
引气减水剂		AEWR	−90～+120		—	−1.5～+1.5
泵送剂		PA	—		≤80	—
早强剂		Ac	−90～+90		—	—
缓凝剂		Rc	>+90	—	—	—
引气剂		AE	−90～+120		—	−1.5～+1.5

注：1. 凝结时间之差、1h 经时变化量为推荐性指标。
2. 表中所列数据为掺外加剂混凝土与基准混凝土的差值或比值；
3. 凝结时间之差性能指标中的"−"号表示提前，"+"号表示延缓；
4. 1h 含气量经时变化指标中的"−"号表示含气量增加，"+"号表示含气量减少。

（3）抗压强度比、收缩率比

掺外加剂混凝土的抗压强度比、收缩率比指标应符合表1-84的规定。

（4）相对耐久性

掺外加剂混凝土的相对耐久性指标应符合表 1-85 的规定。

掺外加剂混凝土的抗压强度比、收缩率比指标　　表 1-84

外加剂品种及代号			抗压强度比/％,不小于				收缩率比/％,不大于
			1d	3d	7d	28d	28d
高性能减水剂	早强型	HPWR-A	180	170	145	130	110
	标准型	HPWR-S	170	160	150	140	110
	缓凝型	HPWR-R	—	—	140	130	110
高效减水剂	标准型	HWR-S	140	130	125	120	135
	缓凝型	HWR-R	—	—	125	120	135
普通减水剂	早强型	WR-A	135	130	110	100	135
	标准型	WR-S	—	115	115	110	135
	缓凝型	WR-R	—	—	110	110	135
引气减水剂		AEWR	—	115	110	100	135
泵送剂		PA	—	—	115	110	135
早强剂		A_C	135	130	100	100	135
缓凝剂		R_C	—	—	100	100	135
引气剂		AE	—	95	95	90	135

注：1. 抗压强度比、收缩率比为强制性指标。

　　2. 表中所列数据为掺外加剂混凝土与基准混凝土的差值或比值。

掺外加剂混凝土的相对耐久性指标应符合表 1-85 的规定。

掺外加剂混凝土的相对耐久性指标　　表 1-85

外加剂品种及代号			相对耐久性(200 次)/％,不小于
高性能减水剂	早强型	HPWR-A	—
	标准型	HPWR-S	—
	缓凝型	HPWR-R	—
高效减水剂	标准型	HWR-S	—
	缓凝型	HWR-R	—
普通减水剂	早强型	WR-A	—
	标准型	WR-S	—
	缓凝型	WR-R	—

外加剂品种及代号		相对耐久性(200 次)/%,不小于
引气减水剂	AEWR	80
泵送剂	PA	—
早强剂	A_C	—
缓凝剂	R_C	—
引气剂	AE	80

注：1. 相对耐久性为强制性指标。
    2. 相对耐久性（200 次）性能指标中的"≥80"表示将 28d 龄期的受检混凝土试件快速冻融循环 200 次后，动弹性模量保留值≥80%。

4. 匀质性指标

匀质性指标应符合表 1-86 的规定。

匀质性指标 表 1-86

项　　目	指　　标
氯离子含量/%	不超过生产厂控制值
总碱量/%	不超过生产厂控制值
含固量/%	$S>25\%$时,应控制在 $0.95S\sim1.05S$; $S\leqslant25\%$时,应控制在 $0.90S\sim1.10S$
含水率/%	$W>5\%$时,应控制在 $0.90W\sim1.10W$; $W\leqslant5\%$时,应控制在 $0.80W\sim1.20W$
密度/(g/cm³)	$D>1.1\%$时,应控制在 $D\pm0.03$; $D\leqslant1.1\%$时,应控制在 $D\pm0.02$
细度	应在生产厂控制范围内
pH 值	应在生产厂控制范围内
硫酸钠含量/%	不超过生产厂控制值

注：1. 生产厂应在相关的技术资料中表示产品匀质性指标的控制值；
    2. 对相同和不同批次之间的匀质性和等效性的其他要求，可由供需双方商定；
    3. 表中的 S、W 和 D 分别为含固量、含水率和密度的生产厂控制值。

5. 验收要点

出厂检验判定

型式检验报告在有效期内，且出厂检验结果符合规范的要求，可判定为该批产品检验合格。

型式检验判定

产品经检验，匀质性检验结果符合规范的要求；各种类型外加剂受检混凝土性能指标中，高性能减水剂及泵送剂的减水率和坍落度的经时变化量，其他减水剂的减水率、缓凝型外加剂的凝结时间差、引气型外加剂的含气量及其经时变化量、硬化混凝土的各项性能符合规范的要求，则判定该批号外加剂合格。如不符合上述要求时，则判该批号外加剂不合格。其余项目可作为参考指标。

复验

复验以封存样进行。如使用单位要求现场取样，应事先在供货合同中规定，并在生产和使用单位人员在场的情况下于现场取混合样，复验按照型式检验项目检验。

6. 简单应用

取样及批号

1）点样和混合样

点样是在一次生产产品时所取得的一个试样。混合样是三个或更多的点样等量均匀混合而取得的试样。

2）批号

生产厂应根据产量和生产设备条件，将产品分批编号。掺量大于1%（含1%）同品种的外加剂每一批号为100t，掺量小于1%的外加剂每一批号为50t。不足100t或50t的也应按一个批量计，同一批号的产品必须混合均匀。

取样数量

每一批号取样量不少于0.2t水泥所需用的外加剂量。

试样及留样

每一批号取样应充分混匀，分为两等份，其中一份按规范规定的项目进行试验，另一份密封保存半年，以备有疑问时，提交国家指定的检验机关进行复验或仲裁。

外加剂必须有生产厂家的质量证明书。内容包括：厂名、品名、包装、质量（重量）、出厂日期、性能和使用说明。使用前应进行现场复试，合格者方可使用。

膨胀剂的使用目的和适用范围 表 1-87

膨胀剂种类	膨胀混凝土（砂浆）		
	种类	使用目的	适用范围
硫铝酸钙类，氧化钙类，氧化钙－硫铝酸钙类，氧化镁类	补偿收缩混凝土（砂浆）	减少混凝土（砂浆）干缩裂缝，提高抗裂性和抗渗性	屋面防水，地下防水，贮罐水池，基础后浇缝，混凝土构件补强，防水堵漏，预填骨料混凝土以及钢筋混凝土，预应力钢筋混凝土等
	填充用膨胀混凝土（砂浆）	提高机械设备和构件的安装质量，加快安装速度	机械设备的底座灌浆，地脚螺栓的固定，梁柱接头的浇筑，管道接头的填充和防水堵漏等
	自应力混凝土（砂浆）	提高抗裂及抗渗性	仅用于常温下使用的自应力钢筋混凝土压力管

7. 包装、标识、运输、贮存

外加剂在运输与保管时不得受潮和混入杂物，不同厂家、不同品种的外加剂应分别贮运。有毒性的产品必须存放在专门仓库，以防止人、畜误食，有强氧化性的产品应避免和有机物混放。外加剂要在有效期内使用。

包装

粉状外加剂可采用有塑料袋衬里的编织袋包装；液体外加剂可采用塑料桶、金属桶包装，包装净质量误差不超过 1%。液体外加剂也可采用槽车散装。

所有包装容器上均应在明显位置注明以下内容：产品名称及类型、代号、执行标准、商标、净质量或体积、生产厂名及有效期限。生产日期和产品批号应在产品合格证上予以说明。

产品出厂

凡有下列情况之一者，不得出厂：技术文件（产品说明书、合格证、检验报告等）不全、包装不符、质量不足、产品受潮变质，以及超过有效期限。产品匀质性指标的控制值应在相关的技术资料中明示。

生产厂随货提供技术文件的内容应包括：产品名称及型号、出厂日期、特性及主要成分、适用范围及推荐掺量、外加剂总碱量、氯离子含量、安全防护提示、储存条件及有效期等。

贮存

外加剂应存放在专用仓库或固定的场所妥善保管，以易于识别、便于检查和提货为原则。搬运时应轻拿轻放，防止破损，运输时避免受潮。

退货

使用单位在规定的存放条件和有效期限内，经复验发现外加剂性能与本标准不符时，则应予以退回或更换。

净质量和体积误差超过1%时，可以要求退货或补足。粉状的外加剂可取50包，液体的外加剂可取30桶（其他包装形式由双方协商），称量取平均值计算。

凡无出厂文件或出厂技术文件不全，以及发现实物质量与出厂技术文件不符合，可退货。

8. 其他

产品出厂时应提供产品说明书，产品说明书至少应包括下列内容：

1）生产厂名称；

2）产品名称及类型；

3）产品性能特点、主要成分及技术指标；

4）适用范围；

5）推荐掺量；

6）贮存条件及有效期，有效期从生产日期算起，企业根据产品性能自行规定；

7) 使用方法、注意事项、安全防护提示等。

1.8 砂　浆

1. 概述
目前一般工地现场均使用预拌砂浆，尤以干混砂浆为主。
2. 产品定义、分类
预拌砂浆：专业生产厂生产的湿拌砂浆或干混砂浆。
湿拌砂浆：水泥、细骨料、矿物掺合料、外加剂、添加剂和水，按一定比例，在搅拌站经计量、拌制后，运至使用地点，并在规定时间内使用的拌合物。
干混砂浆：水泥、干燥骨料或粉料，添加剂以及根据性能确定的其他组分，按一定比例，在专业生产厂经计量，混合而成的混合物，在使用地点按规定比例加水或配套组分拌和使用。
湿拌砂浆分类
1) 按用途分：湿拌砌筑砂浆、湿拌抹灰砂浆、湿拌地面砂浆和湿拌防水砂浆；
2) 按强度等级、抗渗的等级、稠度和凝结时间的分类如表1-88所示。

湿拌砂浆分类　　　　　　　　　表1-88

项　目	湿拌砌筑砂浆	湿拌抹灰砂浆	湿拌地面砂浆	湿拌防水砂浆
强度等级	M5，M7.5，M10，M15，M20，M25，M30	M5，M10，M15，M20	M15，M20，M25，	M10，M15，M20
抗渗等级	—	—	—	P6，P8，P10
稠度，mm	50，70，90	70，90，110	50	50，70，90
凝结时间，h	≥8，≥12，≥24	≥8，≥12，≥24	≥4，≥8	≥8，≥12，≥24

干混砂浆分类
1) 按用途分：干混砌筑砂浆、干混抹灰砂浆、干混地面砂浆、干混普通防水砂浆等。

2) 干混砌筑砂浆、干混抹灰砂浆、干混地面砂浆、干混普通防水砂浆按强度等级、抗渗等级分类，如表 1-89 所示。

干混砂浆分类 表 1-89

项　目	干混砌筑砂浆		干混抹灰砂浆		干混地面砂浆	干混普通防水砂浆
	普通	薄层	普通	薄层		
强度等级	M5,M7.5, M10,M15, M20,M25, M30	M5,M10	M5, M10, M15,M20	M5,M10	M15,M20, M25,	M10,M15, M20
抗渗等级	—	—	—	—	—	P6,P8,P10

3. 种类、规格、主要技术指标

（1）湿拌砂浆

1）湿拌砂浆拌合物表观密度不应小于 $1800kg/m^3$；

2）湿拌砂浆性能符合表 1-90。

湿拌砂浆性能 表 1-90

项目	湿拌砌筑砂浆	湿拌抹灰砂浆	湿拌地面砂浆	湿拌防水砂浆
保水率	≥88	≥88	≥88	≥88
14d 拉伸粘结强度		M5：≥0.15 >M5：.2:0		≥0.20

3）湿拌砂浆抗压强度符合表 1-91。

湿拌砂浆抗压强度表 表 1-91

强度等级	M5	M7.5	M10	M15	M20	M25	M30
28d 抗压强度	≥5.0	≥7.5	≥10.0	≥15.0	≥20.0	≥25.0	≥30.0

4）湿拌砂浆抗渗压力符合表 1-92。

湿拌砂浆抗渗表 表 1-92

抗渗等级	P6	P8	P10
28d 抗渗压力	≥0.6	≥0.8	≥1.0

5）湿拌砂浆稠度允许偏差（表 1-93）

规 定 稠 度	允 许 偏 差
50,70,90	±10
110	5～+10

(2) 干混砂浆

1) 干混砌筑砂浆拌合物表观密度不应小于 1800kg/m³；

2) 干混砌筑砂浆、干混抹灰砂浆、干混地面砂浆、干混普通防水砂浆性能应符合《预拌砂浆》GB/T 25181—2010 P6 表 9 干混砂浆性能指标规定。

4. 验收要点

(1) 型式检验项目应为《预拌砂浆》（GB/T 25181—2010）第 6 章规定的全部项目；

(2) 出厂检验项目：湿拌砂浆应符合《预拌砂浆》（GB/T 25181—2010）表 16 规定；干混砂浆应符合 GB/T 25181—2010《预拌砂浆》表 17 规定。

(3) 湿拌、干混砂浆的交货检验项目由需方确定，并经双方确认。

(4) 湿拌砂浆判定

检验项目符合《预拌砂浆》（GB/T 25181—2010）相关要求时，可以判定该批产品合格，当有一项指标不符合要求时，则判定该批产品不合格。

(5) 干混砂浆判定

检验项目符合《预拌砂浆》（GB/T 25181—2010）相关要求时，可以判定该批产品合格，当有一项指标不符合要求时，则判定该批产品不合格。

5. 简单应用

取样与组批

(1) 湿拌砂浆

1) 出厂检验的湿拌砂浆应在搅拌地点随机抽取，取样频率及组批如下：

稠度、保水率、凝结时间、抗压强度和拉伸粘结强度检验的试样，每 $50m^3$ 相同配合比的湿拌砂浆取样不应少于一次，每一工作班相同配合比的湿拌砂浆不足 $50m^3$ 时，取样不应少于一次。

2）交货检验的湿拌砂浆应在交货地点随机采取，当从运输车中取样时，砂浆试样应在卸料过程中卸料量的 $1/4\sim3/4$ 之间采取，且应从同一运输车中采取。

（2）干混砂浆

1）根据生产厂产量和生产设备条件，按同品种、同规格型号分批：

年产量 10×10^4t 以上，不超过 800t 或 1d 产量为一批；

年产量 $4\times10^4\sim10\times10^4t$，不超过 600t 或 1d 产量为一批；

年产量 $4\times10^4\sim1\times10^4t$，不超过 400t 或 1d 产量为一批；

年产量 1×10^4t 以下，不超过 200t 或 1d 产量为一批；

每批为一取样单位，取样应随机进行。

2）出厂检验应在出料口随机采取，试样应混合均匀。

3）交货检验以抽取实物试样的检验结果为验收依据时，供需双方应在交货地点共同取样和签封。每批试样应随机进行，试样不应少于试验数量的 8 倍。将试样分为两等份，一份由供方封存 40d，另一份由需方按标准规定进行检验。

4）交货检验以生产厂同批干混砂浆的检验报告为验收依据时，交货时需方应在同批干混砂浆中随机抽取试样，试样不应少于试验量的 4 倍。双方共同签封后，由需方保存 3 个月。

6. 包装、标识、运输、贮存

（1）包装

1）干混砂浆可以采用散装或带装；

2）带装干混砂浆每袋净含量不少于其标志质量的 99%。随机抽取 20 袋，总质量不应少于标志质量的总和。

3）干混砂浆包装袋上标志标明产品名称、标记、商标、加水量范围、净含量，使用说明，贮存条件及保质期、生产日期或批号、生产单位、地址、电话等。

（2）运输

1）湿拌砂浆应用运输车运输，运输途中严禁加水，避免遗洒。运输车在装料，运输过程中应能保证砂浆拌合物的均匀性，不应产生分层、离析。

2）干混砂浆运输时应有防尘措施。散装干混砂浆宜采用散装干混砂浆运输车运送。袋装干混砂浆采用交通工具运输，运输过程中不得混入杂物，并应防雨、防潮和防扬尘措施。搬运时，不应摔包，不应自行倾卸。

（3）贮存

1）干混砂浆在贮存过程中不应混入杂物，不同品种和规格型号的干混砂浆应分别贮存，不应混杂。

2）散装干混砂浆应贮存在散装移动筒仓内筒仓应密闭、防雨、防潮、保质期为从生产之日起3个月。

3）袋装干混砂浆应贮存在干燥环境中，应防雨、防潮和防扬尘措施。贮存过程中，包装袋不应破损。

4）袋装干混砌筑砂浆、抹灰砂浆、地面砂浆、普通防水砂浆、自流平砂浆的保质期自生产之日起为3个月，其他袋装干混砂浆的保质期自生产之日起为6个月。

7. 其他

干混砂浆试验时的稠度为：砌筑砂浆70～80mm；普通抹灰砂浆90～100mm；

薄层抹灰砂浆70～80mm；地面砂浆45～55mm；普通防水砂浆70～80mm；其他干混砂浆试验时的稠度应符合产品说明书或相关标准的要求。

第 2 章 功能性材料

2.1 防 水 材 料

建筑物和构筑物的防水是依靠具有防水性能的材料来实现的，而为了满足建筑物或构筑物防潮、防渗水、防漏水功能所采用的材料称为建筑防水材料。建筑防水材料则是实现建筑物和构筑物防水功能的物质基础。随着城市建设规模的不断扩展、建筑防水工程领域已呈现房屋建筑防水和工程建设防水并存发展的趋势，对建筑防水材料的功能也提出了新的更高的要求。目前新型防水材料在建筑上的应用不断增加，应用技术也不断改进，现代建筑防水材料也从单一防渗漏发展为防水、防腐、保温（隔热）、节能和环保等多功能化。新型防水材料具有良好的拉伸强度、延伸率及耐高温性和低温柔性、耐老化等功能，施工安全方便，无污染环境、使用寿命长等特点。本节着重介绍在建筑工程中常用的建筑防水卷材和建筑防水涂料，并对其他建筑防水材料做一些简单阐述。

2.1.1 防水卷材

建筑防水卷材是指可卷曲成毯状的柔性防水卷材，被广泛应用于工业与民用建筑屋面及地下防水工程，面广量大，在建筑防水材料的应用中处于主导地位。建筑防水卷材主要采用热熔铺贴和胶粘剂粘结等工法施工。建设防水工程比较常用的建筑防水卷材按其产品原料组成和生产成型工艺可主要分为沥青防水卷材、聚合物改性沥青防水卷材、合成高分子防水卷材等三大类别。建筑防水工程应根据建筑物的性质、重要程度、使用功能要求以及防水层合理使用年限、并按不同防水等级要求选择适宜的防水材料。

屋面工程防水等级分为Ⅰ级与Ⅱ级，其中防水等级为Ⅰ级的建筑类别是指"重要建筑和高层建筑，设防要求为两道防水设防"；防水等级为Ⅱ级的建筑类别是指"一般建筑，设防要求为一道防水设防"。坡屋面工程防水等级分为一级与二级，其中防水等级为一级的是指"大型公共建筑、医院、学校等重要建筑屋面，防水层设计使用年限≥20年"；"其他建筑的防水等级为二级，防水层设计使用年限≥10年"；"工业建筑屋面的防水等级按使用要求确定"。地下工程的防水等级分为4级，其中防水等级1级的标准是"不允许渗水，结构表面无湿渍"；防水等级2级的标准是"不允许漏水，结构表面可有少量湿渍"；防水等级3级的标准是"有少量漏水点，不得有线流和漏泥沙"；防水等级4级的标准是"有漏水点，不得有线流和漏泥砂"。地下工程不同防水等级的适用范围，防水等级一级是指"人员长期停留的场所"；防水等级二级是指"人员经常活动的场所"；防水等级三级是指"人员临时活动的场所"，一般战备工程；防水等级四级是指"对渗漏水无严格要求的工程"。

1. 常用建筑防水卷材

建筑防水卷材是建筑防水工程应用防水材料的重要类别之一。目前防水卷材主要包括沥青防水卷材、聚合物改性沥青防水卷材和合成高分子防水卷材三大类。沥青防水卷材是传统的防水卷材，发展至今其胎基材料也有了很大的发展，目前在我国仍被广泛应用于防水工程中；聚合物改性沥青防水卷材和合成高分子防水卷材由于其具有优良的耐高、低温性能，可形成高强度防水层，耐穿刺。耐撕裂、耐疲劳等诸多优异的性能，能够适应现今防水工程的不同功能需求，也代表着新型建筑防水卷材的发展方向。

2. 建筑防水卷材的性能要求

建筑防水卷材品种较多，性能各异。由于在使用过程中所受的作用很复杂，防水材料需要在一定时间内阻止水对建筑物或构筑物的渗透，应具有相应的不同性质，以满足建筑防水工程的功能要求。建筑防水卷材的常规性能指标要求主要有：

（1）耐水性

指在水的作用和被水浸润后其性能基本不变，在一定压力水作用下具有不透水性，常用不透水性、吸水性等指标表示。

（2）温度稳定性

指在高温下不流淌、不起泡、不滑动，低温下不脆裂的性能。即在一定温度变化下保持原有性能的能力。常用耐热度、耐热性等指标表示。

（3）机械强度、延伸性和抗断裂性

指防水卷材承受一定荷载、应力或在一定变形的条件下其自身不断裂的性能。常用拉力、拉伸强度和断裂伸长率等指标表示。

（4）柔韧性

指在低温条件下防水卷材保持柔韧的性能。它对保证易于施工、不脆裂十分重要。常用低温柔度、低温弯折性等指标表示。

（5）大气稳定性

指防水卷材在阳光、热、臭氧及其他化学侵蚀介质等因素的长期综合作用下抵抗侵蚀的能力。常用耐老化性、热老化保持率等指标表示。

3. 建筑防水卷材的分类

（1）沥青防水卷材

沥青防水卷材最具代表性的是石油沥青纸胎油毡（简称油毡），它是防水材料中历史最早的一种，是用低软化点的石油沥青浸渍原纸。然后用高软化点的石油沥青涂盖油纸的两面，再涂或撒隔离材料所制成的一种纸胎防水卷材。由于沥青具有良好的防水性能，而且资源丰富、价格低廉，所以沥青防水卷材的应用在我国占主导地位。但是由于沥青材料的低温柔性差、温度敏感性强、在大气作用下易老化等缺陷，因而属于低档的防水卷材，其在防水工程上的应用范围也受到了较大的限制，已逐渐被其他高性能的防水材料所取代。

200 号油毡适用于简易防水、临时性建筑防水、建筑防潮及包装等；350 号和 500 号粉面油毡适用于屋面、地下、水利等工程的多层防水；片状面油毡适用于单层防水。

近年来，通过对油毡胎基材料的更新换代，已由最初的纸胎油毡发展成为现今诸如玻璃布胎沥青油毡、玻纤毡油毡、聚乙烯膜油毡等不同类别的沥青防水卷材。材料的抗拉强度、延伸率等性能也不断地得到了提高，被广泛应用于地下、水利、屋面防水工程。

（2）聚合物改性沥青防水卷材

聚合物改性沥青防水卷材采用热塑性弹性体（或无规聚丙烯、聚烯烃类聚合物）等作为石油沥青改性剂，可以使沥青在低温条件下具有塑性和弹性、在高温时有足够的强度和热稳定性、在加工和使用条件下具有抗老化性，并且与各种矿物料和结构表面有很好的粘结力，以及适应变形和耐疲劳的能力。可以有效克服传统沥青防水卷材的诸多不足与缺陷，具有高温不流淌、低温不脆裂、拉伸强度较高、延伸率较大等优异性能。主要有以下几种产品：

① 弹性体改性沥青防水卷材：是以聚酯毡、玻纤毡、玻纤增强聚酯毡为胎基材料，以苯乙烯-丁二烯-苯乙烯（SBS）热塑性弹性体作为石油沥青改性剂，两面覆以隔离材料所制成的防水卷材。SBS 改性沥青防水卷材的生产工艺流程主要是通过"选材、配料、混熔、胎基浸渍浸涂、撒砂（或覆膜）、压实、冷却、计量卷取、入库"等工序加工而成的一种柔性防水卷材。

SBS 改性沥青防水卷材是弹性体改性沥青防水卷材类别中的典型代表产品，其特点是具有优良的耐高、低温性能；可形成高强度防水层，耐穿刺、耐撕裂、耐疲劳；有较高的承受基层变形的能力；在低温下仍保持优良的性能，即使在寒冷的气候条件下也可施工，且热熔搭接密封可靠。SBS 改性沥青防水卷材可广泛适用于工业与民用建筑的屋面和地下建筑防水工程，特别适用于寒冷地区的防水工程。

② 塑性体改性沥青防水卷材：是以聚酯毡、玻纤毡、玻纤增强聚酯毡为胎基材料，以无规聚丙烯（APP）或聚烯烃类聚合物（APAO、APO）等作为石油沥青改性剂，两面覆以隔离材料所制成的防水卷材。APP改性沥青防水卷材的生产工艺流程主要是通过"选材、配料、混熔、胎基浸渍浸涂、撒砂（或覆膜）、压实、冷却、计量卷取、入库"等工序加工而成的一种柔性防水卷材。

APP改性沥青防水卷材是塑性体改性沥青防水卷材类别中的典型代表产品，其特点是耐高温性能优异，耐热度最高可达到160℃；卷材高强度高、抗穿刺、耐撕裂；耐紫外线老化和热老化，具有良好的耐久性。卷材铺设采用热熔施工、且热熔搭接密封可靠。APP改性沥青防水卷材可广泛适用于工业与民用建筑的屋面和地下建筑防水工程。

③ 自粘聚合物改性沥青防水卷材：是以自粘聚合物改性沥青为基料，非外露使用的无胎基或采用聚酯胎基增强，粘结面（单面或双面）覆以防粘材料的本体自粘防水卷材。自粘卷材具有不透水性、低温柔度、抗变形性能及自愈性好等特点，而且易于施工，可以提高铺设速度，加快工程进度。

自粘卷材有无胎基（N类）和聚酯胎基（PY类）两类产品。无胎基（N类）自粘卷材适用于非外露的防水工程，铝箔为表面材料的自粘卷材适用于外露的防水工程，无膜双面自粘卷材适用于辅助防水工程。聚酯胎基增强（PY类）自粘卷材广泛应用于建筑屋面、地下室、桥梁、隧道等防水、防渗、防潮工程，还适用于木结构和钢结构屋面的防水工程。

④ 预铺/湿铺防水卷材：是指适用于采用现浇混凝土或水泥砂浆粘结的高分子防水卷材或采用聚酯胎基增强的非外露使用沥青基防水卷材。预铺/湿铺防水卷材按用途分为湿铺（W）、预铺（B）；按原料分为高分子防水卷材（P类）、沥青基聚酯胎防水卷材（PY类）；按表面形态分为单面粘合（S）、双面粘合（D），

其中沥青基聚酯胎防水卷材（PY类）宜为双面粘合。

预铺／湿铺防水卷材适用范围：预铺防水卷材用于地下工程等的外防内贴，与结构后浇混凝土粘结；湿铺防水卷材用于工程中采用水泥净浆或水泥砂浆与基层粘结，卷材间通常通过自粘搭接。

⑤ 带自粘层的防水卷材：是指一种无胎基、以高强度聚乙烯膜或聚酯膜为表面材料、涂覆聚合物改性沥青的自粘防水卷材；另一种是以聚酯毡作为增强材料，浸涂聚合物改性沥青的本体自粘防水卷材。而表面带有冷施工自粘层的卷材，自粘层的材料组成通常与卷材主体材料不同。本体自粘卷材是带自粘层卷材的一种特殊形式。

冷自粘施工防水卷材是目前建筑防水卷材的一个发展方向，主要是因为冷自粘施工具有不使用明火、不易引起火灾、无溶剂污染、施工安全环保方便等优点，深受建筑防水界尤其是施工单位的青睐。

⑥ 坡屋面用防水材料 聚合物改性沥青防水垫层：是指在坡屋面建筑工程中，各种瓦材及其他屋面材料下面使用的聚合物改性沥青防水垫层。聚合物改性沥青防水垫层主要包含有：自粘聚合物沥青防水垫层、聚合物改性沥青防水垫层、波形沥青板通风防水垫层等，石油沥青玻纤胎卷材防水垫层、石油沥青纸胎油毡防水垫层等。高分子材料防水垫层则有金属复合隔热防水垫层、高强塑料防水垫层，以及聚乙烯丙纶防水卷材等。

瓦材屋面必须设置防水垫层。根据坡屋面防水等级及满足屋面合理使用年限的要求，选择使用相应的防水垫层。防水垫层宜空铺、满粘或机械固定。屋面坡度大于10％和空铺防水垫层，应采取防止垫层滑动措施；屋面坡度大于20％，防水垫层表面应具有防滑性能或防滑措施；屋面坡度大于30％，防水垫层宜采用机械固定或满粘法施工；垫层的搭接宽度不应小于100mm。

⑦ 道桥用改性沥青防水卷材：是以热塑性弹性体SBS或聚烯烃聚合物APP（APAO）改性材料为主，辅以各种助剂制成

的改性沥青浸涂聚酯胎基，上表面撒以细砂、矿物粒（片）料或覆以聚乙烯膜，下表面覆以细砂、聚乙烯膜而制成的道桥专用优质防水卷材。卷材具有 APP/SBS 改性沥青防水卷材的所有特性，特别是具有较高的耐热度、较好的高温抗剪性能，能保证高热沥青混凝土摊铺或浇注时防水层不被破坏。抗老化性能好。

卷材按施工方式分为：自粘施工（Z）、热熔（R）或热熔胶（J）施工防水卷材。热熔或热熔胶施工防水卷材按改性材料不同，分为：弹性体（SBS）、塑性体（APP）改性沥青防水卷材。自粘施工防水卷材是整体具有自粘性的以 SBS 为主，加入其他聚合物的橡胶改性沥青防水卷材。自粘、SBS、APP Ⅰ型改性沥青卷材适用于摊铺式沥青混凝土层的铺装，（APP）Ⅱ型改性沥青卷材主要用于浇注式沥青混凝土混合料的铺装。

⑧ 种植屋面用耐根穿刺防水卷材：种植屋面用耐根穿刺防水卷材主要有聚合物改性沥青防水卷材和合成高分子防水卷材两大类。种植屋面用耐根穿刺卷材（改性沥青类）通过对面层材料、改性沥青体系的防根化处理，从根本上防止了植物根尖穿透防水层，同时不影响植物的生长，材料抗根整体效果优异。既有优良的防水效果又可防止植物根须穿刺。施工工艺与聚合物改性沥青防水卷材相同。与抗根防水密封材料、排水板等配套材料形成完美的种植防水系统。种植屋面用耐根穿刺卷材（高分子材料类）主要为聚氯乙烯（PVC）防水卷材、热塑性聚烯烃（TPO）防水卷材等高分子片材。

种植屋面用耐根穿刺防水卷材适用于建筑屋面、墙面、露台、市政桥梁、广场地坪面、地下车库顶板等的种植绿化以及堤坝、水库的防水、防根穿刺处理。

⑨ 改性沥青聚乙烯胎防水卷材：是以高密度聚乙烯膜为胎基，上下两面为改性沥青或自粘沥青，表面覆盖隔离材料制成的防水卷材。改性沥青聚乙烯胎防水卷材主要适用于非外露的建筑与基础设施的防水工程。

改性沥青聚乙烯胎防水卷材按卷材的施工工艺可分为热熔型和自粘型两种类型。而热熔型卷材又可按改性剂的成分不同，分为改性氧化沥青防水卷材、丁苯橡胶改性氧化沥青防水卷材、高聚物改性沥青防水卷材、高聚物改性沥青耐根穿刺防水卷材四类。

改性沥青聚乙烯胎防水卷材表面隔离材料根据卷材类别不同，热熔型卷材上下表面隔离材料为聚乙烯膜，自粘型卷材上下表面隔离材料为防粘材料。

⑩ 沥青复合胎柔性防水卷材：是以涤棉无纺布-玻纤网格布复合毡为胎基，浸涂胶粉改性沥青，以细砂、矿物粒（片）料、聚乙烯膜等为覆面材料制成的用于一般建筑防水工程的防水卷材。

沥青复合胎柔性防水卷材的上表面材料不宜使用聚酯膜、聚酯镀铝膜，而下表面应采用聚乙烯膜或细砂，不可使用聚酯膜。沥青复合胎柔性防水卷材在建筑防水等级设计上，一般作为辅助防水材料使用，起到辅助防水层的作用。

（3）合成高分子防水卷材

合成高分子防水卷材是以合成橡胶、合成树脂或两者的共混体为基料，加入适量的化学助剂和填充剂等，采用橡胶或塑料的加工工艺，经过特定工序制成的、可卷曲的片状防水材料。

合成高分子防水卷材具有拉伸强度高、断裂伸长率大、抗撕裂强度高、耐热性能好、低温柔性好、耐腐蚀、耐老化及可以冷施工等一系列优异的性能，能够适应现今防水工程的不同功能需求，也是今后要大力发展的新型建筑防水卷材。

① 三元乙丙橡胶防水卷材：三元乙丙（EPDM）橡胶卷材是以乙烯、丙烯和非共轭二烯烃（1，4己二烯、双环戊二烯或亚乙基降冰片烯）等三种单体共聚合成的三元乙丙橡胶为主体，掺入适量的硫化剂、促进剂、软化剂、填充料等，经过密炼、拉片、过滤、压延或挤出成型、硫化等工序而制成的。

三元乙丙橡胶防水卷材具有以下显著特点：

耐老化性能好，使用寿命长。

a. 由于三元乙丙橡胶分子结构的主链上没有双键，当它受到紫外线、臭氧、湿和热等作用时，主链不易发生断裂，故耐老化性能好、化学稳定性好。

b. 拉伸强度高、伸长率大、对基层伸缩或开裂变形的适应性强。

c. 耐高低温性能好。

三元乙丙橡胶防水卷材由于具有优异的性能特点，能够较好地适应基层伸缩或开裂变形的需要，能在严寒或酷热环境中长期使用，是高档防水材料之一，可广泛适用于防水要求高、耐用年限长的工业与民用建筑的防水工程。

② 聚氯乙烯（PVC）防水卷材：是以聚氯乙烯树脂为主要原料，掺加填充料和适量的改性剂、增塑剂、抗氧剂和紫外线吸收剂等，经过捏合、混炼、造粒、挤出或压延、冷却、卷取等工序加工制成的防水卷材。

聚氯乙烯防水卷材按产品的组成分为均质卷材（代号 H）、带纤维背衬卷材（代号 L）、织物内增强卷材（代号 P）、玻璃纤维内增强卷材（代号 G）、玻璃纤维内增强带纤维背衬卷材（代号 GL）。L 类为适应外露使用的聚氯乙烯防水卷材。

聚氯乙烯防水卷材具有拉伸强度大、延伸率高、收缩率小、低温柔性好等特点，广泛应用于工业与民用建筑的新建和翻修工程的屋面防水，也适用于水池、堤坝等防水抗渗工程。

③ 氯化聚乙烯-橡胶共混防水卷材：是以氯化聚乙烯树脂和合成橡胶（丁苯橡胶）共混为主体，加入适量的硫化剂、促进剂、稳定剂、软化剂和填充料等。经过素炼、混炼、过滤、压延成型、硫化等工序而成的防水卷材。

氯化聚乙烯-橡胶共混防水卷材是由橡胶和塑料共混而成，因此兼具橡胶和塑料的特点。不仅具有氯化聚乙烯所特有的高强度和优异的耐臭氧、耐老化性能，而且具有橡胶类材料所特有的高弹性、高延伸性以及良好的低温柔性。最适用于屋面工程作单层外露防水。

④ 热塑性聚烯烃（TPO）防水卷材：是以橡胶类弹性体与聚烯烃类化合物为基料，添加抗氧剂、抗老化剂、紫外线吸收剂等各种助剂，并采用先进加工工艺成型的新型防水卷材。也可以用聚酯纤维网格布做内部增强材料制成增强型防水卷材。

热塑性聚烯烃（TPO）防水卷材按产品的组成分为均质卷材（代号 H）、带纤维背衬卷材（代号 L）、织物内增强卷材（代号 P）。

热塑性聚烯烃（TPO）防水卷材具有以下显著特点：

① TPO 具有橡胶的耐候、耐臭氧、耐久性与聚烯烃的可焊接性；

② 不含增塑剂，耐候性优越，安全、环保；

③ 耐低温性优，-40℃弯曲不脆裂，在低温下具有良好的柔韧性，使用温度范围大；

④ 耐化学品、动植物油及烃油，耐微生物侵蚀；

⑤ 高断裂强度、高撕裂强度、耐根穿刺能力强；

⑥ 白色或浅色，阳光反射率高，节能，减少城市热岛效应。

TPO 防水卷材综合了 EPDM 和 PVC 的性能优点，具有前者的耐候能力、低温柔度和后者的可焊接特性。这种材料与传统的塑料不同，在常温显示出橡胶高弹性，在高温下又能像塑料一样成型。因此，这种材料具有良好的加工性能和力学性能，并且具有高强焊接性能。而在两层 TPO 材料中间加设一层聚酯纤维织物后，可增强其物理性能、提高其断裂强度、抗疲劳、抗穿刺能力。由于 TPO 卷材超强的抗老化能力，和其他特点，广泛应用于种植屋面、暴露式单层屋面防水工程、大型场馆、机场等防水工程。

4. 常用建筑防水卷材的验收

建筑防水卷材在进入建设工程被使用前，必须进行检验验收。验收主要分为资料验收和实物质量验收两部分。

（1）资料验收

①《全国工业产品生产许可证》

国家对建筑防水卷材产品实行生产许可证管理，由各省市质量监督检验检疫总局对经审查符合国家有关规定的防水卷材生产企业统一颁发《全国工业产品生产许可证》（简称生产许可证）。证书的有效期一般不超过5年。

为防止生产许可证的造假现象，施工单位、监理单位可通过国家质量监督检验检疫总局网站（www.aqsiq.gov.cn）进行建筑防水卷材生产许可证获证企业查询。

② 防水卷材质量证明书

防水卷材在进入施工现场时应对质量证明书进行验收。质量证明书必须字迹清楚，应注明供方名称或厂标、产品标准、生产日期和批号、产品名称、规格及等级、产品标准中所规定的各项出厂检验结果等。质量证明书应加盖生产企业公章或质检部门检验专用章。

③ 建立材料台账

防水卷材进场后，施工单位应及时建立"建设工程材料采购验收检验使用综合台账"，监理单位可设立"建设工程材料监理监督台账"。台账内容包括材料名称、规格品种、生产单位、供应单位、进货日期、送货单编号、石首数量、生产许可证编号、质量证明书编号、外观质量、材料检验日期、复验报告编号和结果，工程材料报审表确认日期、使用部位、审核人员签名等。

④ 产品包装和标志

卷材可用纸包装或塑胶带成卷包装、纸包装时应以全柱面包装，柱面两端未包装长度总计不应超过100mm。标志包括生产厂名、产品标记、生产日期或批号、生产许可证号、贮存与运输注意事项。

同时核对包装标志与质量证明书上所示内容是否一致。

（2）实物质量验收

实物质量验收分为外观质量验收、厚度选用、物理性能复验、胶粘剂验收四个部分。

外观质量验收

必须对进场的防水卷材进行外观质量的检验，该检验可在施工现场通过目测和尺具测量进行，前面介绍过的常用防水卷材分属三大类，由于各大类的防水卷材的外观质量要求基本相同，下面就按产品大类分别介绍外观质量要求：

① 防水卷材的外观质量要求，见表2-1。

沥青防水卷材外观质量表 表2-1

项　　目	质　量　要　求
孔洞、硌伤	不允许
露胎、涂盖不匀	不允许
折纹、皱折	距卷芯1000mm以外，长度不大于100mm
裂纹	距卷芯1000mm以外，长度不大于10mm
裂口、缺边	边缘裂口小于20mm以外；缺边长度小于50mm，深度小于20mm
每卷卷材的接头	不超过1处，较短的一段不应小于2500mm，接头处应加长150mm

② 高聚物改性沥青防水卷材的外观质量要求，见表2-2。

高聚物改性沥青防水卷材外观质量 表2-2

项　　目	质　量　要　求
孔洞、缺边、裂口	不允许
边缘不整齐	不超过10mm
胎体露白、未浸透	不允许
撒布材料粒度、颜色	均匀
每卷卷材的接头	不超过1处，较短的一段不应小于1000mm，接头处应加长150mm

③ 合成高分子防水卷材的外观质量要求，见表2-3。

卷材的厚度选用

该环节本是防水设计中重点考虑的，但是目前不论是生产方面还是施工方面，都存在偷工减料的现象，故将卷材的厚度选用要求列出来供大家参考，而且检验方法很简单，用较精密的尺具就可以在现场测量，卷材厚度选用分为屋面工程和地下工程两种要求，前面介绍的常用防水卷材在下列各表中有专门表述的，按照专门表述的要求；如没有则可以按产品所属大类的要求；若产品大类和具体产品在表中都没有提到，则表明该产品不适用该表所列以下防水等级。

合成高分子防水卷材外观质量　　　　　表 2-3

项　　目	质 量 要 求
折痕	每卷不超过 2 处，总长度不超过 20mm
杂质	大于 0.5mm 颗粒不允许，每 1m² 不超过 9mm²
胶块	每卷不超过 6 处，每处面积不大于 4mm²
凹痕	每卷不超过 6 处，深度不超过本身厚度的 30%；树脂类深度不超过 5%
每卷卷材的接头	橡胶类每 20m 不超过 1 处，较短的一段不应小于 3000mm，接头处应加长 150mm；树脂类 20m 长度内不允许有接头

① 屋面工程卷材防水等级和防水做法

屋面工程卷材防水等级和防水做法　　　　表 2-4

防 水 等 级	防 水 做 法
Ⅰ 级	卷材防水层和卷材防水层、卷材防水层和涂膜防水层、复合防水层
Ⅱ 级	卷材防水层、涂膜防水层、复合防水层

② 屋面工程每道卷材防水层最小厚度

每道卷材防水层最小厚度（mm）　　　　表 2-5

防水等级	合成高分子防水卷材	高聚物改性沥青防水卷材		
		聚酯胎、玻纤胎、聚乙烯胎	自粘聚酯胎	自粘无胎
Ⅰ 级	1.2	3.0	2.0	1.5
Ⅱ 级	1.5	4.0	3.0	2.0

③ 屋面工程复合防水层最小厚度

屋面工程复合防水层最小厚度（mm）　　表 2-6

防水等级	合成高分子防水卷材＋合成高分子防水涂膜	自粘聚合物改性沥青防水卷材（无胎）＋合成高分子防水涂膜	高聚物改性沥青防水卷材＋高聚物改性沥青防水涂膜	聚乙烯丙纶卷材＋聚合物水泥防水胶结材料
Ⅰ级	1.2＋1.5	1.5＋1.5	3.0＋2.0	(0.7＋1.3)×2
Ⅱ级	1.0＋1.0	1.2＋1.0	3.0＋1.2	0.7＋1.3

④ 屋面工程卷材附加层最小厚度

屋面工程卷材附加层最小厚度（mm）　　表 2-7

附加层材料	最小厚度
合成高分子防水卷材	1.2
高聚物改性沥青防水卷材（聚酯胎）	3.0

⑤ 屋面工程卷材搭接宽度

屋面工程卷材搭接宽度表（mm）　　表 2-8

卷材类别		搭接宽度
合成高分子防水卷材	胶粘剂	80
	胶粘带	50
	单缝焊	60，有效焊接宽度不小于 25
	双缝焊	80，有效焊接宽度 10×2＋空腔宽
高聚物改性沥青防水卷材	胶粘剂	100
	自粘	80

⑥ 地下工程卷材防水层的卷材品种

地下工程卷材防水层的卷材品种　　表 2-9

卷材类别	品种名称
高聚物改性沥青类防水卷材	弹性体改性沥青防水卷材
	改性沥青聚乙烯胎防水卷材
	自粘聚合物改性沥青防水卷材
合成高分子类防水卷材	三元乙丙橡胶防水卷材
	聚氯乙烯防水卷材
	聚乙烯丙纶复合防水卷材
	高分子自粘胶膜防水卷材

⑦ 地下工程卷材防水层厚度

地下工程卷材防水层厚度（mm）　　　表 2-10

卷材品种	高聚物改性沥青类防水卷材			合成高分子类防水卷材			
	弹性体改性沥青防水卷材、改性沥青聚乙烯胎防水卷材	自粘聚合物改性沥青防水卷材		三元乙丙橡胶防水卷材	聚氯乙烯防水卷材	聚乙烯丙纶复合防水卷材	高分子自粘胶膜防水卷材
		聚酯毡胎体	无胎体				
单层厚度	≥4	≥3	≥1.5	≥1.5	≥1.5	卷材：≥0.9 粘结料：≥1.3 芯材厚度：≥0.6	≥1.2
双层总厚度	≥(4+3)	≥(3+3)	≥(1.5+1.5)	≥(1.2+1.2)	≥(1.2+1.2)	卷材：≥(0.7+0.7) 粘结料：≥(1.3+1.3) 芯材厚度：≥0.5	——

防水卷材的进场复验

进场的卷材，应进行抽样复验，合格后方能使用，复验应符合下列规定：

① 同一品种、型号和规格的卷材，抽样数量：大于 1000 卷抽取 5 卷；500～1000 卷抽取 4 卷；100～499 卷抽取 3 卷；小于 100 卷抽取 2 卷。

② 将受检的卷材进行规格尺寸和外观质量检验，全部指标达到标准规定时，即为合格。其中若有一项指标达不到要求，允许在受检产品中另取相同数量卷材进行复验，全部达到标准规定为合格。复验时仍有一项指标不合格，则判定该产品外观质量为不合格。

③ 在外观质量检验合格的卷材中，任取一卷做物理性能检验，若物理性能有一项指标不符合标准规定，应在受检产品中加倍取样进行该项复验，复验结果如仍不合格，则判定该产品为不

合格。

④ 进场的卷材物理性能应检验下列项目：

由于屋面工程和地下工程对防水卷材的性能要求有所不同，故下面将按产品大类即 3 大类卷材分别从屋面工程（其中沥青防水卷材一般仅用于屋面工程）、地下工程来介绍物理性能要求。

具体性能指标见表 2-11～表 2-21。

屋面工程中沥青防水卷材物理性能　　　表 2-11

项　　目		性能要求	
		350 号	500 号
纵向拉力（25±2℃时）(N)		≥340	≥440
耐热度（85±2℃,2h）		不流淌，无集中性气泡	
柔度（18±2℃时）		绕 φ20mm 圆棒无裂纹	绕 φ25mm 圆棒无裂纹
不透水性	压力（MPa）	≥0.10	≥0.15
	保持时间（min）	≥30	≥30

屋面工程中高聚物改性沥青防水卷材物理性能　表 2-12

项　　目	性能要求			
	聚酯毡胎体	玻纤毡胎体	PEE 卷材	复合胎卷材
可溶物含量（g/m²）	3mm 厚≥2100 4mm 厚≥2900	—		3mm 厚≥1600 4mm 厚≥2200
拉力（N/50mm）	≥500	≥350	≥200	纵向:500 横向:400
延伸率（%）	最大峰时, SBS 卷材,≥30 APP 卷材,≥25	—	断裂时 ≥120	
耐热度（℃,2h）	SBS 卷材 90；APP 卷材 110	T 类 90；S 类 70		90,
	无滑动、流淌、滴落			
低温柔度（℃）	SBS 卷材－20, APP 卷材－7	T 类(P)－20 S 类－20		－5
	3mm 厚,r=15mm；4mm 厚,r=25mm；3s, 弯 180°,无裂纹			

项　目		性能要求			
		聚酯毡胎体	玻纤毡胎体	PEE 卷材	复合胎卷材
不透水性	压力(MPa)	≥0.3	≥0.2	≥0.4	0.2
	保持时间(min)	≥30			

注：SBS 卷材——弹性体改性沥青防水卷材；APP 卷材——塑性体改性沥青防水卷材

PEE 卷材——高聚物改性沥青聚乙烯胎防水卷材；

复合胎卷材——沥青复合胎柔性防水卷材。

地下工程中高聚物改性沥青防水卷材的物理性能　表 2-13

项　目		性 能 要 求				
		弹性体改性沥青防水卷材			自粘聚合物改性沥青防水卷材	
		聚酯毡胎体	玻纤毡胎体	聚乙烯胎体	聚酯胎体	无胎体
可溶物含量(g/m²)		3mm 厚≥2100,4mm 厚≥2900			3mm 厚≥2100	—
拉伸性能	拉力(N/50mm)	≥800 (纵横向)	≥500 (纵横向)	纵向≥140 横向≥120	≥450 (纵横向)	≥180 (纵横向)
	延伸率(%)	最大拉力时≥40 (纵横向)	—	断裂时≥250 (纵横向)	最大拉力时≥30 (纵横向)	断裂时≥200 (纵横向)
低温柔度(℃)		−25,无裂纹				
热老化后低温柔度(℃)		−20,无裂纹			−22,无裂纹	
不透水性		压力 0.3MPa,保持时间 120min,不透水				

地下工程中合成高分子类防水卷材的主要物理性能　表 2-14

项　目	性 能 要 求			
	三元乙丙橡胶防水卷材	聚氯乙烯防水卷材	聚乙烯丙纶复合防水卷材	高分子自粘胶膜防水卷材
断裂拉伸强度	≥7.5MPa	≥12MPa	≥60N/10mm	≥100N/10mm
断裂伸长率	≥450%	≥250%	≥300%	≥400%

表 2-15

项　　目		性　能　要　求			
		三元乙丙橡胶防水卷材	聚氯乙烯防水卷材	氯化聚乙烯-橡胶共混防水卷材	热塑性聚烯烃(TPO)防水卷材
断裂拉伸强度,MPa ≥		7.5	10	6.0	12
断裂伸长率,% ≥		450	200	400	500
低温弯折℃		−40	−20	−30	−40
撕裂强度,kN/m ≥		25	24	40	60
不透水性	压力(MPa)≥	0.3	0.3	0.3	0.3
	保持时间(min)≥	30			120
加热收缩率(%)＜	延伸 ≤	2	2	2	2
	收缩 ≤	4	6	4	
热老化保持率(80℃168h)	拉伸强度(%)≥	80	80	80	90
	扯断伸长率(%)≥	70	70	70	90

自粘聚合物改性沥青防水卷材的主要物理性能　表 2-16

项　　目	N 类卷材			PY 类卷材
	PE(Ⅰ型)	PET(Ⅰ型)	D	Ⅰ型
可溶物含量(g/m²)≥	—	—	—	2.0mm,1300 3.0mm,2100 4.0mm,2900
拉力(N/50mm)≥	150	150	—	350(2.0mm)
延伸率(%) ≥	200 (最大拉力)	30 (最大拉力)	450 (沥青断裂)	30 (最大拉力)
耐热度(℃,2h)	70,滑动不超过 2mm			70,无滑动、流淌
低温柔度(℃)	−20	−20	−20	−20
	3mm 厚,r=15mm;4mm 厚,r=25mm;3s,弯 180°,无裂纹			

项 目		N 类卷材			PY 类卷材
		PE（Ⅰ型）	PET（Ⅰ型）	D	Ⅰ型
不透水性	压力（MPa）≥	0.2		—	0.3
	保持时间（min）≥	120			120
备注	N 类——无胎基卷材；上表面材料为聚乙烯（PE）膜、聚酯（PET）膜或无膜双面自粘（D）。 PY 类——聚酯胎基卷材；上表面材料为聚乙烯（PE）膜、细砂（S）或无膜双面自粘（D）。				

预铺／湿铺防水卷材的主要物理性能　　表 2-17

项 目	预铺卷材（Ⅰ型）		湿铺卷材（Ⅰ型）	
	P	PY	P	PY
可溶物含量（g/m²）≥	—	2900	—	3.0mm,2100 4.0mm,2900
拉力（N/50mm）≥	500	800	150	400
延伸率（%）　≥	400（膜断裂）	40（最大拉力）	40（最大拉力）	
耐热度（℃,2h）	70,无滑动、流淌、滴落			
低温柔度（℃）	—	—25	—15	—15
	3mm 厚,$r=15$mm；4mm 厚,$r=25$mm；3s,弯 180°,无裂纹			
不透水性	压力（MPa）≥	0.6		0.3
	保持时间（min）≥	≥24h		120

坡屋面用防水材料 沥青防水垫层的主要物理性能　表 2-18

项 目	聚合物改性沥青		自粘聚合物沥青
	PY	G	—
可溶物含量（g/m²）≥	1.2mm,700；2.0mm,1200		—
拉力（N/50mm）≥	300	200	N/25mm ,70
断裂延伸率（%）　≥	20	—	200
耐热度（℃,2h）	90,无滑动、流淌、滴落		70,滑动不超过 2mm
低温柔度（℃）	—15		—20
不透水性	（0.1MPa,30 min）不透水		—

项 目		聚合物改性沥青		自粘聚合物沥青
		PY	G	—
持粘力,min ≥		—		15
钉杆撕裂强度,N ≥		50		40
剥离强度	垫层与铝板 ≥	0.6		(N/mm,23℃)1.5
	垫层与垫层 ≥	≥24h		(N/mm)1.2
备注		聚合物改性沥青—坡屋面用防水材料 自粘聚合物沥青—坡屋面用防水材料		聚合物改性沥青防水垫层 自粘聚合物沥青防水垫层

道桥用改性沥青防水卷材的主要物理性能　　　表 2-19

项 目	性能指标			
	Z	R、J		
		SBS	APP	
			I	II
可溶物含量(g/m²)≥	170(2.5mm)	1700(2.5mm)		
卷材下表面沥青涂盖层厚度,mm ≥	1.0(2.5mm) —	— 1.5(3.5mm)		
拉力(N/50mm)≥	600	800		
最大拉力时延伸率(%)≥	40			
耐热度(℃,2h)	110	115	130	160
	无滑动、流淌、滴落			
低温柔度(℃)	−25	−25	−15	−10
	3mm 厚,r=15mm;4mm 厚,r=25mm;3s,弯 180°,无裂纹			

备注:Z—自粘施工卷材;R—热熔施工卷材;J—热熔胶施工卷材。

道桥用改性沥青防水卷材的应用性能

序号	项目	指标
1	50℃剪切强度/MPa ≥	0.12
2	50℃粘结强度/MPa ≥	0.05

序号	项目	指标
3	热压后抗渗性	0.1MPa,30min 不透水
4	接缝变形能力	10000 次循环无破坏

种植屋面用耐根穿刺防水卷材的主要物理性能　　表 2-20

类别	性能 要 求			
现行国家标准及相关要求	序号	标准名称		要求
	1	GB 18242 弹性体改性沥青防水卷材		Ⅱ型全部要求
	2	GB 18243 塑性体改性沥青防水卷材		Ⅱ型全部要求
	3	GB 18967 改性沥青聚乙烯胎防水卷材		Ⅱ型全部要求
	4	GB 12952 聚氯乙烯防水卷材		Ⅱ型全部要求
	5	GB 18173.1 高分子防水材料　第一部分:片材		全部要求
应用性能	序号	项目		技术指标
	1	耐根穿刺性能		通过
	2	耐霉菌腐蚀性	防霉等级	0 级或 1 级
			拉力保持率,% ≤	80
	3	尺寸变化率,% ≤		1.0

带自粘层的防水卷材的主要物理力学性能　　表 2-21

卷材自粘层物理力学性能

序号	项目		指标
1	剥离强度,N/mm ≥	卷材与卷材	1.0
		卷材与铝板	15
2	浸水后剥离强度,N/mm ≥		1.5
3	热老化后剥离强度,N/mm ≥		1.5
4	自粘面耐热性		70℃,2h 无流淌
5	持粘性,min ≥		15

注：1. 带自粘层的防水卷材应符合主体材料相关现行产品标准要求；
　　2. 受自粘层影响性能的内容详见补充说明。

防水卷材胶粘剂、胶粘带的质量要求和进场验收

防水卷材在施工中需要胶粘剂、胶粘带等配套材料，配套材料的质量如果不符合有关要求，将影响防水工程的整体质量，所以也是至关重要的。

① 防水卷材胶粘剂、胶粘带的质量应符合下列要求：

改性沥青胶粘剂的剥离强度不应小于 8N/10mm；合成高分子胶粘剂的剥离强度不应小于 15N/10mm，浸水 168h 后的保持率不应小于 70％；双面胶粘带的剥离强度不应小于 6N/10mm，浸水 168h 后的保持率不小于 70％。

② 防水卷材胶粘剂、胶粘带的进场验收：

进场的卷材胶粘剂和胶粘带物理性能应检验下列项目：

改性沥青胶粘剂应检验剥离强度；合成高分子胶粘剂应检验剥离强度和浸水 168h 后的保持率；双面胶粘带应检验剥离强度和浸水 168h 后的保持率。

防水卷材和胶粘剂的贮运与保管

① 不同品种、型号和规格的卷材应分别堆放；

② 卷材应贮存在阴凉通风的室内，避免雨淋、日晒和受潮，严禁接近火源；

③ 沥青防水卷材贮存环境温度不得高于 45℃；

④ 沥青防水卷材宜直立堆放，其高度不宜超过两层，并不得倾斜或横压，短途运输平放不宜超过四层；

⑤ 卷材应避免与化学介质及有机溶剂等有害物质接触；

⑥ 不同品种、规格的卷材胶粘剂和胶粘带，应分别用密封桶或纸箱包装；

⑦ 卷材胶粘剂和胶粘带应贮存在阴凉通风的室内，严禁接近火源和热源。

2.1.2 防水涂料

建筑防水涂料是将在常温下呈黏稠液状态的物质，涂布在基层表面，经溶剂或水分挥发或各组分间的化学反应，形成有一定弹性和一定厚度的连续薄膜，使基层表面与水隔绝，起到防水、

防潮作用。广泛适用于工业与民用建筑的屋面防水工程、地下混凝土工程的防潮防渗等。外观一般为液体状，可涂刷在需要防水的基面上，防水涂料的使用应考虑建筑的特点、环境条件和使用条件等因素，结合防水涂料的特点和性能指标选择。防水涂料按液态类型可分为溶剂型、水乳型和反应型三种；按其成分可分为高聚物改性沥青防水涂料、合成高分子防水涂料、无机防水涂料等三类。

1. 常用建筑防水涂料

高聚物改性沥青防水涂料

高聚物改性沥青防水涂料以建筑物屋面防水为主要用途，以石油沥青为基料，用高分子聚合物进行改性，配制成的水乳性或溶剂型防水涂料。代表性的材料为水性沥青基防水涂料。

水性沥青基防水涂料是以乳化沥青为基料的防水涂料，分为薄质和厚质。薄质在常温时为液体，具有流平性。厚质在常温时为膏体或黏稠体，不具有流平性。该产品属于国家限制使用的建筑材料，一般仅用于屋面防水。

合成高分子防水涂料

合成高分子防水涂料在混凝土材料的基面上涂刷后，能形成均匀无缝的防水层，具有良好的防水渗作用。由于涂料在成膜过程中没有接缝，不仅能够在平屋面上，而且还能够在立面、阴羊角和其他各种复杂表面的基层上形成连续不断的整体性防水涂层。比较常用的品种有聚氨酯防水涂料、聚合物乳液防水涂料、聚氨酯硬泡体防水保温材料等。

聚氨酯防水涂料是以合成橡胶为主要成膜物质，配制成的单组分或多组分防水涂料。产品按组分分为单组分和双组分，按拉伸性能分为Ⅰ、Ⅱ型。在常温固化成膜后形成无异味的橡胶状弹性体防水层。该产品具有拉伸强度高、延伸率大、耐寒、耐热、耐化学稳定性、耐老化型号、施工安全方便、无异味、不污染环境、粘结力强、也能在潮湿基面施工、能与石油沥青及防水卷材相溶、维修容易等特点。

聚合物乳液建筑防水涂料是以聚合物乳液为主要原料，加入其他添加剂而制得的单组分水乳型防水涂料。以高固含量的丙烯酸酯乳液为基料，掺加各种原料及不同助剂配制而成。该防水涂料色彩鲜艳、无毒无味、不燃、无污染、具有优异的耐老化性能、粘结力强、高弹性、延伸率、耐寒、耐热、抗渗漏性能好，施工简单，工效高，维修方便等特点。

聚合物水泥防水涂料

以丙烯酸酯等聚合物乳液和水泥为主要原料，加入其他外加剂制得的双组分水性建筑防水涂料。产品分为Ⅰ、Ⅱ型，Ⅰ型为以聚合物为主的防水涂料，主要用于非长期浸水环境下的建筑防水工程；Ⅱ型为以水泥为主的防水涂料，适用于长期浸水环境下的建筑防水工程

水泥基渗透结晶型防水材料

以硅酸盐水泥或普通硅酸盐水泥、石英砂等为基料，掺入活性化学物质制成的水泥基渗透结晶型防水材料。按施工工艺不同可分为水泥基渗透结晶型防水涂料、水泥基渗透结晶型防水剂。水泥基渗透结晶型防水涂料是一种粉状材料，经与水拌和可调配成刷涂或喷涂在水泥混凝土表面的浆料，亦可将其以干粉撒覆并压入未完全凝固的水泥混凝土表面。水泥基渗透结晶型防水剂是一种掺入混凝土内部的粉状材料。

2. 常用建筑防水涂料的验收

建筑防水涂料在进入建设工程被使用前，必须进行检验验收。验收主要分为资料验收和实物质量验收两部分。

资料验收

（1）防水涂料质量证明书

防水涂料在进入施工现场时应对质量证明书进行验收。质量证明书必须字迹清楚，应注明供方名称或厂标、产品标准、生产日期和批号、产品名称、规格及等级、产品标准中所规定的各项出场检验结果等。质量证明书应加盖生产单位公章或质检部门检验专用章。产品质量保证书。

（2）建立材料台账

防水涂料进场后，施工单位应及时建立"建设工程材料采购验收检验使用综合台账"，监理单位可设立"建设工程材料监理监督台账"。台账内容包括材料名称、规格品种、生产单位、供应单位、进货日期、送货单编号、实收数量、生产许可证编号、质量证明书编号、外观质量、材料检验日期、复验报告编号和结果，工程材料报审表确认日期、使用部位、审核人员签名等。

（3）产品包装和标志

防水涂料包装容器必须密封，容器表面应标明涂料名称、生产厂名、执行标准号、生产日期和产品有效期并分类存放。同时核对包装标志与质量证明书上所示内容是否一致。

实物质量验收

实物质量验收分为外观质量验收、物理性能复验两个部分。

（1）外观质量验收

必须对进场的防水涂料进行外观质量的检验，该检验可在施工现场通过目测进行，下面分别介绍 5 种防水涂料的外观质量要求：

① 水性沥青基防水涂料

水性沥青基厚质防水涂料经搅拌后为黑色或黑灰色均质膏体或黏稠体，搅匀和分散在水溶液中无沥青丝，水性沥青基薄质防水涂料搅拌后为黑色或蓝褐色均质液体，搅拌棒上不粘任何颗粒。

② 聚氨酯防水涂料

为均匀黏稠体，无凝胶、结块。

③ 聚合物乳液建筑防水涂料

产品经搅拌后无结块，呈均匀状态。

④ 聚合物水泥防水涂料

产品的两组份经分别搅拌后，其液体组分应为无杂质、无凝胶的均匀乳液；固体组分应为无杂质、无结块的粉末。

⑤ 水泥渗透结晶型防水涂料

按施工工艺不同可分为水泥基渗透结晶型防水涂料、水泥基渗透结晶型防水剂。水泥基渗透结晶型防水涂料是一种粉状材料，经与水拌和可调配成刷涂或喷涂在水泥混凝土表面的浆料，亦可将其以干粉撒覆并压入未完全凝固的水泥混凝土表面。水泥基渗透结晶型防水剂是一种掺入混凝土内部的粉状材料。

（2）物理性能复验

进场的卷材，应进行抽样复验，合格后方能使用，复验应符合下列规定：

① 同一规格、品种的防水涂料，每 10t 为一批，不足 10t 者按一批进行抽样。

② 防水涂料的物理性能检验，全部指标达到标准规定时，即为合格。其中若有一项指标达不到要求，允许在受检产品中加倍取样进行该项复检，复检结果如仍不合格，则判定该产品为不合格。

③ 进场的卷材物理性能应检验下列项目：

由于屋面工程和地下工程对防水涂料的性能要求有所不同，其中水性沥青基防水涂料在工程实践中一般仅用于屋面工程，而合成高分子防水涂料、聚合物水泥防水涂料可用于屋面工程和地下工程，水泥基渗透结晶性防水材料一般用于地下工程。

具体性能指标见表 2-22～表 2-27。

水性沥青基防水涂料质量指标　　　　　表 2-22

项　目		质　量　要　求	
		L	H
固体含量(%)	≥	45	
耐热性		（80℃ 2h）无流淌、滑动、滴落	（110℃ 2h）无流淌、滑动、滴落
低温柔性(℃ 2h)		−15℃，绕 ϕ30mm，圆棒无裂纹、断裂	1510℃，绕 ϕ30mm，圆棒无裂纹、断裂
不透水性	压力(MPa)≥	0.1	0.1
	保持时间(min)≥	30	30

项　目	质　量　要　求	
	L	H
断裂伸长率(%)≥	600	
粘结强度(MPa)≥	0.30	

聚氨酯防水涂料部分物理性能指标　　　表 2-23

项　目		质　量　要　求	
		Ⅰ类	Ⅱ类
固体含量(%)≥		80(单组分),92(多组分)	
拉伸强度(Mpa)≥		1.90	2.45
低温柔性(℃2h)		−40℃(单组分),−35℃ (多组分)弯折无裂纹	
表干时间(h)≤		12(单组分),8(多组分)	
实干时间(h)≤		24	
不透水性	压力(MPa)≥	0.3	
	保持时间(min)≥	30	
断裂伸长率%≥		550(单组分) 450(多组分)	450
潮湿基面粘结强度(MPa)≥		0.50,仅用于地下工程潮湿基面时要求	

聚合物乳液建筑防水涂料部分物理性能指标　　表 2-24

项目	质　量　要　求	
	Ⅰ	Ⅱ
固体含量(%)≥	65	
拉伸强度(MPa)≥	1.0	1.5
低温柔性(℃2h)	−10℃,绕 ϕ10mm, 圆棒无裂纹	−20℃,绕 ϕ10mm, 圆棒无裂纹
表干时间(h)≤	4	

项目		质量要求	
实干时间(h)≤		8	
不透水性	压力(MPa)≥	0.3	
	保持时间(min)≥	30	
断裂伸长率%≥		300	

聚合物水泥防水涂料部分物理性能指标　　表 2-25

项　　目	质量要求		
	Ⅰ型	Ⅱ型	Ⅲ型
固体含量(%)≥	70		
拉伸强度(MPa)(无处理)≥	1.2	1.8	1.8
低温柔性(℃ 2h)	−10℃,绕 φ10mm,圆棒无裂纹	—	—
不透水性(Ⅱ、Ⅲ型用于地下工程时该项目可不测)	压力≥0.3MPa,保持 30min 以上		
断裂伸长率(无处理)%≥	200	80	30
无处理粘结强度(MPa)≥	0.5	0.7	1.0
抗渗性(MPa)≥	—	0.6	0.8

水泥基渗透结晶型防水涂料部分物理性能指标　　表 2-26

项　　目	质　量　要　求
抗折强度,7d(MPa)≥	3
潮湿基面粘结强度(MPa)≥	1
抗渗压力,28d(MPa)≥	0.8

水泥渗透结晶型防水剂部分物理性能指标　　表 2-27

项　　目	质　量　要　求
抗压强度比,7d(%)≥	120
渗透压力比,28d(%)≥	200

3. 防水涂料的贮运与保管

(1) 不同类型、规格的产品应分别堆放,不应混杂;

（2）避免雨淋、日晒和受潮，严禁接近火源；

（3）防止碰撞，注意通风。

2.2 管　　道

2.2.1　建筑排水管道

建筑排水管道系统的任务，是将建筑（构筑）物内各用水点所产生的生活和生产污（废）水，收集、汇集并排入室外排水管网中去。市建委规定，从 1997 年 1 月 1 日起，在本市行政区域范围内新建、改建、扩建的建设工程，必须使用硬聚氯乙烯排水管、雨水管，禁止使用铸铁排水管、雨水管。

本章列举了目前常用作建筑排水管道的产品：建筑排水用硬聚氯乙烯管材和管件、排水用芯层发泡硬聚氯乙烯（PVC-U）管材、建筑排水用硬聚氯乙烯螺旋管材、建筑排水用硬聚氯乙烯（PVC-U）双壁及双壁螺旋管材。这些管材（件）均以聚氯乙烯为原料，只因管材的挤出方式或结构形式的不同，造成管材在用料量及消音效果的差异。选材时应充分考虑管材安装区域对隔声的要求。

产品分类、规格及主要技术指标

1. 建筑排水用硬聚氯乙烯管材

以聚氯乙烯树脂为主要原料，加入必需的助剂，经挤出成型的硬聚氯乙烯管材。管材颜色一般为灰色，其他颜色可由供需双方商定。

这是应用最早，也是应用最普遍的一种管材。PVC-U 管材具有良好的耐老化、阻燃、耐腐蚀性强、使用寿命长、原料价格低廉（近期原料价格一路飙升，其价格优势正在逐渐消失）等优点，及用作排水的 PVC-U 管，由于不需要承受内压或承受内压较低，管壁可较薄，因此在建筑排水中应用较广。

管材的内外表面应清洁、光滑、平整、无凹陷、分解变色线和其他影响性能的表面缺陷。管材不应含有可见杂质。管端头应切割平整，并与管轴线垂直。

（1）品种规格尺寸

管材规格用 d_e（公称外径）×e（公称壁厚）表示

管材公称外径与壁厚按表 2-28 规定。

公称外径与壁厚（mm）　　　　表 2-28

公称外径 de	平均外径 极限偏差	壁厚 e		长度 L	
		基本尺寸	极限尺寸	基本尺寸	极限尺寸
40	$+0.3 \atop 0$	2.0	$+0.4 \atop 0$		
50	$+0.3 \atop 0$	2.0	$+0.4 \atop 0$		
75	$+0.3 \atop 0$	2.3	$+0.4 \atop 0$		
90	$+0.3 \atop 0$	3.2	$+0.6 \atop 0$	4000 或 6000	±10
110	$+0.4 \atop 0$	3.2	$+0.6 \atop 0$		
125	$+0.4 \atop 0$	3.2	$+0.6 \atop 0$		
160	$+0.5 \atop 0$	4.0	$+0.6 \atop 0$		

注：长度也亦可由供需双方协商确定。

（2）相关性能指标

管材物理机械性能应符合表 2-29 规定。

管材物理机械性能　　　　表 2-29

项　　目	指　　标		
	优等品	合格品	试验方法
拉伸屈服强度/(MPa)	≥43	≥40	GB/T 8804.1
断裂伸长率/(%)	≥80	—	GB/T 8804.1
维卡软化温度/(℃)	≥79	≥79	GB/T 8802
扁平试验	无破裂	无破裂	GB/T 5836.1—92 中 5.6.3
落锤冲击试验/TIR			GB/T 14152
20℃	TIR≤10%	9/10 通过	
或 0℃	TIR≤5%	9/10 通过	
纵向回缩率/(%)	≤5.0	≤9.0	GB/T 6671.1

（3）连接方式　粘接式连接。

（4）适用范围　民用建筑物内排水用管材。在考虑材料的耐化学性和耐热性的条件下，也可用于工业排水用管材。

（5）主要生产厂家　上海汤臣塑胶实业有限公司、上海新光华塑胶有限公司、福建亚通新材料科技股份有限公司、浙江永高塑业发展有限公司、浙江中财管道科技股份有限公司、上海奇澳塑胶有限公司。

2. 建筑排水用硬聚氯乙烯管件

以聚氯乙烯树脂为主要原料，加入必需的助剂，经注塑成型的硬聚氯乙烯粘接承口管件。管件颜色一般为灰色，其他颜色可由供需双方商定。

管件表面应光滑、平整、不允许有裂纹、气泡、脱皮和明显的杂质、严重的缩形以及色泽不均，分解变色等缺陷。

（1）品种规格尺寸

粘接承口：40、50、75、90、110、125、160。

45°弯头、90°弯头、管箍：50、75、90、110、125、160。

90°顺水三通：50×50、75×75、90×90、110×50、110×75、110×110、125×125、160×160。

45°斜三通：50×50、75×75、90×90、110×50、110×75、110×110、125×50、125×75、125×110、125×125、160×75、160×90、160×110、160×125、160×160。

瓶型三通：110×50、110×75。

正四通、直角四通：50×50、75×75、90×90、110×50、110×75、110×110、125×125、160×160。

斜四通：50×50、75×50、75×75、90×50、90×90、110×50、110×75、110×110、125×50、125×75、125×110、125×125、160×75、160×90、160×110、160×125、160×160。

异径管：50×40、75×50、90×50、90×75、110×50、110×75、110×90、125×50、125×75、125×90、125×110、160×50、160×75、160×90、160×110、160×125。

（2）相关性能指标

管件物理机械性能应符合表 2-30 规定。

管材物理机械性能   表 2-30

项　　目	指　　标		试验方法
	优等品	合格品	
维卡软化温度℃	≥77	≥70	GB/T 8802
烘箱试验	合格	合格	GB/T 8803
坠落试验	无破裂	无破裂	GB/T 8801

（3）连接方式　溶剂粘接式连接。

（4）适用范围　民用建筑物内排水用管件。在考虑材料的耐化学性和耐热性的条件下，也可用于工业排水用管件。

（5）主要生产厂家　上海汤臣塑胶实业有限公司、上海新光华塑胶有限公司、福建亚通新材料科技股份有限公司、浙江永高塑业发展有限公司、浙江中财管道科技股份有限公司、上海奇澳塑胶有限公司。

3. 排水用芯层发泡硬聚氯乙烯（PVC-U）管材

以聚氯乙烯树脂为主要原料，加入必要的添加剂，经复合共挤成型的芯层发泡复合管材。管材颜色一般为白色，也可由供需双方商定。

芯层发泡管是采用三层共挤出工艺生产的内外两层与普通PVC-U 相同，中间是相对密度为 0.7～0.9 低发泡层的一种新型管材。由于结构上利用了材料力学中 I 型结构原理，并具有吸能隔声效果的发泡芯层，使管材冲击强度显著提高、使用范围宽广（在－30～100℃使用）、有效阻隔噪声传播、隔热性好、内壁抗压能力大大提高、较实壁管材可节省原料 25％以上、管材较轻便于运输安装。

皮层（内外实芯层）和芯层的厚度比例是发泡管生产的一个重要参数，若皮层占比例大，则管材的密度高，管壁较重，未能发挥发泡管用材少的优势；若皮层占比例少，则管较轻，但机械强度有些下降。有些厂家据多年生产经验，认为皮层和芯层的挤出量比例为 11∶13 时，管材质量既符合国家标准，又比较轻（这时管材的整体密度为 $0.95g/cm^3$）。

制造管材所用材料应以聚氯乙烯树脂为主，聚氯乙烯树脂含量不少于 60%。在使用碳酸钙填料时，聚氯乙烯树脂加碳酸钙含量不少于 85%。其余为助剂。制造管材的材料应符合表 2-31 规定。

制造管材的材料的物理机械性能　　　　表 2-31

性能	单位	技术要求	试验参数	试验方法
维卡软化温度	℃	≥79	$(50\pm5)^0C/h$	GB/T 8802
拉伸屈服强度	MPa	≥43	$(5\pm1)mm/min$	GB/T 8804.1
断裂伸长率	%	≥80	$(5\pm1)mm/min$	GB/T 8804.1

管材的内外表面应清洁、光滑、平整、无凹陷、分解变色线和其他影响性能的表面缺陷。管材不应含有可见杂质。管端头应切割平整，并与管轴线垂直。管材芯层内外皮层应紧密熔接，无分脱现象。

（1）品种规格尺寸

管材按外观形式分为直管（Z）、弹性密封连接性管材（M）、溶剂粘接型管材（N）。

管材按环刚度分级，见表 2-32 规定。

管材环刚度分级　　　　表 2-32

级别	S_0	S_1	S_2
环刚度/（kN/m^2）	2	4	8

注：1. S_0 管材供建筑物排水用；

　　2. S_1、S_2 管材供埋地排水选用，也可用于建筑物排水。

管材规格用 d_e（公称外径）$\times e$（壁厚）表示。管材规格见图 2-1 和表 2-33 规定。

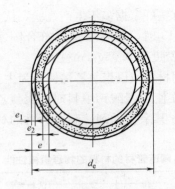

图 2-1 管材截面尺寸

管材规格 （mm） 表 2-33

公称外径 d_e	壁 厚 e		
	S_0	S_1	S_2
40	2.0		
50	2.0		
75	2.5	3.0	
90	3.0	3.0	
110	3.0	3.2	
125	3.2	3.2	3.9
160	3.2	4.0	5.0
200	3.9	4.9	6.3
250	4.9	6.2	7.8
315	6.2	7.7	9.8
400		9.8	12.3
500			15.0

管材平均外径及偏差应符合表 2-34 的规定。

管材壁厚及偏差应符合表 2-35 的规定。

管材内、外皮层厚度应符合表 2-36 的规定。

管材平均外径及偏差 (mm)　　表 2-33

公称外径 d_e	平均外径 基本尺寸	平均外径 公称外径	公称外径 d_e	平均外径 基本尺寸	平均外径 公称外径
40	40	$^{+0.3}_{0}$	160	160	$^{+0.5}_{0}$
50	50	$^{+0.3}_{0}$	200	200	$^{+0.6}_{0}$
75	75	$^{+0.3}_{0}$	250	250	$^{+0.8}_{0}$
90	90	$^{+0.3}_{0}$	315	315	$^{+1.0}_{0}$
110	110	$^{+0.4}_{0}$	400	400	$^{+1.2}_{0}$
125	125	$^{+0.4}_{0}$	500	500	$^{+1.5}_{0}$

管材壁厚及偏差 (mm)　　表 2-35

公称外径 d_e	壁厚 e 及偏差 S_0	壁厚 e 及偏差 S_1	壁厚 e 及偏差 S_2	公称外径 d_e	壁厚 e 及偏差 S_0	壁厚 e 及偏差 S_1	壁厚 e 及偏差 S_2
40	$2.0^{+0.4}_{0}$			160	$3.2^{+0.5}_{0}$	$4.0^{+0.6}_{0}$	$5.0^{+1.3}_{0}$
50	$2.0^{+0.4}_{0}$			200	$3.9^{+0.6}_{0}$	$4.9^{+0.7}_{0}$	$6.3^{+1.6}_{0}$
75	$2.5^{+0.4}_{0}$	$3.0^{+0.5}_{0}$		250	$4.9^{+0.7}_{0}$	$6.2^{+0.9}_{0}$	$7.8^{+1.8}_{0}$
90	$3.0^{+0.5}_{0}$	$3.0^{+0.5}_{0}$		315	$6.2^{+0.9}_{0}$	$7.7^{+1.0}_{0}$	$9.8^{+2.4}_{0}$
110	$3.0^{+0.5}_{0}$	$3.2^{+0.5}_{0}$		400		$9.8^{+1.5}_{0}$	$12.3^{+3.2}_{0}$
125	$3.2^{+0.5}_{0}$	$3.2^{+0.5}_{0}$	$3.9^{+1.0}_{0}$	500			$15.0^{+4.2}_{0}$

内、外皮层厚度 (mm)　　表 2-36

公称外径	外层皮厚 e_{1min}	内层皮厚 e_{2min} S_0	内层皮厚 e_{2min} S_1	内层皮厚 e_{2min} S_2	公称外径	外层皮厚 e_{1min}	内层皮厚 e_{2min} S_0	内层皮厚 e_{2min} S_1	内层皮厚 e_{2min} S_2
40	0.2	0.2			160	0.2	0.2	0.5	0.5
50	0.2	0.2			200	0.2	0.2	0.6	0.6
75	0.2	0.2	0.2		250	0.2	0.2	0.7	0.7
90	0.2	0.2	0.2		315	0.2	0.2	0.8	0.8
110	0.2	0.2	0.4		400	0.2			1.0
125	0.2	0.2	0.4	0.4	500	0.2			1.5

管材的有效长度（通俗讲即为不包括管材扩口的长度）为 $4000^{+20.0}_{0}$ mm 或 $6000^{+20.0}_{0}$ mm，也可由供需方商定。

（2）相关性能指标

管材物理机械性能应符合表 2-37 的规定。

表 3-37

管材物理机械性能

序号	实验项目	技术要求			试验方法
		S_0	S_1	S_2	
1	环刚度/(kN/m²)	≥2	≥4	≥8	GB/T 9647
2	表观密度/(g/cm³)	0.90～1.20			GB1033A 法
3	扁平试验[1]	不破裂、不分裂			GB9647
4	落锤冲击试验[2] 0℃	真实冲击率法	通过法		GB/T 14152
		TIR≤10%	12 次冲击，11 次不破裂		
5	纵向回缩率/(%)	≤5，且不分脱、不破裂			GB/T 6671.1
6	连接密封试验	连接处不渗漏、不破裂			GB6111
7	二氯甲烷浸渍	内外表面不劣于 4L			GB/T 13526

注：1. 公称外径大于或等于 200mm 的管材可以不作此项试验；
2. 真实冲击率法适用于型式检验，通过法适用于出厂检验。

（3）连接方式　弹性密封式连接和溶剂粘接式连接。

（4）产品标记

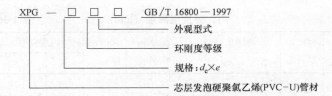

标记示例：

规格为 110×3.2 环刚度等级 S_1、溶剂粘接型硬聚氯乙烯（PVC-U）管材

标记为：XPG—110×3.2　S_1 N　GB/T 16800—1997。

（5）适用范围　适用于建筑物内外或埋地排水用管材，在考

162

虑材料许可的耐化学性和耐温性后，也可用于工业排污用管材。

（6）主要生产厂家　上海百士高塑胶有限公司、上海奇澳塑胶有限公司。

4. 建筑排水用硬聚氯乙烯螺旋管材

以聚氯乙烯树脂为主要原料，加入必需的助剂，经挤出成型的硬聚氯乙烯螺旋管材。管材颜色一般为白色，其他颜色可由供需双方商定。

螺旋排水管是管内壁有与管壁一起加工成型的八根三角形、起导向作用的螺旋筋，主要应用于建筑物室内排水立管的专用管。由于管内螺旋筋的导流作用，管内水流沿管内壁呈螺旋旋转下落，管中央形成通畅空气柱，使管通风能力提高 5～6 倍，排水量增加，噪声比普通 PVC-U 排水管降低 5～7 分贝。因螺旋排水管的良好的通风、消声性能，可省略通气系统，不但节约材料，节省了人工安装费用，同时增加了室内使用面积，创造良好的家居环境。

管材的内外表面应清洁、光滑、平整、无凹陷、分解变色线和其他影响性能的表面缺陷。管材不应含有可见杂质。管端头应切割平整，并与管轴线垂直。

（1）品种规格尺寸

管材规格用 d_e（公称外径）×e（公称壁厚）、E（螺旋高度）表示，见图 2-2。

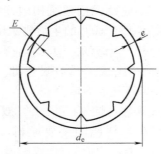

图 2-2　螺旋管公称外径、壁厚与螺旋高度

管材规格尺寸及偏差见表 2-38 规定。

管材规格尺寸及偏差（mm）　　　　　　表 2-38

公称外径 d_e	平均外径极限偏差	壁厚 e		螺旋高度 E		长度 L	
		基本尺寸	极限偏差	基本尺寸	极限偏差	基本尺寸	极限偏差
75	$^{+0.3}_{0}$	2.3	$^{+0.4}_{0}$	3.0	$^{+0.4}_{0}$	4000 或 6000	±1
110	$^{+0.4}_{0}$	3.2	$^{+0.6}_{0}$	3.0	$^{+0.4}_{0}$		
160	$^{+0.5}_{0}$	4.0	$^{+0.6}_{0}$	3.0	$^{+0.4}_{0}$		

注：长度也亦可由供需双方协商确定。

（2）相关性能指标

管材物理机械性能应符合表 2-39 规定。

管材物理机械性能　　　　　　表 2-39

项 目	指 标	试 验 方 法
拉伸屈服强度/(MPa)	≥43	GB/T 8804.1
断裂伸长率/(%)	≥80	GB/T 8804.1
维卡软化温度/(℃)	≥79	GB/T 8802
扁平试验	无破裂	Q/YSTH18—2001 中 5.5.3
落锤冲击试验 TIR/(%)	≤10	GB/T 14152
纵向回缩率/(%)	≤5	GB/T 6671.1
密度/(g/cm³)	≤1.5	GB 1033

（3）连接方式　溶剂粘接式连接。

（4）适用范围　工业及民用建筑物内连续排放温度不大于 40℃、瞬时排放温度不大于 80℃ 的生活排水用管材。

（5）主要生产厂家　上海汤臣塑胶实业有限公司、上海新光华塑胶有限公司、金德铝塑复合管有限公司、浙江中财管道科技股份有限公司、上海奇澳塑胶有限公司。

5. 建筑排水用硬聚氯乙烯（PVC-U）双壁及双壁螺旋管材

以聚氯乙烯（PVC）树脂为主要原料，加入必需的助剂，经挤出成型的硬聚氯乙烯（PVC-U）双壁及双壁螺旋管材。管材颜色一般为白色，其他颜色可由供需双方商定。

双壁管是内外壁光滑且具有中空结构；双壁螺旋管是在双壁管材内均匀形成六条三角形螺旋筋。由于在双壁管内带有螺旋筋，它除了具有螺旋消声管特点外，还由于管空壁的作用，隔声消声更佳，并具有隔热、保温作用。双壁螺旋管具有明显的降低噪声的作用，比 PVC 实壁管低 7～9 分贝，其排水噪声功率仅为普通管的 50%。双壁螺旋管材由于内壁螺旋筋的作用，使水流呈中空螺旋状，利于空气的排除，同时水流量是普通实壁管材 6 倍，而且可以节省专门的排气管道。螺旋排水管因其结构的特殊性，仅能用作排水立管。

用于制造双壁及双壁螺旋管材的材料应以聚氯乙烯（PVC）树脂为主，聚氯乙烯树脂含量不少于 60%。在使用碳酸钙填料时，聚氯乙烯树脂加碳酸钙的含量不少于 85%。其余为助剂，用于改善管材的加工性能以及提高管材的表观和物理机械性能，使之符合本标准的技术要求。

用于制造双壁及双壁螺旋管材的材料性能应达到表 2-40 的规定。

材料性能　　　　　　　　　　　表 2-40

性能	单位	技术要求	试验参数	试验方法
维卡软化温度	℃	≥79	(50±5)℃/h	GB/T 8802
拉伸屈服强度	MPa	≥40	(5±1)mm/min	GB/T 8804.1
断裂伸长率	%	≥80	(5±1)mm/min	GB/T 8804.1

注：用生产双壁及双壁螺旋管材的混配料制成实壁管材，然后取样试验。

双壁管材内外壁表面应光滑，不允许有气泡、裂口、沙眼和明显的痕纹、杂质、凹陷、色泽不均及分解变色线。双壁螺旋管材螺棱线应完整、无断棱。管材两端面应与轴线垂直，两端切口应平整。

（1）品种规格尺寸

管材产品按产品结构的不同可分为双壁管材和双壁螺旋管材。

双壁管材的形状见图 2-3，其规格尺寸应符合表 2-41 的规定。

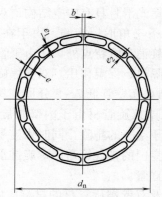

图 2-3 双壁管材

双壁管材规格尺寸和极限偏差（mm）　　　　　表 2-41

公称外径 d_n		公称壁厚 e		外壁厚 e_1		内壁厚 e_2		格筋厚 b		空格数
基本尺寸	偏差	基本尺寸	偏差	基本尺寸	偏差	基本尺寸	偏差	基本尺寸	偏差	（孔）
50	$^{+0.4}_{0}$	4.5	$^{+0.5}_{0}$	1.1	$^{+0.5}_{0}$	1.0	$^{+0.4}_{0}$	0.8	$^{+0.3}_{0}$	16
75	$^{+0.5}_{0}$	5.0	$^{+0.5}_{0}$	1.3	$^{+0.6}_{0}$	1.0	$^{+0.5}_{0}$	0.9	$^{+0.4}_{0}$	22
110	$^{+0.6}_{0}$	6.0	$^{+0.7}_{0}$	1.8	$^{+0.7}_{0}$	1.2	$^{+0.6}_{0}$	1.0	$^{+0.4}_{0}$	24
160	$^{+0.8}_{0}$	7.0	$^{+0.7}_{0}$	2.2	$^{+0.7}_{0}$	1.5	$^{+0.7}_{0}$	1.1	$^{+0.5}_{0}$	32

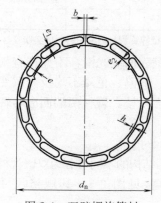

图 2-4 双壁螺旋管材

双壁螺旋管材的形状见图2-4、其规格尺寸应符合表2-42的规定。

双壁螺旋管材规格尺寸和极限偏差 （mm）　　表 2-42

公称外径 d_n		公称壁厚 e		外壁厚 e_1		内壁厚 e_2		格筋厚 b		螺棱高 h		空格数
基本尺寸	偏差	基本尺寸	偏差	基本尺寸	偏差	基本尺寸	偏差	基本尺寸	偏差	基本尺寸	偏差	（孔）
75	$^{+0.3}_{0}$	5.0	$^{+0.5}_{0}$	1.3	$^{+0.6}_{0}$	1.0	$^{+0.3}_{0}$	0.8	$^{+0.5}_{0}$	1.5	$^{+0.6}_{0}$	22
110	$^{+0.4}_{0}$	6.0	$^{+0.7}_{0}$	1.8	$^{+0.7}_{0}$	1.2	$^{+0.4}_{0}$	1.0	$^{+0.6}_{0}$	1.7	$^{+0.7}_{0}$	24
160	$^{+0.5}_{0}$	7.0	$^{+0.8}_{0}$	2.2	$^{+0.7}_{0}$	1.5	$^{+0.5}_{0}$	1.1	$^{+0.7}_{0}$	1.8	$^{+0.8}_{0}$	32

管材的有效长度一般为 4000mm、6000mm，也可由供需双方协商确定。

（2）相关性能指标

管材物理机械性能应符合表 2-43 规定。

管材物理机械性能　　　　表 2-43

序号	试 验 项 目	技 术 要 求		检验方法
1	环刚度	$\geqslant 8kN/m^2$		Q/SWHW 3—2004 中 6.5.1
2	表观密度	$\leqslant 1.55g/cm^3$		GB/T 1033
3	扁平试验	不破裂、不分脱		Q/SWHW 3—2004 中 6.5.4
4	落锤冲击试验 ①0℃	真实冲击率法	通过法	Q/SWHW 3—2004 中 6.5.5
		TIR≤10%	12 次冲击,11 次不破裂	
5	纵向回缩率	$\leqslant 9\%$		GB/T 6671

注：① 真实冲击率法适用于型式试验，通过法适用于出厂检验。

② 拉伸屈服强度、断裂伸长率、维卡软化温度三个数据由表 2-40 所表述的方法得到。

（3）连接方式　弹性密封式连接和溶剂粘接式连接。

（4）产品标记

标记方法

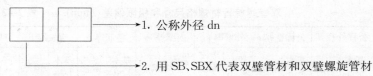

标记示例

公称外径为 110mm 的双壁螺旋管材，可标记为　SBX110

（5）适用范围适用于使用条件在 0～+45℃ 范围内民用建筑物内的排水管道系统，在考虑材料的物理化学性能的条件下，也可用于工业排水管道系统。

（6）主要生产厂家　浙江光华塑胶有限公司、上海汤臣塑胶实业有限公司、金德铝塑复合管有限公司。

包装、标志、运输、贮存

管材、管件等材料应有产品合格证，管材应标有规格、生产厂的厂名和执行的标准号，在管件上应有商标和规格。包装上应标有批号、数量、生产日期和检验代号。

管胶粘剂应标有生产厂名称、生产日期和有效期，并应有出厂合格证和说明书。

防火套管、阻火圈应标有规格、耐火极限和生产厂名称。

管材和管件应在同一批中抽样进行外观、规格尺寸和管材与管件配合公差检查；当达不到规定的质量标准并与生产单位有异议时，应按建筑排水用硬聚氯乙烯管材和管件产品标准的规定，进行复检。

管材和管件在运输、装卸和搬动时应轻放，不得抛、摔、拖。

管材、管件堆放储存应符合下列规定：

（1）管材、管件均应存放于温度不大于 40℃ 的库房内，距离热源不得小于 1m。库房应有良好的通风。

（2）管材应水平堆放在平整的地面上，不得不规则堆存，并不得暴晒。当用支垫时，支垫宽度不得小于 75mm，其间距不得大于 1m，外悬的端部不宜大于 500mm。叠置高度不得超过 1.5m。

（3）管件凡能立放的，应逐层码放整齐；不能立放的管件，应顺向或使其承口插口相对地整齐排列。

管道胶粘剂内不得含有团块、不溶颗粒和其他杂质，并不得呈胶凝状态和分层现象；在未搅拌的情况下不得有析出物。不同型号的胶粘剂不得混合。寒冷地区使用的胶粘剂，其性能应选择适应当地气候条件的产品。

管道胶粘剂、丙酮等易燃品，在存放和运输时，必须远离火源。存放处应安全可靠，阴凉干燥，并应随用随取。

支承件可采用注塑成型塑料墙卡、吊卡等；当采用金属材料时，应作防锈处理。

2.2.2 给水管道

给水管道系统的任务，是将水输送到各用水点。根据管道安装的位置不同，分为建筑给水管道（安装于建筑、构筑物内）和埋地给水管道（安装于建筑、构筑物外，埋地敷设）两类。由于两类管道使用的塑料管材基本相同，只是口径不同而已（一般情况下 $d_e \leqslant 110mm$ 用于建筑给水管道，$d_e \geqslant 110mm$ 用于埋地给水管道），因此把两类管道产品在本章统一介绍。

给水用塑料管材近年来发展迅速，品种繁多，性能、用途各有千秋。本章列举了常用的：给水用硬聚氯乙烯（PVC-U）管材和管件、给水用聚乙烯（PE）管材和管件、冷热水用聚丙烯（PP）管材和管件、冷热水用氯化聚氯乙烯（PVC-C）管材和管件、冷热水用交联聚乙烯（PE-X）管材、铝管搭接焊式铝塑管、铝管对接焊式铝塑管、给水衬塑复合钢管、给水衬塑可锻铸铁管件、沟槽式管接头、给水涂塑复合钢管、给水用孔网钢带聚乙烯复合管等 16 种。

上述管材中，有一些是冷、热水共用管材，为便于选材，把几种热水管的性能进行比较，见表2-44。

性能　　塑料管	交联聚乙烯管 (PE-X)	无规共聚 聚丙烯管 (PP-R)	铝塑复合管 (PAP) (XPAP)	氯化聚氯 乙烯管 (PVC-C)
70℃，1MPa 下用 50 年	可	可	可	可
达到相同要求的壁厚	较薄	较厚	较薄	较薄
卫生性能	优	优	优	优
生产工艺及设备	较复杂	较简单	最复杂	较复杂
回收利用	不能	能	不能	能
胶粘连接	不可	不可	不可	可
热熔连接	不可	可	不可	不可
电熔连接	不可	可	不可	不可
挤压头紧连接	可	可	可	不可
连接用管件	金属管件	PP-R 管件	金属管件	PVC-C 管件
热膨胀系数(mm/m・℃)	0.15	0.16	0.036	0.06
阻隔气体渗透	不能	不能	能	不能

产品分类、规格及主要技术指标

1. 给水用硬聚氯乙烯（PVC-U）管材

以聚氯乙烯树脂为主要原料，经挤出成型的给水用硬聚氯乙烯管材。管材颜色一般为深蓝色，也可由供需双方商定。

制造管材所用材料以聚氯乙烯树脂为主，加入为生产符合本标准的管材所必要的添加剂组成的混合料。混合料中不允许加入增塑剂。

给水用硬聚氯乙烯管材因其原料完全国产化，管材原料价格较低，与其他塑料管材相比，在价格上有一些优势。目前，PVC-U 的配方可以达到无毒级（成本略有提高），其成分中的游离氯在加工时基本挥发；加工时的添加剂可以做到无毒或低毒（不允许使用含铅、锡的稳定剂）。但近期 PVC 价格一路飙升，使 PVC-U 管在饮用水应用上将受影响。管材的耐温等级较低，使用温度范围－5～45℃。

管材的内外表面应清洁、光滑、平整、无凹陷、分解变色线和其他影响性能的表面缺陷。管材不应含有可见杂质。管端头应切割平整，并与管轴线垂直。

（1）品种规格尺寸

公称压力（P_N）和管材规格尺寸按表 2-45 规定。

管材公称压力和规格尺寸（mm）　　表 2-45

公称外径 d_e	壁厚 e					长　度
	公称压力 P_N					
	0.6MPa	0.8MPa	1.0MPa	1.25MPa	1.6MPa	
20	—	—	—	—	2.0	
25	—	—	—	—	2.0	
32	—	—	—	2.0	2.4	
40	—	—	2.0	2.4	3.0	
50	—	2.0	2.4	3.0	3.7	
63	2.0	2.5	3.0	3.8	4.7	
75	2.2	2.9	3.6	4.5	5.6	
90	2.7	3.5	4.3	5.4	6.7	
110	3.2	3.9	4.8	5.7	7.2	
125	3.7	4.4	5.4	6.0	7.4	
140	4.1	4.9	6.1	6.7	8.3	一般为 4m、
160	4.7	5.6	7.0	7.7	9.5	6m、8m、12m，也
180	5.3	6.3	7.0	8.6	10.7	可由供需双方
200	5.9	7.3	8.7	9.6	11.9	商定。不包括
225	6.6	7.9	9.8	10.8	13.4	承口深度，长度
250	7.3	8.8	10.9	11.9	14.8	极限偏差为长
280	8.2	9.8	12.2	13.4	16.6	度的 +0.4%，
315	9.2	11.0	13.7	15.0	18.7	−0.2%。
355	9.4	12.5	14.8	16.9	21.1	
400	10.6	14.0	15.3	19.1	23.7	
450	12.0	15.8	17.2	21.5	26.7	
500	13.3	16.8	19.1	23.9	29.7	
560	14.9	17.2	21.4	26.7	—	
630	16.7	19.3	24.1	30.0	—	
710	18.9	22.0	27.2	—	—	
800	21.2	24.8	30.6	—	—	
900	23.9	27.9	—	—	—	
1000	26.6	31.0	—	—	—	

公称压力系指管材在 20℃ 条件下输送水的工作压力，若水温在 25～45℃ 之间时，应按表 2-46 不同温度的下降系数（f_t）修正工作压力，用下降系数乘以公称压力得到最大允许工作压力。

不同温度的下降系数　　　　　　　　　表 2-46

温度，℃	下降系数 f_t
$0<t\leqslant25$	1
$25<t\leqslant35$	0.8
$35<t\leqslant45$	0.63

平均外径及偏差和不圆度应符合表 2-47 规定，0.6MPa 的管材不要求不圆度。

平均外径及偏差和不圆度（mm）　　　　表 2-47

平均外径		不圆度	平均外径		不圆度
公称外径	允许偏差		公称外径	允许偏差	
20	$^{+0.3}_{0}$	1.2	225	$^{+0.7}_{0}$	4.5
25	$^{+0.3}_{0}$	1.2	250	$^{+0.8}_{0}$	5.0
32	$^{+0.3}_{0}$	1.3	280	$^{+0.9}_{0}$	6.8
40	$^{+0.3}_{0}$	1.4	315	$^{+1.0}_{0}$	7.6
50	$^{+0.3}_{0}$	1.4	355	$^{+1.1}_{0}$	8.6
63	$^{+0.3}_{0}$	1.5	400	$^{+1.2}_{0}$	9.6
75	$^{+0.3}_{0}$	1.6	450	$^{+1.4}_{0}$	10.8
90	$^{+0.3}_{0}$	1.8	500	$^{+1.5}_{0}$	12.0
110	$^{+0.4}_{0}$	2.2	560	$^{+1.7}_{0}$	13.5
125	$^{+0.4}_{0}$	2.5	630	$^{+1.9}_{0}$	15.2
140	$^{+0.5}_{0}$	2.8	710	$^{+2.0}_{0}$	17.1
160	$^{+0.5}_{0}$	3.2	800	$^{+2.0}_{0}$	19.2
180	$^{+0.6}_{0}$	3.6	900	$^{+2.0}_{0}$	21.6
200	$^{+0.6}_{0}$	4.0	1000	$^{+2.0}_{0}$	24.0

管材任一点壁厚及偏差应符合表 2-48 规定。

壁厚及偏差（mm） 表 2-48

壁厚e >	≤	允许偏差	壁厚e >	≤	允许偏差	壁厚e >	≤	允许偏差	壁厚e >	≤	允许偏差
	2.0	+0.4 / 0	11.3	12.0	+1.8 / 0	20.6	21.3	+3.2 / 0	30.0	30.6	+4.6 / 0
2.0	3.0	+0.5 / 0	12.0	12.6	+1.9 / 0	21.3	22.0	+3.3 / 0	30.6	31.3	+4.7 / 0
3.0	4.0	+0.6 / 0	12.6	13.3	+2.0 / 0	22.0	22.6	+3.4 / 0	31.3	32.0	+4.8 / 0
4.0	4.6	+0.7 / 0	13.3	14.0	+2.1 / 0	22.6	23.3	+3.5 / 0	32.0	32.6	+4.9 / 0
4.6	5.3	+0.8 / 0	14.0	14.6	+2.2 / 0	23.3	24.0	+3.6 / 0	32.6	33.3	+5.0 / 0
5.3	6.0	+0.9 / 0	14.6	15.3	+2.3 / 0	24.0	24.6	+3.7 / 0	33.3	34.0	+5.1 / 0
6.0	6.6	+1.0 / 0	15.3	16.0	+2.4 / 0	24.6	25.3	+3.8 / 0	34.0	34.6	+5.2 / 0
6.6	7.3	+1.1 / 0	16.0	16.6	+2.5 / 0	25.3	26.0	+3.9 / 0	34.6	35.3	+5.3 / 0
7.3	8.0	+1.2 / 0	16.6	17.3	+2.6 / 0	26.0	26.6	+4.0 / 0	35.3	36.0	+5.4 / 0
8.0	8.6	+1.3 / 0	17.3	18.0	+2.7 / 0	26.6	27.3	+4.1 / 0	36.0	36.6	+5.5 / 0
8.6	9.3	+1.4 / 0	18.0	18.6	+2.8 / 0	27.3	28.0	+4.2 / 0	36.6	37.3	+5.6 / 0
9.3	10.0	+1.5 / 0	18.6	19.3	+2.9 / 0	28.0	28.6	+4.3 / 0	37.3	38.0	+5.7 / 0
10.0	10.6	+1.6 / 0	19.3	20.0	+3.0 / 0	28.6	29.3	+4.4 / 0	38.0	38.6	+5.8 / 0
10.6	11.3	+1.7 / 0	20.0	20.6	+3.1 / 0	29.3	30.0	+4.5 / 0			

管材平均壁厚及允许偏差应符合表 2-49 规定。

（2）相关性能指标

管材物理性能应符合表 2-50 规定。

管材力学性能应符合表 2-51 规定。

平均壁厚及允许偏差 表 2-49

壁厚 e（>/≤）	允许偏差	壁厚 e（>/≤）	允许偏差	壁厚 e（>/≤）	允许偏差	壁厚 e（>/≤）	允许偏差
2.0	$^{+0.4}_{0}$	11.0 / 12.0	$^{+1.4}_{0}$	21.0 / 22.0	$^{+2.4}_{0}$	31.0 / 32.0	$^{+3.4}_{0}$
2.0 / 3.0	$^{+0.5}_{0}$	12.0 / 13.0	$^{+1.5}_{0}$	22.0 / 23.0	$^{+2.5}_{0}$	32.0 / 33.0	$^{+3.5}_{0}$
3.0 / 4.0	$^{+0.6}_{0}$	13.0 / 14.0	$^{+1.6}_{0}$	23.0 / 24.0	$^{+2.6}_{0}$	33.0 / 34.0	$^{+3.6}_{0}$
4.0 / 5.0	$^{+0.7}_{0}$	14.0 / 15.0	$^{+1.7}_{0}$	24.0 / 25.0	$^{+2.7}_{0}$	34.0 / 35.0	$^{+3.7}_{0}$
5.0 / 6.0	$^{+0.8}_{0}$	15.0 / 16.0	$^{+1.8}_{0}$	25.0 / 26.0	$^{+2.8}_{0}$	35.0 / 36.0	$^{+3.8}_{0}$
6.0 / 7.0	$^{+0.9}_{0}$	16.0 / 17.0	$^{+1.9}_{0}$	26.0 / 27.0	$^{+2.9}_{0}$	36.0 / 37.0	$^{+3.9}_{0}$
7.0 / 8.0	$^{+1.0}_{0}$	17.0 / 18.0	$^{+2.0}_{0}$	27.0 / 28.0	$^{+3.0}_{0}$	37.0 / 38.0	$^{+4.0}_{0}$
8.0 / 9.0	$^{+1.1}_{0}$	18.0 / 19.0	$^{+2.1}_{0}$	28.0 / 29.0	$^{+3.1}_{0}$	38.0 / 39.0	$^{+4.1}_{0}$
9.0 / 10.0	$^{+1.2}_{0}$	19.0 / 20.0	$^{+2.2}_{0}$	29.0 / 30.0	$^{+3.2}_{0}$		
10.0 / 11.0	$^{+1.3}_{0}$	20.0 / 21.0	$^{+2.3}_{0}$	30.0 / 31.0	$^{+3.3}_{0}$		

物理性能 表 2-50

项目	单位	技术指标	试验方法
密度	kg/m³	1350～1460	GB1033
维卡软化温度	℃	≥80	GB/T 8802
纵向回缩率	%	≤5	GB/T 6671.1
二氯甲烷浸渍（15℃、15min）		表面无变化	GB/T 13526

力学性能 表 2-51

项目	技术指标	试验方法
冲击试验（0℃）TIR	≤5	GB/T 14152
液压试验	无破裂，无渗漏	GB/T 6111
连接密封试验	无破裂，无渗漏	GB/T 6111

卫生指标。

为使管材达到 GB 5749 的 2.1 条规定，饮用水管材的卫生指标应符合表 2-52 规定。

卫生指标   表 2-52

项　目	技　术　指　标	试验方法
铅的萃取值	第一次萃取≤1.0mg/L 第三次萃取≤0.3mg/L	GB 9644
锡的萃取值	第三次萃取≤0.02mg/L	GB 9644
镉的萃取值	三次萃取，每次≤0.01mg/L	GB 9644
汞的萃取值	三次萃取，每次≤0.001mg/L	GB 9644
氯乙烯单体含量	≤1.0mg/kg	GB 4615

（3）连接方式　弹性密封圈连接（公称外径≥63），溶剂粘接连接（公称外径≤225）。

（4）适用范围

适用于建筑物内外（架空或埋地）给水用管材。

适用于压力下输送温度不超过 45℃ 的水，包括一般用途和饮用水的输送。

（5）主要生产厂家　上海汤臣塑胶实业有限公司、上海新光华塑胶有限公司、福建亚通新材料科技股份有限公司、浙江永高塑业发展有限公司、浙江中财管道科技股份有限公司、江阴大伟塑料制品有限公司、上海奇澳塑胶有限公司。

2. 给水用硬聚氯乙烯管件

以聚氯乙烯树脂为主要原料，经注塑成型和用管材弯制成型的给水用硬聚氯乙烯管件。

生产管件的材料为 PVC-U 混合料。混合料应以 PVC 树脂为主，加入为生产符合本标准要求的管件所需的添加剂。树脂必须是卫生级，加入的添加剂不得使输送介质产生毒性、引起感官不良感觉或助于微生物生长。同时不得影响产品的粘接性能以及影响本标准规定的其他性能。

管件内外表面应光滑，不允许有脱层、明显气泡、痕纹、冷斑以及色泽不均等缺陷。

（1）品种规格尺寸

管件分类

按连接方式分为：粘接式承口管件、弹性密封圈式承口管件、螺纹接头管件和法兰连接管件。

按连接方式分为：注塑成型管件和管材弯制成型管件。

管件的公称压力及温度的折减系数（f_t）：公称压力（PN）指管件在 20℃ 水的最大工作压力，当输水温度不同时，应按表 3 给出的不同温度的折减系数（f_t）修正工作压力，用折减系数乘以公称压力得到最大允许工作压力。

注塑成型管件尺寸

管件承插部位以外的主体壁厚不得小于同规格同压力等级管材壁厚。

管件插口平均外径应符号 GB/T 10002.1 对管材平均外径及偏差的规定。

粘接式承口管件

承口配合深度和承口中部平均内径应符合表 2-53 的规定，示意图见图 2-5。

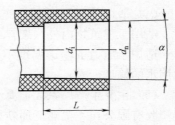

图 2-5　粘接式承口

粘接式承口配合尺寸　　　　　　　表 2-53

公称外径 d_n	最小深度 L	承口中部平均内径 d_i	
		min	max
20	16.0	20.1	20.3
25	18.5	25.1	25.3
32	22.0	32.1	32.3
40	26.0	40.1	40.3
50	31.0	50.1	50.3
63	37.5	63.1	63.3
75	43.5	75.1	75.3

公称外径 d_n	最小深度 L	承口中部平均内径 d_i	
		min	max
90	51.0	90.1	90.3
110	61.0	110.1	110.4
125	68.5	125.1	125.4
140	76.0	140.2	140.5
160	86.0	160.2	160.5
180	96.0	180.2	180.6
200	106.0	200.2	200.6
225	118.5	225.3	225.7
250	131.0	250.3	250.8
280	146.0	280.3	280.9
315	163.5	315.4	316.0
355	183.5	355.5	356.2
400	206.0	400.5	401.5

注：管件中部承口平均内径定义为承口中部（承口全部深度一半处）互相垂直的两直径测量值的算术平均值。

承口部分的最大锥度见表 2-54

承口锥度   表 2-54

公称外径/mm	最大承口锥度 α
$d_n \leqslant 63$	$0°40'$
$75 \leqslant d_n \leqslant 315$	$0°30'$
$355 \leqslant d_n \leqslant 400$	$0°15'$

粘接式承口的壁厚应不小于主体壁厚要求的 75%。

安装尺寸见 GB/T 10002.2—2003 附录 A 中 A.1.1～A.1.3。

弹性密封圈式承口管件

单承口深度应符合 GB/T 10002.1 对承口尺寸的规定。

双承口深度应符合表 2-55 的规定，示意图见图 2-6。

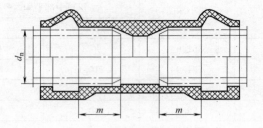

图 2-6　弹性密封圈式承口

弹性密封圈式承口深度（mm）　　　　　表 2-55

公称外径 d_n	最小深度 m	公称外径 d_n	最小深度 m
63	40	250	68
75	42	280	72
90	44	315	78
110	47	355	84
125	49	400	90
140	51	450	98
160	54	500	105
180	57	560	114
200	60	630	125
225	64	—	—

　　弹性密封圈式承口的密封环槽以外任一点的壁厚应不小于主体壁厚，密封环槽处的壁厚应不小于主体壁厚要求的 80%。

　　安装尺寸见 GB/T 10002.2—2003 附录 A 中 A.2.1～A.2.5。

　　法兰连接管件

　　法兰连接尺寸应符合 GB/T 9113.1—2000。

　　法兰连接变接头管件安装尺寸见 GB/T 10002.2—2003 附录 A 中 A.2.6～A.2.7。

螺纹接头管件

PVC-U 螺纹接头管件的螺纹尺寸应符合 GB/T 7306.1—2000。

PVC-U 与金属接头管件的安装尺寸见 GB/T 10002.2—2003 附录 A 中 A.3。

管材弯制成型管件

弯制成型管件承口尺寸应符合 GB/T 10002.1 对承口尺寸的要求。

（2）性能指标

管件物理力学性能应符合表 2-56 规定。

物理力学性能 表 2-56

项目	要求					试验方法
维卡软化温度	$\geqslant 74℃$					GB/T 8802—2001
烘箱试验	符合 GB/T 8803—2001					GB/T 8803—2001
坠落试验	无破裂					GB/T 8801
液压试验	公称外径 d_n	试验温度 ℃	试验压力 MPa	试验时间 h	试验要求	GB/T 10002.2 中 6.7
	$d_n \leqslant 90$	20	$4.2 \times 2PN$	1	无破裂 无渗漏	
			$3.2 \times 2PN$	1000		
	$d_n > 90$	20	$3.36 \times 2PN$	1		
			$2.56 \times 2PN$	1000		

注：1. d_n 指与管件连接的管材的公称外径。

　　2. 用管材弯制成型管件只做 1 和试验。

　　3. 弯制管件所用的管材应符合 GB/T 10002.1 对物理、力学性能的要求。

卫生性能

① 饮用水的管件的卫生性能应符合 GB/T 17219—1998 的规定。

② 生活饮用水的管件的氯乙烯单体含量应不大于 1.0mg/kg。

系统适用性

管件与符合 GB/T 10002.1 的管材连接后应做系统适用性

试验。

连接用胶粘剂应符合 QB/T 2568—2000，弹性密封圈应符合 HG/T 3091—2000。

弹性密封圈式接头的负压密封性短期试验应符合表 2-57 和图 2-7 的规定。

负压密封性短期试验   表 2-57

试验温度 /℃	试验压力 /MPa	试验时间	试验要求	试验方法
$1T \pm 2$ （T 是 17℃ 至 23℃ 之间的任一选定温度）	见图 2-7	见图 2-7	在图 3 所示的每个 15min 试验时间内，负压的变化不超过 0.005/Mpa。	见 GB/T 10002.2 —2003 第 B.1 章

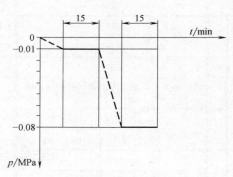

图 2-7　负压试验

弹性密封圈式接头的内压和角向挠度密封性短期试验应符合表 2-58 和图 2-8 的规定。

内压和角向挠度密封性短期试验   表 2-58

试验温度 /℃	试验压力 /MPa	试验时间	试验要求	试验方法
$T \pm 2$（T 是 17℃ 至 23℃ 之间的任一选定温度）	根据图 4 和公式(2-1) 计算	见图 2-8	在整个试验周期内连接部分无渗漏	GB/T 10002.2 —2003 第 B.2 章

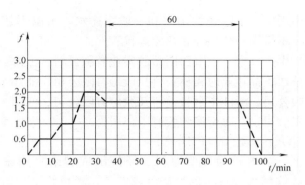

图 2-8　内压和角向挠度试验

$$P_T = f \times PN \qquad (2-1)$$

式中　P_T——试验压力；

　　　PN——公称压力；

　　　f——系数。

端部承载和端部非承载接头的密封性长期压力试验应符合 2-59 的规定。

密封性长期压力试验　　　　　　　　表 2-59

试样	试验温度 /℃	试验压力 /MPa	试验时间	试验要求	试验方法
承口管材 或管件	20	1.7×PN	1000	试验周期内连 接部分无渗漏	GB/T 10002.2— 2003 第 B.2 章
	40	1.45×PN	1000		

注：测试承口管件在计算中采用管件的 PN 额定值；测试整体式承口管材，则采用管材的 PN 额定值。

末端承载连接件的密封性和强度压力弯曲试验应无渗漏、开裂、管件受力部位的变形应小于 30%。试验方法见 GB/T 10002.2—2003 第 B.4 章。

(3) 连接方式　弹性密封圈连接（公称外径≥63mm），溶剂粘接连接（公称外径≤225mm）。

(4) 适用范围

适用于建筑物内或埋地给水用管件。与 GB 10002.1《给水用硬聚氯乙烯（PVC-U）管材》配套使用。

适用于压力下输送饮用水和一般用途水，水温不超过 45℃ 的管件。不适用于热气焊和热板焊接管件。

（5）生产厂家 上海汤臣塑胶实业有限公司、上海新光华塑胶有限公司、福建亚通新材料科技股份有限公司、浙江永高塑业发展有限公司、浙江中财管道科技股份有限公司、江阴大伟塑料制品有限公司、上海奇澳塑胶有限公司。

3. 给水用聚乙烯（PE）管材

以聚乙烯树脂为主要原料，经挤出成型给水用聚乙烯管材。市政饮用水管材颜色为蓝色或黑色，黑色管上应有共挤出蓝色色条。色条沿管材纵向至少有三条。其他用途水管可以为蓝色或黑色。暴露在阳光下的敷设管道（如地上管道）必须是黑色。

（1）品种规格尺寸

管材按照期望使用寿命 50 年设计。输送 20℃ 的水，总使用（设计）系数 C 最小可采用 $C_{min} = 1.25$。不同等级材料的设计应力的最大允许值，见表 2-60。

不同等级材料的设计应力的最大允许值　　　表 2-60

材料等级	设计应力的最大允许值 σ_S（MPa）
PE63	5
PE80	6.3
PE100	8

管材的公称压力（PN）与设计应力 σ_S，标准尺寸比（SDR）之间的关系为：

$$PN = 2\sigma_S / (SDR - 1) \qquad (2-2)$$

式中　PN 与 σ_S 的单位均为 MPa。

使用 PE63、PE80 和 PE100 等级材料制造的管材，按照选定的公称压力，采用表 2-55 中的设计应力而确定的公称外径和壁厚应分别符合表 2-61、表 2-62 和表 2-63 的规定。

管道系统的设计和使用方可以采用较大的总使用（设计）系数 C，此时可选用较高公称压力等级的管材。

PE63 级聚乙烯管材公称压力和规格尺寸　　表 2-61

公称外径 d_n　mm	公称壁厚 e_n　mm				
	标准尺寸比				
	SDR33	SDR26	SDR17.6	SDR13.6	SDR11
	公称压力，MPa				
	0.32	0.4	0.6	0.8	1.0
16	—	—	—	—	2.3
20	—	—	—	2.3	2.3
25	—	—	2.3	2.3	2.3
32	—	—	2.3	2.4	2.9
40	—	2.3	2.3	3.0	3.7
50	—	2.3	2.9	3.7	4.6
63	2.3	2.5	3.6	4.7	5.8
75	2.3	2.9	4.3	5.6	6.8
90	2.8	3.5	5.1	6.7	8.2
110	3.4	4.2	6.3	8.1	10.0
125	3.9	4.8	7.1	9.2	11.4
140	4.3	5.4	8.0	10.3	12.7
160	4.9	6.2	9.1	11.8	14.6
180	5.5	6.9	10.2	13.3	16.4
200	6.2	7.7	11.4	14.7	18.2
225	6.9	8.6	12.8	16.6	20.5
250	7.7	9.6	14.2	18.4	22.7
280	8.6	10.7	15.9	20.6	25.4
315	9.7	12.1	17.9	23.2	28.6
355	10.9	13.6	20.1	26.1	32.2
400	12.3	15.3	22.7	29.4	36.3
450	13.8	17.2	25.5	33.1	40.9
500	15.3	19.1	28.3	36.8	45.4
560	17.2	21.4	31.7	41.2	50.8
630	19.3	24.1	35.7	46.3	57.2
710	21.8	27.2	40.2	52.2	
800	24.5	30.6	45.3	58.8	
900	27.6	34.4	51.0		
1000	30.6	38.2	56.6		

PE80 级聚乙烯管材公称压力和规格尺寸　　表 2-62

公称外径 d_n　mm	公称壁厚 e_n(mm)				
	标准尺寸比				
	SDR33	SDR21	SDR17	SDR13.6	SDR11
	公称压力，MPa				
	0.4	0.6	0.8	1.0	1.25
16	—	—	—	—	—
20	—	—	—	—	—
25	—	—	—	—	2.3
32	—	—	—	—	3.0
40	—	—	—	—	3.7
50	—	—	—	—	4.6
63	—	—	—	4.7	5.8
75	—	—	4.5	5.6	6.8
90	—	4.3	5.4	6.7	8.2
110	—	5.3	6.6	8.1	10.0
125	—	6.0	7.4	9.2	11.4
140	4.3	6.7	8.3	10.3	12.7
160	4.9	7.7	9.5	11.8	14.6
180	5.5	8.6	10.7	13.3	16.4
200	6.2	9.6	11.9	14.7	18.2
225	6.9	10.8	13.4	16.6	20.5
250	7.7	11.9	14.8	18.4	22.7
280	8.6	13.4	16.6	20.6	25.4
315	9.7	15.0	18.7	23.2	28.6
355	10.9	16.9	21.1	26.1	32.2
400	12.3	19.1	23.7	29.4	36.3
450	13.8	21.5	26.7	33.1	40.9
500	15.3	23.9	29.7	36.8	45.4
560	17.2	26.7	33.2	41.2	50.8
630	19.3	30.0	37.4	46.3	57.2
710	21.8	33.9	42.1	52.2	
800	24.5	38.1	47.4	58.8	
900	27.6	42.9	53.3		
1000	30.6	47.7	59.3		

PE100 级聚乙烯管材公称压力和规格尺寸　表 2-63

公称外径 d_n mm	公称壁厚 e_n(mm)				
	标准尺寸比				
	SDR26	SDR21	SDR17	SDR13.6	SDR11
	公称压力,MPa				
	0.6	0.8	1.0	1.25	1.6
32	—	—	—	—	3.0
40	—	—	—	—	3.7
50	—	—	—	—	4.5
63	—	—	—	4.7	5.8
75	—	—	4.5	5.6	6.8
90	—	4.3	5.4	6.7	8.2
110	4.2	5.3	6.6	8.1	10.0
125	4.8	6.0	7.4	9.2	11.4
140	5.4	6.7	8.3	10.3	12.7
160	6.2	7.7	9.5	11.8	14.6
180	6.9	8.6	10.7	13.3	16.4
200	7.7	9.6	11.9	14.7	18.2
225	8.6	10.8	13.4	16.6	20.5
250	9.6	11.9	14.8	18.4	22.7
280	10.7	13.4	16.6	20.6	25.4
315	12.1	15.0	18.7	23.2	28.6
355	13.6	16.9	21.1	26.1	32.2
400	15.3	19.1	23.7	29.4	36.3
450	17.2	21.5	26.7	33.1	40.9
500	19.1	23.9	29.7	36.8	45.4
560	21.4	26.7	33.2	41.2	50.8
630	24.1	30.0	37.4	46.3	57.2
710	27.2	33.9	42.0	52.2	
800	30.6	38.1	47.4	58.8	
900	34.4	42.9	53.8		
1000	38.2	47.7	59.3		

聚乙烯管道系统对温度的压力折减

当聚乙烯管道系统在 20℃以上温度连续使用时，最大工作压力（MOP）应按式（2-3）计算：

$$MOP = PN \times f_1 \qquad (2\text{-}3)$$

式中　f_1——折减系数，在表 2-64 中查取。

对某一材料，只要依据 GB/T 18252 的分析，认为较小的折减是可行的，则可以使用比表 2-64 中数值高的折减系数。

50 年寿命要求，40℃以下温度的压力折减系数　表 2-64

温度℃	20	30	40
压力折减系数 f_1	1.0	0.87	0.74

长度及平均外径

管材的长度及平均外径，应符合表 2-65 规定。对于精公差的管材采用等级 B，标准公差管材采用等级 A。采用等级 B 或采用等级 A 由供需双方商定。无明确要求时，应视为采用等级 A。

长度及平均外径（mm）　　表 2-65

公称外径 d_n	最小平均外径 $d_{em,min}$	最大平均外径 $d_{em,max}$		长　度
		等级 A	等级 B	
16	16.0	16.3	16.3	直管长度一般为 6m、9m、12m，也可由供需双方商定。长度的极限偏差为长度的 +0.4%，−0.2%。盘管盘架直径应不小于管材外径的 18 倍。盘管展开长度由供需双方商定。
20	20.0	20.3	20.3	
25	25.0	25.3	25.3	
32	32.0	32.3	32.3	
40	40.0	40.4	40.3	
50	50.0	50.5	50.3	
63	63.0	63.6	63.4	
75	75.0	75.7	75.5	
90	90.0	90.9	90.6	
110	110.0	111.0	110.7	

公称外径 d_n	最小平均外径 $d_{em,min}$	最大平均外径 $d_{em,max}$		长 度
		等级 A	等级 B	
125	125.0	126.2	125.8	
140	140.0	141.3	140.9	
160	160.0	161.5	161.0	
180	180.0	181.7	181.1	
200	200.0	201.8	201.2	
225	225.0	227.1	226.4	直管长度一般为
250	250.0	252.3	251.5	6m、9m、12m,也可
280	280.0	282.6	281.7	由供需双方商定。
315	315.0	317.9	316.9	长度的极限偏差为
355	355.0	358.2	357.2	长度的 ＋0.4%,
400	400.0	403.6	402.4	－0.2%。
450	450.0	454.1	452.7	盘管盘架直径应
500	500.0	504.5	503.0	不小于管材外径的
560	560.0	565.0	563.4	18倍。盘管展开长
630	630.0	635.7	633.8	度由供需双方商定。
710	710.0	716.4	714.0	
800	800.0	807.2	804.2	
900	900.0	908.1	904.0	
1000	1000.0	1009.0	1004.0	

壁厚及偏差

管材的最小壁厚 $e_{y,min}$ 等于公称壁厚 e_n。管材任一点的壁厚公差应符合表 2-66 的规定。

（2）相关性能指标

物理性能

管材物理性能应符合表 2-67 要求。当在混配料中加入回用料挤管时,对管材测定的熔体流动速率（MFR）（5kg,190℃）与对混配料测定值之差,不应超过 25%。

最小壁厚 e_y min		公差	最小壁厚 e_y min		公差	最小壁厚 e_y min		公差
>	≤	t_y	>	≤	t_y	>	≤	t_y
			25.0	25.5	5.0	45.0	45.5	9.0
2.0	3.0	0.5	25.5	26.0	5.1	45.5	46.0	9.1
3.0	4.0	0.6	26.0	26.5	5.2	46.0	46.5	9.2
4.0	4.6	0.7	26.5	27.0	5.3	46.5	47.0	9.3
4.6	5.3	0.8	27.0	27.5	5.4	47.0	47.5	9.4
5.3	6.0	0.9	27.5	28.0	5.5	47.5	48.0	9.5
6.0	6.6	1.0	28.0	28.5	5.6	48.0	48.5	9.6
6.6	7.3	1.1	28.5	29.0	5.7	48.5	49.0	9.7
7.3	8.0	1.2	29.0	29.5	5.8	49.0	49.5	9.8
8.0	8.6	1.3	29.5	30.0	5.9	49.5	50.0	9.9
8.6	9.3	1.4	30.0	30.5	6.0	50.0	50.5	10.0
9.3	10.0	1.5	30.5	31.0	6.1	50.5	51.0	10.1
10.0	10.6	1.6	31.0	31.5	6.2	51.0	51.5	10.2
10.6	11.3	1.7	31.5	32.0	6.3	51.5	52.0	10.3
11.3	12.0	1.8	32.0	32.5	6.4	52.0	52.5	10.4
12.0	12.6	1.9	32.5	33.0	6.5	52.5	53.0	10.5
12.6	13.3	2.0	33.0	33.5	6.6	53.0	53.5	10.6
13.3	14.0	2.1	33.5	34.0	6.7	53.5	54.0	10.7
14.0	14.6	2.2	34.0	34.5	6.8	54.0	54.5	10.8
14.6	15.3	2.3	34.5	35.0	6.9	54.5	55.0	10.9
15.3	16.0	2.4	35.0	35.5	7.0	55.0	55.5	11.0
16.0	16.5	3.2	35.5	36.0	7.1	55.5	56.0	11.1
16.5	17.0	3.3	36.0	36.5	7.2	56.0	56.5	11.2
17.0	17.5	3.4	36.5	37.0	7.3	56.5	57.0	11.3
17.5	18.0	3.5	37.0	37.5	7.4	57.0	57.5	11.4
18.0	18.5	3.6	37.5	38.0	7.5	57.5	58.0	11.5
18.5	19.0	3.7	38.0	38.5	7.6	58.0	58.5	11.6
19.0	19.5	3.8	38.5	39.0	7.7	58.5	59.0	11.7
19.5	20.0	3.9	39.0	39.5	7.8	59.0	59.5	11.8
20.0	20.5	4.0	39.5	40.0	7.9	59.5	60.0	11.9
20.5	21.0	4.1	40.0	40.5	8.0	60.0	60.5	12.0
21.0	21.5	4.2	40.5	41.0	8.1	60.5	61.0	12.1
21.5	22.0	4.3	41.0	41.5	8.2	61.0	61.5	12.2
22.0	22.5	4.4	41.5	42.0	8.3			
22.5	23.0	4.5	42.0	42.5	8.4			
23.0	23.5	4.6	42.5	43.0	8.5			
23.5	24.0	4.7	43.0	43.5	8.6			
24.0	24.5	4.8	43.5	44.0	8.7			
24.5	25.0	4.9	44.0	44.5	8.8			
			44.5	45.0	8.9			

管材物理性能要求 表 2-67

序号	项目		要求	试验方法
1	断裂伸长率，%		≥350	GB/T 8804.2
2	纵向回缩率(110℃)，%		≤3	GB/T 6671.2
3	氧化诱导时间(200℃)，min		≥20	GB/T 17391
4	耐候性[1](管材累计接受≥3.5GJ/m² 老化能量后)	80℃静液压强度(165h)，试验条件同表21	不破裂，不渗漏	见 GB/T 13663—2000 第7.11条
		断裂伸长率，%	≥350	GB/T 8804.2
		氧化诱导时间(200℃)，min	≥10	GB/T 17391

注：1. 仅适用于蓝色管材。

静液压强度

管材的静液压强度（按 GB/T 6111 规定进行）应符合表 2-68 要求。

管材的静液压强度 表 2-68

序号	项目	环向应力，MPa			要求
		PE63	PE80	PE100	
1	20℃静液压强度(100h)	8.0	9.0	12.4	不破裂，不渗漏
2	80℃静液压强度(165h)	3.5	4.6	5.5	不破裂，不渗漏
3	80℃静液压强度(1000h)	3.2	4.0	5.0	不破裂，不渗漏

80℃静液压强度（165h）试验只考虑脆性破坏。如果在要求的时间（165h）内发生韧性破坏，则按表 2-69 选择较低的破坏应力和相应的最小破坏时间重新试验。

80℃静液压强度（165h）再实验要求 表 2-69

PE63		PE80		PE100	
应力 MPa	最小破坏时间 h	应力 MPa	最小破坏时间 h	应力 MPa	最小破坏时间 h
3.4	285	4.5	219	5.4	233
3.3	538	4.4	283	5.3	332
3.2	1000	4.3	394	5.2	476
		4.2	533	5.1	688
		4.1	727	5.0	1000
		4.0	1000		

卫生性能

用于饮用水输配的管材卫生性能应符合 GB/T 17219 的规定。

（3）连接方式　承插口电熔连接、承插口焊接连接、热熔对焊连接、V 型平焊连接、机械式连接、承插式柔性连接、法兰连接、钢塑过渡接头连接。

（4）适用范围　适用于管材的公称压力为 0.32～1.6MPa，公称外径为 16～1000mm，温度不超过 40℃，一般用途的压力输水，以及饮用水的输送。

（5）主要生产厂家　上海白蝶管业科技股份有限公司、上海亚大塑料制品有限公司、上海康诺管业有限公司、江阴大伟塑料制品有限公司、福建亚通新材料科技股份有限公司、临海市伟星新型建材有限公司。

4. 给水用聚乙烯（PE）管件

以 PE 63、PE 80、和 PE 100 材料制造的管件以及聚乙烯给水系统中的机械连接管件。管件聚乙烯部分的颜色为黑色或蓝色，蓝色聚乙烯管件应避免紫外光线直接照射。

（1）品种规格尺寸

管件按连接方式分为三类：熔接连接管件、机械连接管件、法兰连接管件。

其中熔接连接管件分为三类：电熔管件、插口管件、热熔承插连接管件。

注：管件适用的参考温度为 20℃。40℃以下温度的压力折减系数参见表 2-64。

电熔管件

电熔管件承口端的直径和长度

电熔承口端的示意图见图 2-9，其直径和长度应符合表 2-70 的规定。

在管件焊接区域中部的平均内径 $D_1 \geqslant d_n$。

管件通径 D_2 不应小于公称直径 d_n 与 $2e_{min}$ 的差值，e_{min} 为 GB/T 13663—2000 规定的相应管材的最小壁厚。

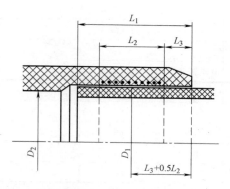

L_1——管材或插口管件的插入深度。在有限位挡块的情况下，它为端口到限位
挡块的距离，在没有限位挡块的情况下，它不大于管件总长的一半；

L_2——承口内部的熔区长度，即熔融区的标称长度；

L_3——管件口部与熔接区域开始处之间的距离，即管件承口口部非加热长度，
其中 $L_3 \geqslant 5mm$；

D_1——距口部端面 $L_3 + 0.5L_2$ 处测量的熔融区的平均内径；

D_2——管件的最小通径。

图 2-9　电熔管件承口示意图

电熔承口尺寸（mm）　　　　　表 2-70

管件公称直径 d_n	插入深度			熔区长度 $L_{2,min}$
	$L_{1,min}$		$L_{1,max}$	
	电流调节	电压调节		
20	20	25	41	10
25	20	25	41	10
32	20	25	44	10
40	20	25	49	10
50	20	28	55	10
63	23	31	63	11
75	25	35	70	12
90	28	40	79	13
110	32	53	82	15

管件公称直径 d_n	插入深度			区长度 $L_{2,min}$
	$L_{1,min}$		$L_{1,max}$	
	电流调节	电压调节		
125	35	58	87	16
140	38	62	92	18
160	42	68	98	20
180	46	74	105	21
200	50	80	112	23
225	55	88	120	26
250	73	95	129	33
280	81	104	139	35
315	89	115	150	39
355	99	127	164	42
400	110	140	179	47
450	122	155	195	51
500	135	170	212	56
560	147	188	235	61
630	161	209	255	67

注：1. 表中公称直径 d_n 指与管件相连的管材的公称外径。

2. 管件公称压力越大，熔区长度越长，以满足本部分的性能要求。

3. 制造商应说明 D_1 和 L_1 的最大及最小实际值以便确定是否影响装夹及连接装配。

如果一个管件具有不同尺寸的承口，则每一个规格尺寸均应符合相应的公称直径的要求。

电熔管件的壁厚

当管件和管材由相同等级的聚乙烯制造时，从距管件端口 $2L_1/3$ 处开始，管件主体任一点的壁厚 E 应等于或大于相应管材的最小壁厚 e_{min}。如果制造管件用聚乙烯的 MRS 等级与管材的不同，那么管件主体壁厚 E 与管材壁厚 e_{min} 的关系应符合表 2-71。

为了避免应力集中，管件主体壁厚的变化应是渐变的。

管件壁厚与管材壁厚之间的关系　　表 2-71

材料		管件主体壁厚 E 与管材壁厚 $e_{\min}$ 之间的关系
管材	管件	
PE 80	PE 100	$E \geqslant 0.8 e_{\min}$
PE 100	PE 80	$E \geqslant 1.25 e_{\min}$

电熔管件承口端的不圆度

电熔管件承口端的最大不圆度应不超过 $0.015 d_n$。

插口管件插口端的尺寸

管件插口端的示意图见图 2-10，其尺寸应符合表 2-72 的规定。

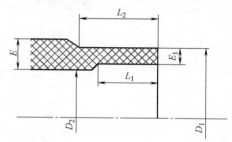

D_1——熔接段的平均外径，在距离端口不大于 L_2 的、平行于该端口平面的任一截面处测量；

D_2—管件的最小通径。测量时不包括焊接形成的卷边；

E—任一点测量的管件主体壁厚，E 应大于或等于管件同一端 E_1；

E_1—距离插入端口不超过 L_1 处任一点测量的熔接面的壁厚；并且应与对接管材的壁厚相同，公差应符合 GB/T 13663—2000 表 9 中相应管材的公差；

L_1—熔接段的回切长度，即热熔对接或重新熔接所必须的初始深度。此段长度允许通过熔接一段壁厚等于 E_1 的管段来实现；

L_2—熔接段的管状长度，即熔接端的初始长度。此管状长度应满足以下任意连接方式的要求：

—对接熔接时使用夹具的要求；

—与电熔管件装配长度的要求；

—与热熔承插管件装配长度的要求。

图 2-10　管件插口端的示意图

插口公称外径	焊接端的平均外径			电熔熔接和对接熔接				承插熔接	仅对于对接熔接			
	等级A		等级B	不圆度	最小通径	回切长度	管状长度[1]	管状长度	不圆度	回切长度	常规管状长度[2]	特别管状长度[3]
d_n	$D_{1,min}$	$D_{1,max}$	$D_{1,max}$	max	D_2	$L_{1,min}$	$L_{2,min}$	$L_{2,min}$	max	$L_{1,min}$	$L_{2,min}$	$L_{2,min}$
20	20.0	—	20.3	0.3	13	25	41	11	—	—	—	—
25	25.0	—	25.3	0.4	18	25	41	12.5	—	—	—	—
32	32.0	—	32.3	0.5	25	25	44	14.6	—	—	—	—
40	40.0	—	40.4	0.6	31	25	49	17	—	—	—	—
50	50.0	—	50.4	0.8	39	25	55	20	—	—	—	—
63	63.0	—	63.4	0.9	49	25	63	24	1.5	5	16	5
75	75.0	—	75.5	1.2	59	25	70	25	1.6	6	19	6
90	90.0	—	90.6	1.4	71	28	79	28	1.8	6	22	6
110	110.0	—	110.6	1.7	87	32	82	32	2.2	8	28	8
125	125.0	—	125.8	1.9	99	35	87	35	2.5	8	32	8
140	140.0	—	140.9	2.1	111	38	92	38	2.8	8	35	8
160	160.0	—	161.0	2.4	127	42	98	—	3.2	8	40	8
180	180.0	—	181.1	2.7	143	46	105	—	3.6	8	45	8
200	200.0	—	201.2	3.0	159	50	112	—	4.0	8	50	8
225	225.0	—	226.4	3.4	179	55	120	—	4.5	10	55	10
250	250.0	—	251.5	3.8	199	60	130	—	5.0	10	60	10
280	280.0	282.6	281.7	4.2	223	75	139	—	9.8	10	70	10
315	315.0	317.9	316.9	4.8	251	75	150	—	11.1	10	80	10
355	355.0	358.2	357.7	5.4	283	75	165	—	12.5	10	90	12
400	400.0	403.3	402.4	6.0	319	75	180	—	14.0	10	95	12
450	450.0	454.1	452.7	6.8	359	100	195	—	15.6	15	60	15
500	500.0	504.5	503.0	7.5	399	100	215	—	17.5	20	60	15
560	560.0	565.0	563.4	8.4	447	100	235	—	19.6	20	60	15
630	630.0	635.0	633.8	9.5	503	100	255	—	22.1	20	60	20

注：1. L_2（电熔管件）的值基于下列公式：

对于 $d_n \leqslant 90$，$L_2 = 0.6d_n + 25mm$；

对于 $d_n \geqslant 110$，$L_2 = d_n/3 + 45mm$。

2. 优先采用。

3. 用于工厂内预制管件。

热熔承插连接管件的尺寸

热熔承口的示意图见图 2-11，其尺寸应符合表 2-73 与表 2-74的规定。承口根部直径不应大于口部直径，管件壁厚应符合 3.2.2 的要求。

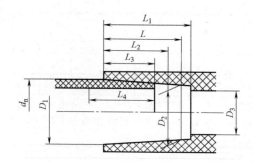

D_1——承口口部的平均内径。即等于承口内表面与其端面相交圆的平均直径；

D_2——承口根部的平均内径。即距承口距离为 L 的、平行于端口平面的 圆环 截面的平均直径，其中 L 为承口参考长度；

D_3——最小通径；

L——承口参考长度。即用于计算目的的最小理论承口长度；

L_1——从承口端面到其根部台肩处的承口的实际长度；

L_2——管件的加热长度。即加热工具插入的长度；

L_3——插入深度。即经加热的管子端部插入承口的长度；

L_4——管子插口端的加热长度。即管子插口端部进入加热工具的长度。

图 2-11　热熔承插连接示意图

公称尺寸从 16 ～ 63 的管件承口尺寸（mm）　　表 2-73

公称尺寸	承口公称内径	承口平均内径				最大不圆度	最小通径	承口参考长度	承口加热长度[1]		管材插入深度[2]	
		口部		根部								
DN/OD	d_n	$D_{1,min}$	$D_{1,max}$	$D_{2,min}$	$D_{2,max}$	max	D_3	L_{min}	$L_{2,min}$	$L_{2,max}$	$L_{2,max}$	$L_{3,max}$
16	16	15.2	15.5	15.1	15.4	0.4	9	13.3	10.8	13.3	9.8	12.3
20	20	19.2	19.5	19.0	19.3	0.4	13	14.5	12.0	14.5	11.0	13.5
25	25	24.1	24.5	23.9	24.3	0.4	18	16.0	13.5	16.0	12.5	15.0

公称尺寸	承口公称内径	承口平均内径				最大不圆度	最小通径	承口参考长度	承口加热长度[1]		管材插入深度[2]	
		口部		根部								
32	32	31.1	31.5	30.9	31.3	0.5	25	18.1	15.6	18.1	14.6	17.1
40	40	39.0	39.4	38.8	39.2	0.5	31	20.5	18.0	20.5	17.0	19.5
50	50	48.9	49.4	48.7	49.2	0.6	39	23.5	21.0	23.5	20.0	22.5
63	63	62.0*	62.4*	61.6	62.1	0.6	49	27.4	24.9	27.4	23.9	26.4

此处如果使用复原夹具，允许将最大直径 62.4mm 增加 0.1mm 变为 62.5mm。相反的，如果使用去皮管材，则允许将最小直径 62.0mm 减小 0.1mm 变为 61.9mm。

注：1) $L_{2,\min}=(L_{\min}-2.5)\text{mm}$；$L_{2,\max}=L_{\min}\text{mm}$。

2) $L_{3,\min}=(L_{\min}-3.5)\text{mm}$；$L_{3,\max}=(L_{\min}-1)\text{mm}$。

公称尺寸从 75 ～125 管件承口尺寸 （mm） 表 2-74

公称尺寸	管材平均外径		承口公称内径	承口平均内径				最大不圆度	最小通径	承口参考长度	承口加热长度[1]		管材插入深度[2]	
				口部		根部								
DN/OD	$d_{em,\min}$	$d_{em,\max}$	d_n	$D_{1,\min}$	$D_{1,\max}$	$D_{2,\min}$	$D_{2,\max}$	max	D_3	$L_{\min}$	$L_{2,\min}$	$L_{2,\max}$	$L_{2,\max}$	$L_{3,\max}$
75	75.0	75.5	75	74.3	74.8	73.0	73.5	0.7	59	30	26	30	25	29
90	90.0	90.6	90	89.3	89.9	87.0	88.5	1.0	71	33	29	33	28	32
110	110.0	110.6	110	109.4	110.0	107.7	108.3	1.0	87	37	33	37	32	36
125	125.0	125.6	125	124.4	125.0	122.6	123.2	1.0	99	40	36	40	35	39

注：1) $L_{2,\min}=(L_{\min}-4)\text{mm}$；$L_{2,\max}=L_{\min}\text{mm}$。

2) $L_{3,\min}=(L_{\min}-5)\text{mm}$；$L_{3,\max}=(L_{\min}-1)\text{mm}$。

鞍形旁通的尺寸

鞍形旁通的出口应具有符合 3.2 的电熔承口或符合 3.3 的插口。制造商应在技术文件中给出管件的总体尺寸。这些尺寸应包括鞍形的最大高度和鞍形旁通的出口管至主管顶部的高度，见图 2-12。

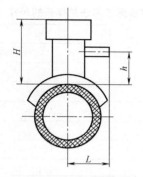

H——鞍形的高度，即主体管材顶部到鞍形旁通顶部的距离；

h——出口管材的高度，即主体管材顶部到出口管材轴线的距离；

L——鞍形旁通的宽度，即管材轴线到出口管端口的距离

图 2-12　鞍形旁通示意图

机械连接管件的尺寸

主要由聚乙烯制成、部分与聚乙烯管材熔接、部分与其他管道连接的机械连接管件，例如转换接头，至少应有一个接头符合聚乙烯连接系统的几何特性。

主要由非聚乙烯原料制成的机械管件应符合相关标准的要求。

聚乙烯法兰接头的尺寸

聚乙烯法兰接头的尺寸应符合表 2-75 的规定，示意图见图 2-13。

注：PE 法兰接头压紧面的厚度取决于所选用的材料及公称压力等级。

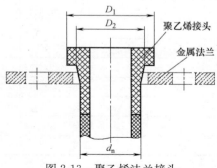

图 2-13　聚乙烯法兰接头

管材和插口的公称外径 d_n	D_1　min	D_2
20	45	27
25	58	33
32	68	40
40	78	50
50	88	61
63	102	75
75	122	89
90	138	105
110	158	125
125	158	132
140	188	155
160	212	175
180	212	180
200	268	232
225	268	235
250	320	285
280	320	291
315	370	335
355	430	373
400	482	427
450	585	514
500	585	530
560	685	615
630	685	642
710	800	737
800	905	840
900	1005	944
1000	1110	1047

注：1. 插口的外径应符合相关的产品标准。

(2) 相关性能指标

力学性能

总则

管件应与管材装配后作为组件进行测试，该组件有一个以上的管件熔接在管材上，组合件中熔接的管材应符合 GB/T 13663—2000 的要求。

构成组件的部件（管材和管件）应能承受相同压力等级。

要求

管件的力学性能应符合表 2-76 的要求。

力学性能 表 2-76

序号	项目	要求	试样数量（个）	试验参数	
1	20℃静液压强度	无破裂，无渗漏	3	试验温度 试验时间 环应力： PE63 PE80 PE100	20℃ 100h 8.0MPa 10.0MPa 12.4MPa
2	80℃静液压强度	无破裂，无渗漏	3	试验温度 试验时间 环应力： PE63 PE80 PE100	80℃ 165h[1] 3.5MPa 4.5MPa 5.4MPa
3	80℃静液压强度	无破裂，无渗漏	3	试验温度 试验时间 环应力： PE63 PE80 PE100	80℃ 1000h 3.2MPa 4.0MPa 5.0MPa

注：1. 如果出现脆性破坏，视为不合格；当出现韧性破坏，再试验的步骤见 4.1.3。

在 80℃下试验失效时的再试验

在 165h 内发生的脆性破坏应视为未通过测试。如果在要求

的时间（165h）内发生韧性破坏，则按表 2-77 选择任一较低的
环应力和相应的最小破坏时间重新试验。

80℃静液压强度（165h）再试验时的试验参数　　表 2-77

PE63		PE80		PE100	
环应力 MPa	最小破坏时间 h	环应力 MPa	最小破坏时间 h	环应力 MPa	最小破坏时间 h
3.5	165	4.5	165	5.4	165
3.4	295	4.4	233	5.3	256
3.2	538	4.3	331	5.2	399
3.1	1000	4.2	474	5.1	629
—	—	4.1	685	5.0	1000
—	—	4.0	1000		

物理机械性能

管件的物理机械性能应符合表 2-78 的要求。机械连接接头
的力学性能应符合表 2-79 的要求。

物理机械性能　　　　　　　　　　表 2-78

序号	项　目	要　求	试　验　参　数	
1	熔体质量流动速率（MFR） 对 PE63，PE80 和 PE100	MFR 的变化小于材料 MFR 值的±20％[1]	试验温度 载荷	190℃ 5kg
2	氧化诱导时间 （热稳定性）	≥20min	试验温度 试样数	200℃ 3
3	电熔管件的熔接强度	脆性破坏所占百分比 ≤33.3％	试验温度	23℃
4	插口管件—对接熔接管件 的拉伸强度	试验到破坏为止： 韧性：通过 脆性：未通过	试验温度	23℃
5	鞍形旁通的 冲击强度	无破坏，无渗漏	试验温度　（0±2）℃ 重锤质量（2500±20）g 下落高度（2000±10）mm	

注：1）管件上测量的值与所用混配料上测量的值对比。

机械连接接头的力学性能¹⁾　　　　表 2-79

序号	项　目	要　求	试样数	试 验 参 数	
1	内压密封性试验	无渗漏	1	试验时间	1h
				试验压力	1.5×管材[PN]
2	外压密封性试验	无渗漏	1	试验压力	$\Delta p=0.01$MPa
				试验时间	1h
				试验压力	$\Delta p=0.08$MPa
				试验时间	1h
3	耐弯曲密封性试验	无渗漏	1	试验时间	1h
				试验压力	1.5×管材[PN]
4	耐拉拔试验	管材不从管件上拔脱或分离	1	试验温度	23℃
				试验时间	1h

注：1) 相连管材的公称外径不大于 63mm 的机械连接接头。

卫生性能

用于饮用水输配的管件卫生性能应符合 GB/T 17219 或现行相应的卫生规范性能要求。

（3）连接方式　电熔连接、热熔连接、机械连接和法兰连接。

（4）产品标记

管件上的标志内容

熔接管件标志的内容至少应符合表 2-80，其他类型管件的标志内容可印在所附的标签上。

熔接管件标志内容　　　　表 2-80

项　目	标 志 内 容
标准号^a	GB/T 13663.2—200X
制造商名称或商标^b	名字或代码
材料和级别	例如 PE 80
公称外径	例如：d_n 110
使用的管材系列	SDR（例如：SDR11 和/或 SDR 17.6）或 SDR 熔接范围
生产时间^b（日期，代码）^a	例如 用数字或代码表示的年和月
输送介质^a	"Water"或"水"

注：a. 此内容可以打印在管件相关的标签上或包装单独管件的袋子上。

　　b. 提供可追溯性。

标签上的标志内容

管件可附有标签，在标签上可具有表 2-81 给出的附加信息。标签应在交付安装时保持完整清晰。

标签上的标志内容　　　　　　　表 2-81

项　　目	标志或符号
压力等级，MPa	例如 1.25MPa
$d_n \geqslant 280$mm 管件的公差等级（仅适用于插口管件）	例如 等级 A

熔接系统识别

电熔管件应具有一个熔接参数识别系统，如数字识别、机电识别或自调节系统，在熔接过程中用于识别熔接参数。

使用条形码识别时，条形码标签应粘贴在管件上并应被适当保护以免污损。

（4）适用范围　适用于温度不超过 40℃，一般用途的压力输水以及饮用水的输送。

（5）主要生产厂家　上海白蝶管业科技股份有限公司、上海亚大塑料制品有限公司、江阴大伟塑料制品有限公司、福建亚通新材料科技股份有限公司、临海市伟星新型建材有限公司。

5. 冷热水用聚丙烯（PP）管材

以聚丙烯管材料（应符合 GB/T 18742.1 之要求）为原料，经挤出成型的圆形横断面的聚丙烯管材。管材颜色一般为灰色，其他颜色也可由供需双方商定。

尽管聚丙烯（PP）早已问世，但由于普通聚丙烯存在低温脆性和长期蠕变性能差等缺陷，限制了它在管道上的应用。经过人们大量的试验研究，对 PP 改性，先后开发出了均聚聚丙烯（PP-H）、嵌段共聚聚丙烯（PP-B）、无规共聚聚丙烯（PP-R）管道专用料。PP-R 管在 20 世纪 80 年代投入生产，它除具有塑料管共有的优点外，保温性能亦好，耐压，最高使用温度可达 90℃，但长期使用温度宜为 70℃，比较适用于温热水的输送。PP-R 管材可用于生产大口径管（ϕ110mm），在这一点上交联聚乙烯（PE-X）管和铝塑复合（PAP）管难以做到。PP-R 管可以用熔接的方式连接，且连接可靠。PP-R 管材废料可再利用，是名副其实的绿色建材。但 PP-R 管线膨胀系数大，受热后易变形。

管材的内外表面应清洁、光滑、不允许有气泡、明显的划伤、凹陷、杂质、颜色不均等缺陷。管端头应切割平整，并与管轴线垂直。

（1）品种规格尺寸

管材按使用原料的不同分为 PP-H、PP-B、PP-R 管三类：

PP-H：均聚聚丙烯。

PP-B：耐冲击共聚聚丙烯（曾称为嵌段共聚聚丙烯）。由 PP-H 和（或）PP-R 与橡胶相形成的两相或多相丙烯共聚物。橡胶相是由丙烯和另一种烯烃单体（或多种烯烃单体）的共聚物组成。该烯烃单体无烯烃外的其他官能团。

PP-R：无规共聚聚丙烯。丙烯与另一种烯烃单体（或多种烯烃单体）共聚而成的无规共聚物，烯烃单体中无烯烃外的其他官能团。

管材按尺寸分为 S5、S4、S3.2、S2.5、S2 五个管系列。管系列 S 与公称压力 PN 的关系如下：

当管道系统总使用（设计）系数 C 为 1.25 时，管系列 S 与公称压力 PN 的关系见表 2-82。

管系列 S 与公称压力 PN 的关系（$C=1.25$）　　　表 2-82

管系列	S5	S4	S3.2	S2.5	S2
公称压力 PN MPa	1.25	1.6	2.0	2.5	3.2

当管道系统总使用（设计）系数 C 为 1.5 时，管系列 S 与公称压力 PN 的关系见表 2-83。

管系列 S 与公称压力 PN 的关系（$C=1.5$）　　　表 2-83

管系列	S5	S4	S3.2	S2.5	S2
公称压力 PN MPa	1.0	1.25	1.6	2.0	2.5

管系列 S 值的选择

管材按不同的材料、使用条件级别和设计压力选择对应的 S 值，见表 2-84～表 2-86。其他压力规格，按供需双方商定选择对应的 S 值，使用寿命设计应满足 50 年要求。

PP-H 管管系列 S 的选择　　　　表 2-84

设计压力 MPa	管系列 S			
	级别 1 σ_d＝2.90MPa	级别 2 σ_d＝1.99MPa	级别 4 σ_d＝3.24MPa	级别 5 σ_d＝1.83MPa
0.4	5	5	5	4
0.6	4	3.2	5	2.5
0.8	3.2	2.5	4	2
1.0	2.5	2	3.2	—

PP-B 管管系列 S 的选择　　　　表 2-85

设计压力 MPa	管系列 S			
	级别 1 σ_d＝1.67MPa	级别 2 σ_d＝1.19MPa	级别 4 σ_d＝1.95MPa	级别 5 σ_d＝1.19MPa
0.4	4	2.5	4	2.5
0.6	2.5	2	3.2	2
0.8	2	—	2	—
1.0	—	—	2	—

PP-R 管管系列 S 的选择　　　　表 2-86

设计压力 MPa	管系列 S			
	级别 1 σ_d＝3.09MPa	级别 2 σ_d＝2.13MPa	级别 4 σ_d＝3.30MPa	级别 5 σ_d＝1.90MPa
0.4	5	5	5	4
0.6	5	3.2	5	3.2
0.8	3.2	2.5	4	2
1.0	2.5	2	3.2	—

管材的公称外径、平均外径以及管系列 S 对应的壁厚（不包括阻隔层厚度），见表 2-87。

公称外径 d_n	平均外径		管系列					长度
	$d_{em,min}$	$d_{em,max}$	S5	S4	S3.2	S2.5	S2	
			公称壁厚 e_n					
12	12.0	12.3	—	—	—	2.0	2.4	长度一般为 4m 或 6m,也可以根据用户的要求由供需双方商定。管材长度不允许有负偏差。
16	16.0	16.3	—	2.0	2.2	2.7	3.3	
20	20.0	20.3	2.0	2.3	2.8	3.4	4.1	
25	25.0	25.3	2.3	2.8	3.5	4.2	5.1	
32	32.0	32.3	2.9	3.6	4.4	5.4	6.5	
40	40.0	40.4	3.7	4.5	5.5	6.7	8.1	
50	50.0	50.5	4.6	5.6	6.9	8.3	10.1	
63	63.0	63.6	5.8	7.1	8.6	10.5	12.7	
75	75.0	75.7	6.8	8.4	10.3	12.5	15.1	
90	90.0	90.9	8.2	10.1	12.3	15.0	18.1	
110	110.0	111.0	10.0	12.3	15.1	18.3	22.1	
125	125.0	126.2	11.4	14.0	17.1	20.8	25.1	
140	140.0	141.3	12.7	15.7	19.2	23.3	28.1	
160	160.0	161.5	14.6	17.9	21.9	26.6	32.1	

管材同一截面壁厚偏差应符合表 2-88 规定。

公称壁厚 e_n		允许偏差	公称壁厚 e_n		允许偏差	公称壁厚 e_n		允许偏差
$<$	$\leqslant$		$<$	$\leqslant$		$<$	$\leqslant$	
1.0	2.0	$^{+0.3}_{0}$	12.0	13.0	$^{+1.4}_{0}$	23.0	24.0	$^{+2.5}_{0}$
2.0	3.0	$^{+0.4}_{0}$	13.0	14.0	$^{+1.5}_{0}$	24.0	25.0	$^{+2.6}_{0}$
3.0	4.0	$^{+0.5}_{0}$	14.0	15.0	$^{+1.6}_{0}$	25.0	26.0	$^{+2.7}_{0}$
4.0	5.0	$^{+0.6}_{0}$	15.0	16.0	$^{+1.7}_{0}$	26.0	27.0	$^{+2.8}_{0}$
5.0	6.0	$^{+0.7}_{0}$	16.0	17.0	$^{+1.8}_{0}$	27.0	28.0	$^{+2.9}_{0}$
6.0	7.0	$^{+0.8}_{0}$	17.0	18.0	$^{+1.9}_{0}$	28.0	29.0	$^{+3.0}_{0}$
7.0	8.0	$^{+0.9}_{0}$	18.0	19.0	$^{+2.0}_{0}$	29.0	30.0	$^{+3.1}_{0}$
8.0	9.0	$^{+1.0}_{0}$	19.0	20.0	$^{+2.1}_{0}$	30.0	31.0	$^{+3.2}_{0}$
9.0	10.0	$^{+1.1}_{0}$	20.0	21.0	$^{+2.2}_{0}$	31.0	32.0	$^{+3.3}_{0}$
10.0	11.0	$^{+1.2}_{0}$	21.0	22.0	$^{+2.3}_{0}$	32.0	33.0	$^{+3.4}_{0}$
11.0	12.0	$^{+1.3}_{0}$	22.0	23.0	$^{+2.4}_{0}$			

（2）相关性能指标

管材的物理力学和化学性能应符合表 2-89 规定。

管材的物理力学和化学性能　　　　　表 2-89

项目	材料	试验参数			试样数量	指标	试验方法
		试验温度℃	试验时间 h	静液压应力 MPa			
纵向回缩率	PP-H	150±2	$e_n \leqslant 8mm$：1	—	3	≤2%	GB/T 6671.1
	PP-B	150±2	$8mm < e_n \leqslant 16mm$：2	—			
	PP-R	135±2	$e_n > 16mm$：4	—			
简支梁冲击试验	PP-H	23±2	—		10	破损率＜试样的10%	GB/T 18743
	PP-B	0±2					
	PP-R	0±2					
静液压试验	PP-H	20	1	21.0	3	无破裂无渗漏	GB/T 6111
		95	22	5.0			
		95	165	4.2			
		95	1000	3.5			
	PP-B	20	1	16.0	3		
		95	22	3.4			
		95	165	3.0			
		95	1000	2.6			
	PP-R	20	1	16.0	3		
		95	22	4.2			
		95	165	3.8			
		95	1000	3.5			
熔体质量流动速率，MFR（230℃/2.16kg）g/10min					3	变化率≤原料的30%	GB/T 18742.2 第8.8条
静液压状态下热稳定性试验	PP-H	110	8760	1.9	1	无破裂无渗漏	GB/T 18742.2 第8.9条
	PP-B			1.4			
	PP-R			1.9			

管材卫生性能应符合 GB/T 17219 的规定。

系统适用性

管材与符合 GB/T 18742.3 规定的管件连接后应通过内压和热循环组合试验。

内压试验（试验方法按 GB/T 6111—2003 规定进行试验，采用 a 型封头）应符合表 2-90 的规定。

内压试验
表 2-90

项目 管系列	材料	试验温度 ℃	试验压力 MPa	试验时间 h	试样数量	指标
S5	PP-H	95	0.70	1000	3	无破裂 无渗漏
	PP-B		0.50			
	PP-R		0.68			
S4	PP-H	95	0.88	1000	3	无破裂 无渗漏
	PP-B		0.62			
	PP-R		0.80			
S3.2	PP-H	95	1.10	1000	3	无破裂 无渗漏
	PP-B		0.76			
	PP-R		1.11			
S2.5	PP-H	95	1.41	1000	3	无破裂 无渗漏
	PP-B		0.93			
	PP-R		1.31			
S2	PP-H	95	1.76	1000	3	无破裂 无渗漏
	PP-B		1.31			
	PP-R		1.64			

热循环试验（试验方法按 GB/T 18742.2 附录 A）应符合表 2-91 的规定。

（3）连接方式　热熔承插连接、电熔连接和机械密封连接。

（4）产品标记

热循环试验 表2-91

材料	最高试验温度 ℃	最低试验温度 ℃	试验压力 MPa	循环次数	试样数量	指 标
PP-H						无破裂 无渗漏
PP-B	95	20	1.0	5000	1	
PP-R						

注：一个循环的时间为（30^{+2}_{0}）min，包括（15^{+1}_{0}）min 最高试验温度和（15^{+1}_{0}）min 最低试验温度。

管材规格用原料名称、管系列 S、公称外径 d_n×公称壁厚 e_n 表示。

标记示例：

原料为 PP-R、管系列 S5、公称外径为 32mm、公称壁厚为 2.9mm

标记为：PP-R、S5 d_n32×e_n2.9mm

（5）适用范围 适用于建筑物内冷热水用管道系统所用管材，包括工业及民用冷热水、饮用水和采暖系统等。不适用于灭火系统和不使用水为介质的系统所用的管件。

（6）主要生产厂家 上海白蝶管业科技股份有限公司、上海康斯佳建材有限公司、上海天力实业有限公司、上海上丰集团有限公司、浙江中财管道科技股份有限公司、临海市伟星新型建材有限公司。

6. 冷热水用聚丙烯（PP）管件

以聚丙烯管材料为原料，经注射成型的聚丙烯管件。管件颜色根据供需双方协商确定。

生产管件所用原材料应符合 GB/T 18742.1 之要求。管件金属部分的材料在管道使用过程中对塑料管道材料不应造成降解或老化。推荐采用：

铬含量不小于 10.5%，碳含量不大于 1.2%的不锈钢；

经表面处理的铜或铜合金。

管件表面应光滑、平整、不允许有裂纹、气泡、脱皮和明显的杂质、严重的缩形以及色泽不均，分解变色等缺陷。

（1）品种规格尺寸

管件按使用原料的不同分为 PP-H、PP-B、PP-R 管件三类。

管件按熔接方式的不同分为热熔承插连接管件和电熔连接管件。

管件按管系列 S 分类与管材相同，按 GB/T 18742.2 的规定。管件的壁厚应不小于相同管系列 S 的管材的壁厚。

热熔承插连接管件的承口应符合图 2-14、表 2-92 的规定。

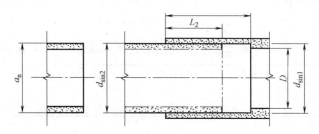

图 2-14　热熔承插连接管件承口

热熔承插连接管件的承口尺寸（mm）　　表 2-92

公称外径 d_n	最小承口深度 L_1	最小承插深度 L_2	承口的平均内径				最大不圆度	最小通径
			d_{sm1}		d_{sm2}			
			最小	最大	最小	最大		
16	13.3	9.8	14.8	15.3	15.0	15.5	0.6	9
20	14.5	11.0	18.8	19.3	19.0	19.5	0.6	13
25	16.0	12.5	23.5	24.1	23.8	24.4	0.7	18
32	18.1	14.6	30.4	31.0	30.7	31.3	0.7	25
40	20.5	17.0	38.3	38.9	38.7	39.3	0.7	31
50	23.5	20.0	48.3	48.9	48.7	49.3	0.8	39
63	27.4	23.9	61.1	61.7	61.6	62.2	0.8	49
75	31.0	27.5	71.9	72.7	73.2	74.0	1.0	58.2
90	35.5	32.0	86.4	87.4	87.8	88.8	1.2	69.8
110	41.5	38.0	105.8	106.8	107.3	108.5	1.4	85.4

注：此处的公称外径指与管件相连的管材的公称外径。

电熔连接管件的承口应符合图 2-15、表 2-93 的规定。

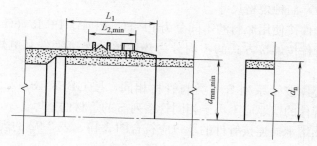

图 2-15　电熔连接管件承口

电熔连接管件的承口尺寸（mm）　　　　　表 2-93

公称外径 d_n	熔合段最小内径 $d_{sml, min}$	熔合段最小长度 $L_{2, min}$	插入长度 L_1	
			min	max
16	16.1	10	20	35
20	20.1	10	20	37
25	25.1	10	20	40
32	32.1	10	20	44
40	40.1	10	20	49
50	50.1	10	20	55
63	63.2	11	23	63
75	75.2	12	25	70
90	90.2	13	28	79
110	110.3	15	32	85
125	125.3	16	35	90
140	140.3	18	38	95
160	160.4	20	42	101

注：此处的公称外径指与管件相连的管材的公称外径。

带金属螺纹接头的管件其螺纹部分应符合 GB/T 7306 的规定。

（2）相关性能指标

管件的物理力学性能应符合表 2-94 规定。

管件的物理力学性能   表 2-94

项目	管系列	试验压力（MPa）			试验温度（℃）	试验时间（h）	试样数量	指标
		材　料						
		PP-H	PP-B	PP-R				
静液压试验	S5	4.22	3.28	3.11	20	1	3	无破裂无渗漏
	S4	5.19	3.83	3.88				
	S3.2	6.48	4.92	5.05				
	S2.5	8.44	5.75	6.01				
	S2	10.55	8.21	7.51				
	S5	0.70	0.50	0.68	95	1000	3	无破裂无渗漏
	S4	0.88	0.62	0.80				
	S3.2	1.10	0.76	1.11				
	S2.5	1.41	0.93	1.31				
	S2	1.76	1.31	1.64				
熔体质量流动速率，MFR（230℃/2.16kg）　g/10min							3	变化率≤原料的 30%

静液压状态下热稳定性要求应符合表 2-95 规定。

静液压状态下热稳定性能   表 2-95

项目	材料	试验参数			试样数量	指标
		试验温度（℃）	试验时间（h）	静液压应力（MPa）		
静液压状态下热稳定性试验	PP-H	110	8760	1.9	1	无破裂无渗漏
	PP-B			1.4		
	PP-R			1.9		

注：1. 用管状试样或管件与管材相连进行试验。管状试样按实际壁厚计算试验压力；管件与管材相连作为试样时，按相同管系列 S 管材公称壁厚计算试验压力，如试验中管材破裂则试验应重做。

2. 相同原料同一生产厂家生产的管材已做过本试验则管件可不做。

211

管件卫生性能应符合 GB/T 17219 的规定。

系统适用性

管件与符合 GB/T 18742.2 规定的管材连接后应通过内压和热循环二项组合试验。

内压试验（试验方法按 GB/T 6111 规定 a 型封头）应符合表 2-90 的规定。

热循环试验（试验方法按该产品标准附录 A）应符合表 2-91 的规定。

（3）连接方式　热熔承插连接和电熔连接。

（4）产品标记

管件用原料名称、公称外径 d_n、管系列 S 表示。

标记示例：原料为 PP-R、d_n20（d_n40×20）（d_n20×1/2″）、管系列为 S3.2 的各种管件

等径管件标记为：PP-R d_n20 S3.2；

异径管件标记为：PP-R d_n40×20 S3.2；

带螺纹管件标记为：PP-R d_n20×1/2″ S3.2。

（5）适用范围　适用于建筑物内冷热水用管道系统所用管件，包括工业及民用冷热水、饮用水和采暖等系统等。不适用于灭火系统和不使用水为介质的系统所用的管件。

（6）主要生产厂家　上海白蝶管业科技股份有限公司、上海康斯佳建材有限公司、上海天力实业有限公司、上海上丰集团有限公司、浙江中财管道科技股份有限公司、临海市伟星新型建材有限公司。

7. 冷热水用交联聚乙烯（PE-X）管材

以交联聚乙烯（PE-X）管材料为原料，经挤出成型的聚乙烯管材。管材颜色由供需双方协商确定。管材颜色应均匀一致，不允许有明显色差。

生产管材所用的主要原料为高密度聚乙烯，聚乙烯在管材成型过程中或成型后进行交联。管材的交联工艺不限，可以采用过氧化物交联、硅烷交联、电子束交联和偶氮交联，交联的目的是

使聚乙烯的分子链之间形成化学链，获得三维网状结构。

PE-X 管除具有塑料管共有的优点外，由于聚乙烯经过交联，机械性能、尺寸稳定性、耐化学药品性、耐高温、高压和耐环境应力开裂性等都大大提高。PE-X 管材的使用温度范围是塑料管材中最宽的材料之一，为－70～110℃，所以，它可以用于高温输送热水系统，寿命可达 50 年，额定工作压力可达 1.25MPa。由于 PE-X 管其三维网状分子结构，即使处于高温下也能输送多种化学物质，而不被腐蚀。PE-X 管材本身无毒、无味，也不释放有害物质，对水质产生二次污染。PE-X 管材一般只有小口径（ϕ20～63mm），热膨胀系数较大，采用金属管件受压连接，其配件成本较高。另外，PE-X 废料难以处理。

管材的内外表面应清洁、光滑、不允许有气泡、明显的划伤、凹陷、杂质、颜色不均等缺陷。管端头应切割平整，并与管轴线垂直。

（1）品种规格尺寸

管材按交联工艺的不同分为：过氧化物交联聚乙烯（PE-X_a）管材、硅烷交联聚乙烯（PE-X_b）管材、电子束交联聚乙烯（PE-X_c）管材和偶氮交联聚乙烯（PE-X_d）管材。

管材按尺寸分为 S6.3、S5、S4、S3.2 四个管系列。管系列 S 与公称压力 PN 的关系如下：

当管道系统的总使用（设计）系数 C 为 1.25 时，管系列 S 与公称压力 PN 的关系见表 2-96。

管系列 S 与公称压力 PN 的关系（$C=1.25$）   表 2-96

管系列	S6.3	S5	S4	S3.2
公称压力 PN MPa	1.0	1.25	1.6	2.0

当管道系统的总使用（设计）系数 C 为 1.5 时，管系列 S 与公称压力 PN 的关系见表 2-97。

管系列 S 与公称压力 PN 的关系（$C=1.5$）   表 2-97

管系列	S6.3	S5	S4	S3.2
公称压力 PN(MPa)	1.0	1.25	1.25	1.6

管材的使用条件分为四个级别，见表 2-98。

使用条件级别 表 2-98

使用条件级别	设计温度 T_D（℃）	T_D 下的使用时间（年）	最高设计温度 T_{max}（℃）	T_{max} 下的使用时间（年）	故障温度 T_{mal}（℃）	T_{mal} 下的使用时间（h）	典型应用范围
1	60	49	80	1	95	100	供应热水（60℃）
2	70	49	80	1	95	100	供应热水（70℃）
4	20 40 60	2.5 20 25	70	2.5	100	100	地板采暖和低温散热器采暖
5	20 60 80	14 25 10	90	1	100	100	高温散热器采暖

注：T_D、T_{max} 和 T_{mal} 值超出本表范围时，不能用本表。

表 2-98 中所列各种级别的管道系统均应同时满足在 20℃ 和 1.0MPa 下输送冷水，达到 50 年寿命。所有加热系统的介质只能是水或者经处理的水。

管材按使用条件级别和设计压力选择对应的管系列 S 值，见表 2-99。

管系列 S 的选择 表 2-99

设计压力 P_D（MPa）	级别 1 $\sigma_D=3.85$MPa	级别 2 $\sigma_D=3.54$MPa	级别 4 $\sigma_D=4.00$MPa	级别 5 $\sigma_D=3.24$MPa
	管系列 S			
0.4	6.3	6.3	6.3	6.3
0.6	6.3	5	6.3	5
0.8	4	4	5	4
1.0	3.2	3.2	4	3.2

管材规格应符合表 2-100 的要求。

管材规格（mm） 表 2-100

公称外径 d_n	平均外径		最小壁厚 e_{min}（数值等于 e_n）			
			管系列 S			
	$d_{em\,min}$	$d_{em\,max}$	S6.3	S5	S4	S3.2
16	16.0	16.3	1.8[a]	1.8[a]	1.8	2.2
20	20.0	20.3	1.9[a]	1.9	2.3	2.8
25	25.0	25.3	1.9	2.3	2.8	3.5
32	32.0	32.3	2.4	2.9	3.6	4.4
40	40.0	40.4	3.0	3.7	4.5	5.5
50	50.0	50.5	3.7	4.6	5.6	6.9
63	63.0	63.6	4.7	5.8	7.1	8.6
75	75.0	75.7	5.6	6.8	8.4	10.3
90	90.0	90.9	6.7	8.2	10.1	12.3
110	110.0	111.0	8.1	10.0	12.3	15.1
125	125.0	126.2	9.2	11.4	14.0	17.1
140	140.0	141.3	10.3	12.7	15.7	19.2
160	160.0	161.5	11.8	14.6	17.9	21.9

[a] 考虑到刚性与连接的要求，该厚度不按管系列计算。

管材壁厚公差应符合表 2-101 的要求。

壁厚偏差 表 2-101

最小壁厚 e_{min} 的范围	偏差[a]	最小壁厚 e_{min} 的范围	偏差[a]
$1.0 < e_{min} \leqslant 2.0$	0.3	$12.0 < e_{min} \leqslant 13.0$	1.4
$2.0 < e_{min} \leqslant 3.0$	0.4	$13.0 < e_{min} \leqslant 14.0$	1.5
$3.0 < e_{min} \leqslant 4.0$	0.5	$14.0 < e_{min} \leqslant 15.0$	1.6
$4.0 < e_{min} \leqslant 5.0$	0.6	$15.0 < e_{min} \leqslant 16.0$	1.7
$5.0 < e_{min} \leqslant 6.0$	0.7	$16.0 < e_{min} \leqslant 17.0$	1.8
$6.0 < e_{min} \leqslant 7.0$	0.8	$17.0 < e_{min} \leqslant 18.0$	1.9
$7.0 < e_{min} \leqslant 8.0$	0.9	$18.0 < e_{min} \leqslant 19.0$	2.0
$8.0 < e_{min} \leqslant 9.0$	1.0	$19.0 < e_{min} \leqslant 20.0$	2.1
$9.0 < e_{min} \leqslant 10.0$	1.1	$20.0 < e_{min} \leqslant 21.0$	2.2
$10.0 < e_{min} \leqslant 11.0$	1.2	$21.0 < e_{min} \leqslant 22.0$	2.3
$11.0 < e_{min} \leqslant 12.0$	1.3		

[a] 偏差表示为 $+^x_0$ mm，其中 x 为表 2-101 中所给值。

（2）相关性能指标

力学性能

按表 2-102 规定的试验参数对管材进行静液压试验（试验方法按 GB/T 6111—2003 规定进行试验，采用 a 型封头），管材应无渗漏、无破裂。试样数量均为 3 个。

管材的力学性能　　　　　　　表 2-102

项　目	要　求	试　验　参　数		
		静液压应力 （MPa）	试验温度 （℃）	试验时间 （h）
耐静液压	无渗漏 无破裂	12.0	20	1
		4.8	95	1
		4.7	95	22
		4.6	95	165
		4.4	95	1000

物理和化学性能

管材的物理和化学性能应符合表 2-103 的规定。

管材的物理和化学性能　　　　　　表 2-103

项　目	要　求	试验参数	
		参数	数值
纵向回缩率	≤3%	温度	120℃
		试验时间	
		e_n≤8mm	1h
		8mm< e_n≤16mm	2h
		e_n>16mm	4h
		试样数量	3
静液压状态 下的热稳定性	无渗漏 无破裂	静液压应力	2.5 MPa
		试验温度	110℃
		试验时间	8760h
		试样数量	1
交联度： —过氧化物交联 —硅烷交联 —电子束交联 —偶氮交联		≥70% ≥65% ≥60% ≥60%	

输送生活饮用水的管材的卫生性能应符合 GB/T 17219—1998 的规定。

系统适用性

管材与管件连接后应通过静液压、热循环、循环压力冲击、耐拉拔、弯曲、真空六种系统适用性试验。

静液压试验

按表 2-104 规定的试验条件对管材进行静液压试验（试验方法按 GB/T 6111—2003 规定进行试验，采用 a 型封头），试验中管材、管件以及连接处应无渗漏、无破裂。

静液压试验条件　　　　　　　　　　　表 2-104

管系列	试验温度（℃）	试验压力（MPa）	试验时间 h	试样数量
S6.3	20	$1.5P_D$（设计压力）	1	
	95	0.70	1000	
S5	20	$1.5P_D$	1	
	95	0.88	1000	
S4	20	$1.5P_D$	1	3
	95	1.10	1000	
S3.2	20	$1.5P_D$	1	
	95	1.38	1000	

热循环试验

按表 2-105 规定的试验条件对管材进行热循环试验（试验方法按 GB/T 18992.2—2003 附录 C 规定进行试验），试验中管材、管件以及连接处应无渗漏、无破裂。

热循环试验条件　　　　　　　　　　表 2-105

项　　目	级别 1	级别 2	级别 4	级别 5
最高设计温度 T_{max}（℃）	80	80	70	90
最高试验温度（℃）	90	90	80	95
最低试验温度（℃）	20	20	20	20
试验压力（MPa）	P_D	P_D	P_D	P_D
循环次数	5000	5000	5000	5000
每次循环时间（min）	30^{+2}_{0}（冷热水各 15^{+1}_{0}）			
试样数量	1			

循环压力冲击试验

按表 2-106 规定的试验条件对管材进行循环压力冲击试验（试验方法按 GB/T 18992.2—2003 附录 D 规定进行试验），试验中管材、管件以及连接处应无渗漏、无破裂。

循环压力冲击试验条件   表 2-106

最高试验压力 （MPa）	最低试验压力 （MPa）	试验温度 （℃）	循环次数	循环频率 （次/min）	试样数量
1.5±0.05	0.1±0.05	23±2	10000	≥30	1

耐拉拔试验

按表 2-107 规定的试验条件（试验方法按 GB/T 15820—1995 规定进行试验），将管材与等径或异径直通管件连接而成的组件施加恒定的轴向拉力，并保持一定的时间，试验过程中管材与管件连接处应不发生相对轴向移动。

耐拉拔试验条件   表 2-107

温　　度（℃）	系统设计压力（MPa）	轴向拉力　（N）	试验时间　h
23±2	所有压力等级	1.178 d_n^{2a}	1
95	0.4	0.314 d_n^2	1
95	0.6	0.471 d_n^2	1
95	0.8	0.628 d_n^2	1
95	1.0	0.785 d_n^2	1

[a] d_n 为管材的公称外径,单位为 mm。

对各种设计压力的管道系统均应按表 2-107 规定进行（23±2）℃的拉拔试验，同时根据管道系统的设计压力选取对应的轴向拉力，进行拉拔试验，试件数量为 3 个。级别 1、2、4 也可以按 T_{max}+10℃进行试验。

仲裁试验时，级别 1、2、4 按 T_{max}+10℃进行试验。

弯曲试验

按表 2-108 规定的试验条件对管材进行弯曲试验（试验方法按 GB/T 18992.2—2003 附录 E 规定进行试验），试验中管材、管件以及连接处应无渗漏、无破裂。

仅当管材公称直径大于等于 32mm 时做此试验。

弯曲试验条件　　　　　　　　表 2-108

项　　目	级别 1	级别 2	级别 4	级别 5
最高设计温度 T_{max}（℃）	80	80	70	90
管材材料的设计应力 σ_{DP}（MPa）	3.85	3.54	4.00	3.24
试验温度　（℃）	20	20	20	20
试验时间　（h）	1	1	1	1
管材材料的静液压应力 σ_P（MPa）	12	12	12	12
试验压力　（MPa） 设计压力 P_D 为 0.4 MPa	1.58[a]	1.58[a]	1.58[a]	1.58[a]
0.6 MPa	1.87	2.04	1.80	2.23
0.8 MPa	2.50	2.72	2.40	2.97
1.0 MPa	3.12	3.39	3.00	3.71
试样数量	3			

[a] 该值按 20℃,1 MPa,50 年计算。

真空试验

按表 2-109 给出的参数进行真空试验（试验方法按 GB/T 18992.2—2003 附录 F 规定进行试验）。

真空试验参数　　　　　　　　表 2-109

项目	试　验　参　数		要　　求
真空密封性	试验温度　（℃）	23	真空压力变化≤0.005MPa
	试验时间　（h）	1	
	试验压力　（MPa）	—0.08	
	试样数量	3	

（3）连接方式。机械密封连接。

（4）产品标记

管材规格用、管系列 S、公称外径 d_n×公称壁厚 e_n、交联工艺、是否输送饮用水表示。

标记示例：

管系列 S5、公称外径为 32mm、公称壁厚为 2.9mm、硅烷交联、可输送饮用水标记为：S5 $d_n32 \times e_n2.9$ PE-X$_b$ Y。

（5）适用范围。适用于建筑物内冷热水用管道系统所用管材，包括工业及民用冷热水、饮用水和采暖系统等。不适用于灭火系统和不使用水为介质的系统所用的管件。

（6）主要生产厂家。上海东理科技发展有限公司、临海市伟星新型建材有限公司。

8. 冷热水用氯化聚氯乙烯（PVC-C）管材

以氯化聚氯乙烯（PVC-C）树脂为主要原料，经挤出成型的冷热水用氯化聚氯乙烯管材。管材颜色由供需双方协商确定。

制造管材所用的主要原料为氯化聚氯乙烯（PVC-C）树脂，以及为提高其加工性能所必须的添加剂组成。

氯化聚氯乙烯（PVC-C）树脂的氯含量（质量分数）应 ≥67%，制造管材氯化聚氯乙烯（PVC-C）混配料（已加添加剂的成品料）的氯含量（质量分数）应 ≥60%。按 GB/T 7139—1986 测定。

PVC-C 管是国外 20 世纪 90 年代初开发的一种新型管材，它的原料是将额外的氯原子加入到 PVC 分子内制造而成，故被称为"氯化聚氯乙烯管"。

除保留 PVC 管材原有基本性能外，PVC-C 管还有：较高的耐热性——长期最高温度可达 93℃；优良的阻燃性——限氧指数是 60，所以 CPV-C 的燃烧能力不高，不会产生火，火焰扩散慢，还能限制烟雾产生，又不会产生有毒气体；管材的热导系数、热膨胀系数比 PP-R、PE-X 低，热损失小；优异的机械强度；优良的化学惰性；施工方便——管材用溶剂连接，十分简便；良好的卫生性能——在所有测试管道中，PVC-C 管道细菌繁殖率最低。

PVC-C 管由于用胶水连接，胶水存在毒性、且耐高温方面也有问题。原材料成本较高，故管材价格较贵。

管材的内外表面应清洁、光滑、不允许有气泡、明显的划伤、凹陷、杂质、颜色不均等缺陷。管端头应切割平整，并与管轴线垂直。

（1）品种规格尺寸

管材按尺寸分为 S6.3、S5、S4、三个管系列。

管材的使用条件分为二个级别，见表 2-110 中级别一、二。

管材按不同的材料及使用条件级别和设计压力选择对应的管系列 S 值，见表 2-110。

PVC-C管材管系列S的选择　　　表 2-110

设计压力 P_D,（MPa）	管系列 S	
	级别 1 $\sigma_D=4.38MPa$	级别 2 $\sigma_D=4.16MPa$
0.6	6.3	6.3
0.8	5	5
1.0	4	4

管材的平均外径以及管系列 S 对应的公称壁厚 e_n 见表 2-111。

管材系列和规格尺寸（mm）　　　表 2-111

公称外径 d_e	平均外径		管系列			长度
	$d_{em,min}$	$d_{em,max}$	S6.3	S5	S4	
			公称壁厚 e_n			
20	20.0	20.2	2.0* (1.5)	2.0* (1.9)	2.3	长度一般为 4m，也可以根据用户的要求由供需双方商定。长度允许偏差为 $^{+0.4}_{0}\%$
25	25.0	25.2	2.0* (1.9)	2.3	2.8	
32	32.0	32.2	2.4	2.9	3.6	
40	40.0	40.2	3.0	3.7	4.5	
50	50.0	50.2	3.7	4.6	5.6	
63	63.0	63.3	4.7	5.8	7.1	
75	75.0	75.3	5.6	6.8	8.4	
90	90.0	90.3	6.7	8.2	10.1	
110	110.0	110.4	8.1	10.0	12.3	
125	125.0	125.4	9.2	11.4	14.0	
140	140.0	140.5	10.3	12.7	15.7	
160	160.0	160.5	11.8	14.6	17.9	

注：考虑到刚度要求，带"*"的最小壁厚为 2.0mm，计算液压试验压力时使用括号的壁厚。

管材不圆度的最大值应符合表 2-112 规定。

不圆度的最大值（mm）
表 2-112

公称外径 d_e	不圆度的最大值	公称外径 d_e	不圆度的最大值
20	1.2	75	1.6
25	1.2	90	1.8
32	1.3	110	2.2
40	1.4	125	2.5
50	1.4	140	2.8
63	1.5	160	3.2

管材的壁厚偏差应符合表 2-113 规定，同一截面的壁厚偏差应≤14%。

壁厚的偏差（mm）
表 2-113

公称壁厚 e_n	允许偏差	公称壁厚 e_n	允许偏差
$1.0 < e_n \leqslant 2.0$	$^{+0.4}_{0}$	$10.0 < e_n \leqslant 11.0$	$^{+1.3}_{0}$
$2.0 < e_n \leqslant 3.0$	$^{+0.5}_{0}$	$11.0 < e_n \leqslant 12.0$	$^{+1.4}_{0}$
$3.0 < e_n \leqslant 4.0$	$^{+0.6}_{0}$	$12.0 < e_n \leqslant 13.0$	$^{+1.5}_{0}$
$4.0 < e_n \leqslant 5.0$	$^{+0.7}_{0}$	$13.0 < e_n \leqslant 14.0$	$^{+1.6}_{0}$
$5.0 < e_n \leqslant 6.0$	$^{+0.8}_{0}$	$14.0 < e_n \leqslant 15.0$	$^{+1.7}_{0}$
$6.0 < e_n \leqslant 7.0$	$^{+0.9}_{0}$	$15.0 < e_n \leqslant 16.0$	$^{+1.8}_{0}$
$7.0 < e_n \leqslant 8.0$	$^{+1.0}_{0}$	$16.0 < e_n \leqslant 17.0$	$^{+1.9}_{0}$
$8.0 < e_n \leqslant 9.0$	$^{+1.1}_{0}$	$17.0 < e_n \leqslant 18.0$	$^{+2.0}_{0}$
$9.0 < e_n \leqslant 10.0$	$^{+1.2}_{0}$		

（2）相关性能指标

物理性能应符合表 2-114 的规定。

物理性能
表 2-114

项　目	要　求
密度/（kg/m³）	1450～1650
维卡软化温度/（℃）	≥110
纵向回缩率/（%）	≤5

力学性能能应符合表 2-115 的规定。

力学性能　　　　　　　表 2-115

项目	试验参数			要求
	试验温度 /(℃)	试验时间 /(h)	静液压应力 /(MPa)	
静液压试验	20	1	43.0	无破裂 无泄漏
	95	165	5.6	
	95	1000	4.6	
静液压状态下的 热稳定性试验	95	8760	3.6	无破裂 无泄漏
落锤冲击试验(0℃)，TIR				≤10%
拉伸屈服强度(MPa)				≥50

用于输送饮用水的管材的卫生性能应符合 GB/T 17219—1998 的规定。

系统适用性

管材与符合 GB/T 18993.3—2003 规定的管件连接后应通过内压和热循环二项组合试验。

内压试验应符合表 2-116 规定。

内压试验　　　　　　　表 2-116

管系列 S	试验温度(℃)	试验压力(MPa)	试验时间(h)	要求
S6.3	80	1.20	3000	无破裂 无泄漏
S5	80	1.59	3000	
S4	80	1.99	3000	

热循环试验应符合表 2-117 规定。

热循环试验　　　　　　表 2-117

最高试验 温度(℃)	最低试验 温度(℃)	试验压力 (MPa)	循环次数	要求
90	20	P_D	5000	无破裂、无泄漏

注：1. 一次循环的时间为 $30^{+2}_{\ 0}$min，包括 $15^{+1}_{\ 0}$min 最高试验温度和 $15^{+1}_{\ 0}$min 最低试验温度。

2. P_D 值按管系列的选择选定。

（3）连接方式。溶剂粘接连接。

（4）产品标记

管材用原料名称、管系列 S、公称外径 d_n×公称壁厚 e_n 表示。

标记示例：

原料为 PVC-C、管系列 S5、公称外径为 32mm、公称壁厚为 2.9mm

标记为：PVC-C S5　32×2.9。

（5）适用范围。适用于工业及民用冷热水管道系统。

（6）主要生产厂家。上海汤臣塑胶实业有限公司、福建亚通新材料股份有限公司。

9. 冷热水用氯化聚氯乙烯（PVC-C）管件

以氯化聚氯乙烯（PVC-C）树脂为主要原料，经注塑成型的冷热水用氯化聚氯乙烯管件。管件颜色由供需双方协商确定。

制造管件所用的原料应符合 GB/T 18993.1—2003 规定（同冷热水用氯化聚氯乙烯（PVC-C）管材的用料）。

管件表面应光滑、平整、不允许有裂纹、气泡、脱皮和明显的杂质、严重的缩形以及色泽不均，分解变色等缺陷。

（1）品种规格尺寸

管材按尺寸分为 S6.3、S5、S4、三个管系列。

管件按连接形式分为溶剂粘结管件、法兰连接管件及螺纹连接管件。

溶剂粘结管件的内径与管材的公称外径 d_n 相一致。不同管系列的管件体的最小壁厚 e_{min}，应符合表 2-118 规定。

管件体的壁厚（mm）　　表 2-118

公称外径 d_n	S6.3	S5	S4
	管件体最小的壁厚 e_{min}		
20	2.1	2.6	3.2
25	2.6	3.2	3.8
32	3.3	4.0	4.9

公称外径	S6.3	S5	S4
d_n	管件体最小的壁厚 e_{min}		
40	4.1	5.0	6.1
50	5.0	6.3	7.6
63	6.4	7.9	9.6
75	7.6	9.2	11.4
90	9.1	11.1	13.7
110	11.0	13.5	16.7
125	12.5	15.4	18.9
140	14.0	17.2	21.2
160	16.0	19.8	24.2

溶剂粘接圆柱形承口尺寸应符合图 2-16、表 2-119 的要求。

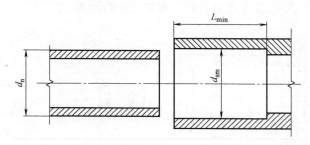

d_n——公称外径；d_{sm}——承口平均内径；L_{min}——承口最小长度

图 2-16　圆柱形承口

圆柱形承口尺寸（mm）　　　　　　　　　　　表 2-119

公称外径	承口的平均内径c d_{sm}		不圆度a	承口长度b　L
d_n	最小	最大	最大	最小
20	20.1	20.3	0.25	16.0
25	25.1	25.3	0.25	18.5
32	32.1	32.3	0.25	22.0
40	40.1	40.3	0.25	26.0
50	50.1	50.3	0.3	31.0
63	63.1	63.3	0.4	37.5

公称外径 d_n	承口的平均内径[c] d_{sm}		不圆度[a]	承口长度[b] L
	最小	最大	最大	最小
75	75.1	75.3	0.5	43.5
90	90.1	90.3	0.6	51.0
110	110.1	110.4	0.7	61.0
125	125.1	125.4	0.8	68.5
140	140.2	140.5	0.9	76.0
160	160.2	160.5	1.0	86.0

a 不圆度偏差小于等于 $0.007d_n$，若 $0.007d_n<0.2mm$，则不圆度偏差小于等于 0.2mm。

b 承口最小长度等于 $0.5d_n+6mm$，最短为 12mm。

c 承口的平均内径 d_{sm}，应在承口中部测量，承口部分最大夹角应不超过 0°30′。

法兰尺寸应符合图 2-17、表 2-120 的要求。

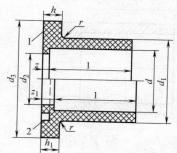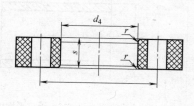

图 2-17　活套法兰变接头

1—平面垫圈接合面；2—密封圈槽接合面

活套法兰变接头尺寸（mm）　　　　表 2-120

承口公称直径 d	法兰变接头									活套法兰		
	d_1	d_2	d_3	l	r 最大	h	z	h_1	z_1	d_4	r 最小	S
20	27 ± 0.15	16	34	16	1	6	3	9	6	$28^{\ 0}_{-0.5}$	1	根据材质而定
25	33 ± 0.15	21	41	19	1.5	7	3	10	6	$34^{\ 0}_{-0.5}$	1.5	

承口公称直径 d	法兰变接头									活套法兰		
	d_1	d_2	d_3	l	r 最大	h	z	h_1	z_1	d_4	r 最小	S
32	41 ± 0.2	28	50	22	1.5	7	3	10	6	$42_{-0.5}^{0}$	1.5	根据材质而定
40	50 ± 0.2	36	61	26	2	8	3	13	8	$51_{-0.5}^{0}$	2	
50	61 ± 0.2	45	73	31	2	8	3	13	8	$62_{-0.5}^{0}$	2	
63	76 ± 0.3	57	90	38	2.5	9	3	14	8	78_{-1}^{0}	2.5	
75	90 ± 0.3	69	106	44	2.5	10	3	15	8	92_{-1}^{0}	2.5	
90	108 ± 0.3	82	125	51	3	11	5	16	10	110_{-1}^{0}	3	
110	131 ± 0.3	102	150	61	3	12	5	18	11	133_{-1}^{0}	3	
125	148 ± 0.4	117	170	69	3	13	5	19	11	150_{-1}^{0}	3	
140	165 ± 0.4	132	188	76	4	14	5	20	11	167_{-1}^{0}	4	
160	188 ± 0.4	152	213	86	4	16	5	22	11	190_{-1}^{0}	4	

注: 1. 承口尺寸及公差按照圆柱形承口尺寸规定。

2. 法兰外径螺栓孔直径及孔数按照 GB/T 9112 规定。

（2）相关性能指标

管件的物理性能应符合表 2-121 的规定。

管件的物理性能 表 2-121

项　　目	要　　求
密度(kg/m³)	1450～1650
维卡软化温度/(℃)	≥103
烘箱试验	无严重的起泡、分层或熔接线裂开

管件的力学性能应符合表 2-122 的规定。

管件的力学性能 表 2-122

项目	试验温度(℃)	管系列	试验压力(MPa)	试验时间(h)	要求
静液压试验	20	S6.3	6.56	1	无破裂无泄漏
		S5	8.76		
		S4	10.94		
静液压试验	60	S6.3	4.10	1	无破裂无泄漏
		S5	5.47		
		S4	6.84		
	80	S6.3	1.20	3000	无破裂无泄漏
		S5	1.59		
		S4	1.99		

静液压状态下热稳定性应符合表 2-123 的规定。

静液压状态下热稳定性 表 2-123

项目	试验参数			要求
	试验温度(℃)	试验时间(h)	静液压应力(MPa)	
静液压状态下的热稳定性试验	90	17520	2.85	无破裂无泄漏

注：制成相同管系列的管材形状后进行试验，按相同的管系列计算试验压力。

卫生性能

用于输送饮用水的管件的卫生性能应符合 GB/T 17219—1998 的规定。

系统适用性

管件与符合 GB/T 18993.2—2003 规定的管材连接后应通过内压和热循环二项组合试验。（试验参数、方法、要求、规定同管材，见表 2-113、表 2-114）。

（3）连接方式。溶剂粘接型、法兰连接型及螺纹连接型。

（4）产品标记

管件用原料名称、公称外径 d_n、管系列 S 标记。

标记示例：

原料为 PVC-C、公称外径为 32mm、管系列 S5 的等径管件

标记为：PVC-C d_n 32 S5。

原料为 PVC-C、公称外径为 32×20mm、管系列 S5 的异径管件

标记为：PVC-C d_n 32×20 S5。

（5）适用范围。适用于工业及民用冷热水管道系统。

（6）主要生产厂家。上海汤臣塑胶实业有限公司、福建亚通新材料股份有限公司。

10. 给水衬塑复合钢管

给水衬塑复合钢管是采用热胀法工艺在钢管内衬硬聚氯乙烯（PVC—U）、氯化聚氯乙烯（CPVC）、聚乙烯（PE）、聚丙烯（PP）、交联聚乙烯（PEX）等塑料管而成，与衬塑可锻铸铁管件、涂（衬）塑钢管件配套使用。

衬塑复合钢管是在钢管内衬聚乙烯（冷水管），或耐热聚乙烯 PE-RT（热水管），所以具有钢管的高机械强度，螺纹连接密封性好，价格低廉；也具有聚乙烯塑料管耐腐蚀、不结垢、不污染、内表面光洁、流体阻力小，寿命长以及良好的卫生性能的特点。

被衬塑的钢管应符合 GB/T 3091、GB/T 3092 中普通管的要求。

衬塑钢管内衬塑料管应采用符合国家、行业标准要求的塑料给水管原料进行制造。

钢管内外表面应光滑，不允许有伤痕或裂纹等。钢管内应拉去焊筋，其残留高度不应大于 0.5mm。

衬塑钢管形状应是直管，两端截面与管轴线成垂直。

衬塑钢管内表面不允许有气泡、裂纹、脱皮，无明显痕纹、凹陷、色泽不均及分解变色线。

（1）品种规格尺寸

衬塑钢管的尺寸及偏差应符合表 2-124 的要求。

衬塑钢管的尺寸及偏差 （mm）   表 2-124

公称通径		内衬塑料管	衬塑钢管		
DN	in	厚度	内径	偏差	长度
15	1/2		12.8	$^{+0.6}_{-0.0}$	
20	3/4		18.3	$^{+0.6}_{-0.0}$	
25	1		24.0	$^{+0.8}_{-0.0}$	
32	11/4	1.5±0.2	32.8	$^{+0.8}_{-0.0}$	
40	11/2		38	$^{+1.0}_{-0.0}$	
50	2		50	$^{+1.0}_{-0.0}$	6.000^{+20}
65	21/2		65	$^{+1.2}_{-0.0}$	
80	3		76.5	$^{+1.4}_{-0.0}$	
100	4	2.0±0.2	102	$^{+1.4}_{-0.0}$	
125	5		128	$^{+2.0}_{-0.0}$	
150	6	2.5±0.2	151	$^{+2.0}_{-0.0}$	

注：1. 供货有特殊要求时，长度可由供需双方协商确定。
    2. 管端是否带螺纹由供需双方确定。

（2）相关性能指标

结合强度（按 CJ/T 136—2001 中 5.3 方法试验）

冷水用衬塑钢管的钢与塑之间结合强度不应小于 0.2MPa（20N/cm²），热水用衬塑钢管的钢与塑之间结合强度不应小于 1.0MPa（100N/cm²）。

弯曲性能（按 CJ/T 136—2001 中 5.4 方法试验）

管径小于等于 50mm 衬塑钢管经弯曲后不发生裂痕，钢与塑之间不发生离层现象。

压扁性能（按 CJ/T 136—2001 中 5.5 方法试验）

管径大于 50mm 衬塑钢管经压扁后不发生裂痕，钢与塑之间不发生离层现象。

内衬塑料管卫生性能应符合 GB/T 17219 的要求。

耐冷热循环性能（按 CJ/T 136—2001 中 5.7 方法试验）

用于输送热水的衬塑管试件经三个周期冷热循环试验，衬塑层无变形裂纹等缺陷，其结合强度不低于 4.1 规定值。

（3）连接方式。螺纹连接、沟槽连接。

（4）产品标记

产品标记由衬塑材料代号、公称通径组成。

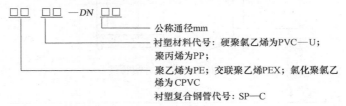

标记示例：

SP—C—（PVC—U）—DN100

公称通径 100mm 内衬硬聚氯乙烯钢塑复合管。

（5）适用范围。适用于工作压力不大于 1.0MPa，公称通径不大于 150mm，输送生活饮用冷热水的给水系统。

（6）主要生产厂家。上海德士净水管道制造有限公司、上海莘天实业有限公司、上海昊力涂塑钢管有限公司。

11. 给水衬塑可锻铸铁管件

给水用可锻铸铁衬塑管件是在可锻铸铁管件内注硬聚氯乙烯（PVC—U）、氯化聚氯乙烯（CPVC）、无规共聚聚丙烯（PP-R）等塑料而成，借以胶圈或厌氧密封胶止水防腐，与给水用涂塑、衬塑复合钢管配套使用。

衬塑管件的坯件可锻铸铁管件应符号 GB/T 3287 的要求。

衬塑管件内衬塑料应采用符合国家、行业标准要求的塑料给水管原料进行制造。

衬塑管件外表面不得有裂缝，不得有锌层损伤的迹象。

衬塑层外表面应光滑平整、无裂口、裂纹、缺损，无明显痕纹、凹陷、色泽不均及分解变色线。

（1）品种规格尺寸

产品构造

图 2-18 为内螺纹衬塑管件构造。内衬件应采用注塑成型。接口形式可分为带螺纹和为不带螺纹两种。

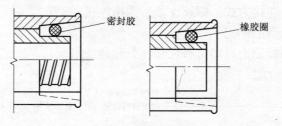

图 2-18　内螺纹衬塑管件

产品尺寸

衬塑管件接口尺寸应符合表 2-125 规定。

（2）相关性能指标

结合性能（按 CJ/T 137—2001 中 5.2 方法试验）

衬塑管件衬塑层与可锻铸铁结合牢固，无空腔、无松动现象。与衬、涂塑管段连接后，衬塑接口不得有裂缝、变形及其他异常现象，铁质不得与水接触，密封材料挤出后不得影响管道水流通道。

内螺纹衬塑管件接口尺寸（mm）　　　　表 2-125

公称通径	带螺纹			不带螺纹	
	铁件与塑料件轴向最小长度 L_1	管件端面与接口面间距 L_2	接口最小内径 d_1	接口最小长度 h	接口最小内径 d_2
15	11	4	11.0	13	9.5
20	13	4	15.9	15	14.5
25	15	5	21.5	17	18.5
32	17	5	29.4	20	27.5
40	18	6	34.7	20	32.5
50	20	6	46.2	24	43.0
65	23	7	59.7	26	57.0
80	25	7	70.0	28	68.0
100	28	8	96.0	32	94.0
125	30	11	119.0	35	120.0
150	33	12	143.5	37	142.0
附图					

耐压强度（按 CJ/T 137—2001 中 5.2 方法试验）

在常温条件下，经 2.5MPa 的水压下持续 1min 无渗漏现象。

接口耐蚀性

按 CJ/T 137—2001 附录 A（标准的附录）在试件内充浓度 3％食盐水，浸泡 72 h，其铁的析出量不得超过 0.3mg/L。

衬塑层的卫生指标应符合 GB/T 17219 的规定。

耐冷热循环性能（按 CJ/T 137—2001 中 5.6 方法试验）

用于输送热水的衬塑管件经三个周期冷热循环试验衬塑层无变形裂纹等缺陷。

橡胶密封圈的技术条件

用于输送冷水的衬塑管件内的橡胶密封圈应符合 HG/T 3091 的要求；

用于输送热水的衬塑管件内的橡胶密封圈应符合 HG/T 3097 的要求；

用于衬塑管件内的厌氧密封胶应符合 CJ/T 137—2001 附录 B（标准的附录）的要求。

（3）连接方式。螺纹连接、沟槽连接。

（4）产品标记

产品标记由管件名称代号、衬塑材料代号和管件公称通径组成。

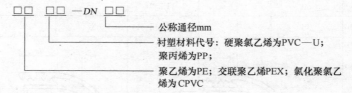

管件名称代号（表 2-126）

管件名称代号 表 2-126

管件名称	代号	管件名称	代号	管件名称	代号
90°弯头	C90	四通	C180	内接头	C280
90°异径弯头	C90R	异径四通	C180R	异径内接头	C245
45°弯头	C120	外接头	C270	管帽	C300
三通	C130	异径外接头	C240	六角管帽	C301
异径三通	C130R	内外螺纹	C241	平行活接头	C330

标记示例

C130RPVC-U—DN50X15

内衬硬聚氯乙烯异径三通 DN50X15 可锻铸铁管件。

（5）适用范围。适用于工作压力不大于 1.6MPa，公称通径不大 150mm 的给水系统。热水型可锻铸铁衬塑管件可输送热水，使用温度≤95℃。

（6）主要生产厂家。上海德士净水管道制造有限公司、上海莘天实业有限公司、上海昊力涂塑钢管有限公司。

12. 给水涂塑复合钢管

用化学或机械等方法，对原管内表面进行处理，去除灰尘、油污。（钢管内焊筋高度应控制在 0.5mm 以下，并不允许有尖锐棱角和锯齿性飞溅。）对已处理的原管加热，用压送或抽吸等方法将塑料粉末送入原管内，使其熔融附着在内壁上，形成给水涂塑复合钢管。

用于涂塑的钢管材质、规格、尺寸应符合 GB/T 3092 的规定，钢管表面镀锌质量应符合 GB/T 3091 的规定。

用于涂敷的聚乙烯粉末，其性能应符合表 2-127 的规定。

聚乙烯粉末性能指标　　　　表 2-127

项　目	指　标	检验方法
密度(g/cm³)＞	0.91	GB/T 1033
熔体流动速率(g/10min)＜	10	GB/T 9643
拉伸强度(MPa)＞	9.80	GB/T 1040
断裂伸长率(%)＞	100	GB/T 1040
维卡软化温度(℃)＞	85	GB/T 1633
不挥发物含量(%)＞	99.5	GB/T 2914
卫生安全性能	符合 GB/T 17219 的要求	

聚乙烯粉末检验除卫生安全性能一项外，其余各项由粉末生产厂家按每个生产批号进行检验，并向涂塑钢管生产厂提交检验报告。卫生安全性能的检验由国家指定检验机构按粉末牌号进行检验。

环氧树脂粉末

用于涂敷的环氧树脂粉末，其性能应符合表 2-128 的规定

环氧树脂粉末性能指标　　　表 2-128

项　　目	指　　标	检 验 方 法
密度(g/cm³)	1.2～1.8	GB/T 1033
粒度分布(%)＜	＞150μm,3;＞250μm,0.2	GB/T 6554
不挥发物含量(%)≥	99.5	GB/T 6554
水平流动性(mm)	22～28	GB/T 6554
胶化时间(s)≤	120(200℃)	GB/T 6554
冲击强度(kg·cm)≥	50	GB/T 1732
弯曲试验(φ2mm)	通过	GB/T 6742
卫生安全性能	符合要求	GB/T 17219

涂层外观要求

塑料涂层必须光滑，没有伤痕、针孔和粘附异物等缺陷。

涂层钢管应具有使用性的直度，但两个端面与管轴必须成直角。

聚乙烯涂层颜色宜为灰色，环氧树脂涂层颜色宜为海蓝色或乳白色。

涂层厚度要求

涂层厚度应符合表 2-129 的规定。

涂层厚度表　（mm）　　　表 2-129

公 称 口 径	涂 层 厚 度
15、20、25	＞0.3
32、40、50	＞0.35
65、80、100、125、150	＞0.4

（1）品种规格尺寸

涂塑钢管根据塑料涂层原料的不同分为内涂聚乙烯和内涂环氧树脂两大类，而每一类中根据钢管表面防腐方式的不同又有外表面镀锌和不镀锌的，外表面不镀锌的钢管一般采用涂塑或涂漆

等不同的防腐形式。

涂塑钢管一般不带螺纹交货。根据用户要求，涂塑钢管可以带螺纹交货，螺纹应符合 GB/T 7306 的要求。

（2）相关性能指标

涂层质量应符合表 2-130 的规定。

涂层质量要求 表 2-130

项 目	要 求		检验方法
	聚乙烯涂层	环氧树脂涂层	
针孔试验	不发生电火花击穿现象		CJ/T 120—2000 中 5.3
附着力试验	≥30N/10mm[1]	涂层不发生剥离	CJ/T 120—2000 中 5.4
弯曲试验（公称口径≤50mm）	涂层不发生脱落、断裂		CJ/T 120—2000 中 5.5
压扁试验（公称口径≥65mm）			CJ/T 120—2000 中 5.6
冲击试验			CJ/T 120—2000 中 5.7
卫生性能试验	符合 GB/T 17219 要求		GB/T 17219

[1] 测试附着力时，如果薄膜断裂，应视为有充分的附着力。

（3）连接方式。沟槽连接、螺纹连接。

（4）产品标记

产品标记由钢塑复合管代号、涂塑代号、涂塑材料、公称口径及执行标准组成。

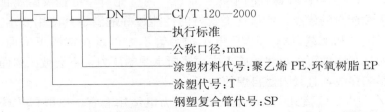

（5）适用范围。适用于工作压力不大于 1.0MPa、工作温度为常温、公称通径不大 150mm 的输送生活饮用水系统。

（6）主要生产厂家。上海昊力涂塑钢管有限公司。

贮存、运输、

搬运管材和管件时，应小心轻放，避免油污，严禁剧烈撞击、与尖锐物品碰触和抛、摔、滚、拖。

管材和管件应存放在通风良好的库房或简易棚内，不得露天存放，防止阳光直射，注意防火安全，距离热源不得小于1m。

管材应水平堆放在平整的地上，应避免弯曲管材，堆置高度不得超过1.5m，管件应逐层码堆，不宜叠得过高。

其他

给水管道系统在验收前，应进行通水冲洗。冲洗水流速宜大于2m/s，冲洗时，应不留死角，每个配水点龙头应打开，系统最低点应设放水口，清洗时间控制在冲洗出口处排水的水质与进水相当为止。

管道消毒后，再用饮用水冲洗，并经卫生监督管理部门取样检验，水质符合现行的国家标准（生活饮用水卫生标准）后，方可交付使用。

生活给水系统管道在交付使用前必须冲洗和消毒，并经有关部门取样检验，符合国家《生活饮用水标准》方可使用。

2.2.3 电工管

本节假日介绍两种电工护套管道：建筑用绝缘电工套管和埋地式高压电力电缆用套管。

建筑用绝缘电工套管主要用于建筑物内电线、电缆的护套管。PVC塑料所具有的绝缘、难燃、内壁光滑、量轻及耐腐蚀等性能上的优点，使得这类管材的性能较好地满足其使用要求。经配方和工艺调整，PVC电工护套管不但可以在室温下弯曲，而且其刚性可满足建筑施工中灌浆所承受的压力，不会被压扁而影响穿线，且具阻燃自熄的功能。

PVC-C管材作为埋地式高压电力电缆用套管，以取代传统的水泥石棉管。它不但能达到高压电力电缆护套管所要求的性能，还可以采用直埋式施工，大大缩短了施工周期，也大大降低了施工成本，深受电力行业的青睐。

1. 建筑用绝缘电工套管及配件

以塑料绝缘材料制成的，用于建筑物或构筑物内保护并保障电线或电缆布线的圆形电工套管（以下简称套管）及配件。

套管及配件内外表面应光滑，不应有裂纹、凸棱、毛刺等缺陷。穿入电线或电缆时，套管不应损伤电线、电缆表面的绝缘层。

（1）品种规格尺寸

1）按连接形式分：

螺纹套管：带有连接用螺纹的平滑套管；

非螺纹套管：不用螺纹连接的套管。

2）按机械性能分：

低机械应力型套管（以下简称轻型）；

中机械应力型套管（以下简称中型）；

高机械应力型套管（以下简称重型）；

超高机械应力型套管（以下简称超重型）。

3）按弯曲特点分：

① 硬质套管：只有借助设备或工具才可弯曲的套管。

a）冷弯型硬质套管：在 JG/T 3050—1998 标准规定的试验条件下可弯曲的硬质套管；

b）非冷弯型硬质套管：在 JG/T 3050—1998 标准规定的试验条件下不能弯曲的硬质套管。

② 半硬质套管：无需借助工具能手工弯曲的套管。

③ 波纹套管：套管轴向具有规则的凹凸波纹。

4）按温度分，见表 2-131。

5）按阻燃特性分：

阻燃套管：套管不易被火焰点燃，或虽能被火焰点燃但点燃后无明显火焰传播，且当火源撤去后，在规定时间内火焰可自熄的套管。

非阻燃套管：被点燃后在规定的时间内火焰不能自熄的套管。

套管的温度分类 表 2-131

温度等级	环境温度不低于(℃)		长期使用温度范围 (℃)
	运输及存放	使用及安装	
−25 型	−25	−15	−15～60
−15 型	−15	−15	−15～60
−5 型	−5	−5	−5～60
90 型	−5	−5	−5～60*
90/−25 型	−25	−15	−15～60*

* 此类套管在预制混凝土中可承受 90 ℃温度作用

规格尺寸

套管规格尺寸

套管规格尺寸应符合表 2-132 的规定。

套管规格尺寸 表 2-132

公称 尺寸 (mm)	外径 (mm)	极限 偏差 (mm)	最小内径 d_1 (mm)		硬质套管 最小厚度 (mm)	米制螺纹	套管长度 L (m)	
			硬质 套管	半硬质 波纹 套管			硬质 套管	半硬质 波纹 套管
16	16	$0 \atop -0.3$	12.2	10.7	1.0	M16×1.5	$4^{+0.005}_{0}$ 也可根据运输及工程要求而定	25～100
20	20	$0 \atop -0.3$	15.8	14.1	1.1	M20×1.5		
25	25	$0 \atop -0.4$	20.6	18.3	1.3	M25×1.5		
32	32	$0 \atop -0.4$	26.6	24.3	1.5	M32×1.5		
40	40	$0 \atop -0.4$	34.4	31.2	1.9	M40×1.5		
50	50	$0 \atop -0.5$	43.2	39.6	2.2	M50×1.5		
63	63	$0 \atop -0.6$	57.0	52.6	2.7	M63×1.5		

套管及配件的螺纹规格尺寸

套管及配件的螺纹规格尺寸应符合图 2-19、表 2-133 的规定，具体测定见 JG/T 3050—1998 中 6.3.5。

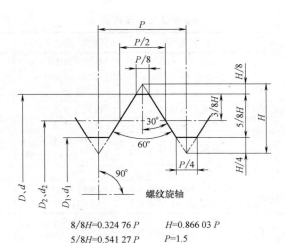

$8/8H = 0.324\ 76\ P \qquad H = 0.866\ 03\ P$

$5/8H = 0.541\ 27\ P \qquad P = 1.5$

图 2-19

套管及配件规格尺寸要求（mm）　　　　　表 2-133

公称尺寸	螺纹外径 d		有效直径 d_2		螺纹内径 d_1		螺纹外径 D		有效直径 D_2		螺纹内径 D_1	
	max	min	max	min	max	min	max	min	max	min	max	min
16	15.968	15.539	14.994	14.770	14.127	13.795		16.0	15.262	15.026	14.751	14.376
20	19.968	19.539	18.994	18.770	18.127	17.795		20.0	19.262	19.026	18.751	18.376
25	24.968	24.539	23.994	23.758	23.127	22.783		25.0	24.276	24.026	23.751	23.376
32	31.968	31.539	30.994	30.758	30.127	29.783		32.0	31.276	31.026	30.751	30.376
40	39.968	39.539	38.994	38.758	38.127	37.783		40.0	39.276	39.026	38.751	38.376
50	49.968	49.539	48.994	48.744	48.127	47.769		50.0	49.291	49.026	48.751	48.376

套管及配件的规格尺寸

套管配件的形式很多，JG/T 3050—1998 不作详细规定。

（2）相关性能指标

套管及配件的技术性能应符合表 2-134 的规定。

序号	项目		硬质套管	半硬质、波纹套管	配件
1	外观		$-(0.1+0.1A)\leqslant$ $\Delta A\leqslant 0.1+0.1A$ 光滑	$-(0.1+0.1A)\leqslant$ $\Delta A\leqslant 0.1+0.1A$ 光滑	光滑无裂纹
2	最大外径		量规自重通过	量规自重通过	—
3	最小外径		量规不能通过	量规不能通过	—
4	最小内径		量规自重通过	内径值不小于表 2-133 所规定的最小内径值	—
5	最小壁厚		厚不小于表 2-133 所规定	—	—
6	抗压性能		载荷 1min 时 $D_f\leqslant 25\%$ 卸荷 1min 时 $D_f\leqslant 10\%$	卸荷 15min $D_f\leqslant 10\%$	
7	冲击性能		12 个试件中至少 10 个不坏、不裂	12 个试件中至少 10 个不坏、不裂	—
8	弯曲性能		无可见裂纹	无可见裂纹，量规 自重通过	—
9	弯曲性能		量规自重通过	量规自重通过	—
10	跌落性能		无震裂、破碎	无震裂、破碎	无震裂、破碎
11	耐热性能		$D_i\leqslant 2mm$	量规自重通过	$D_i\leqslant 2mm$
12	阻燃性能	自熄时间	$t_e\leqslant 30s$	$t_e\leqslant 30s$	$t_e\leqslant 30s$
		氧指数	$OI\geqslant 32$	$OI\geqslant 27$	$OI\geqslant 32$
13	电气性能		15min 内不击穿 $R\geqslant 100M\Omega$	15min 内不击穿 $R\geqslant 100M\Omega$	15min 内不击 穿 $R\geqslant 10M\Omega$

（3）连接方式　螺纹连接。

（4）产品标记

基本格式

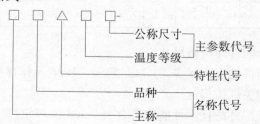

公称尺寸
主参数代号
温度等级
特性代号
品种
名称代号
主称

242

代号规定

a) 名称代号

主称——套管，G；

品种——硬质管，Y；半硬质管，B；波纹管，W。

b) 特性代号

轻型，2；中型，3；重型，4；超重型，5。

c) 主参数代号

温度等级——25型，25；

　　　　——15型，15；

　　　　——5型，05；

　　　　——90型，90；

　　　　——90/−25型，95。

公称尺寸：16，20，25，32，40，50，63。

示例：

硬质套管，温度等级为−25型，机械性能为轻型，公称尺寸为16；

其标记为：GY·225—16。

(5) 适用范围。用于建筑物或构筑物内保护并保障电线或电缆布线。

(6) 主要生产厂家。上海汤臣塑胶实业有限公司、上海新光华塑胶有限公司、福建亚通新材料科技股份有限公司、浙江永高塑业发展有限公司、浙江中财管道科技股份有限公司。

2. 埋地式高压电力电缆用氯化聚氯乙烯（PVC-C）套管

以氯化聚氯乙烯树脂为主要原料，加入必要的添加剂，经挤出成型的套管。一般为橘红色。

套管内外壁应光滑、平整，不允许有气泡、裂口和明显裂纹、凹陷及分解变色线。套管端面应切割平整并与轴线垂直。

(1) 品种规格尺寸

套管规格用 D_e（公称外径）$\times e$（壁厚）表示，见表2-135。

(2) 相关性能指标

物理力学性能应符合表 2-136 的规定。

规格尺寸及偏差（mm）   表 2-135

公称外径 D_e	平均外径		壁厚 e		长　度
	基本尺寸	允许偏差	基本尺寸	允许偏差	
110	110	$+0.8$ -0.4	5.0	$+0.7$ -0.2	
160	160	$+0.8$ -0.4	5.0	$+0.7$ -0.2	
180	180	$+1.0$ -0.5	7.0	$+0.8$ -0.3	套管长度一般为 4m。也可以由供需双方商定。长度极限偏差为长度的 $+0.4\% \sim -0.2\%$
180	180	$+1.0$ -0.5	8.5	$+1.0$ -0.3	
200	200	$+1.0$ -0.5	8.5	$+1.0$ -0.3	
225	225	$+1.0$ -0.5	9.5	$+1.2$ -0.3	

注：其他规格可按用户要求生产。

物理力学性能   表 2-136

项　　目			单位	指标	试验方法
密度			kg/m³	$1350 \sim 1500$	GB/T 1033
维卡软化温度			℃	$\geqslant 93$	GB/T 8802
环片热压缩力	壁厚	$\leqslant 7.0$mm	kN	$\geqslant 0.70$	QB/T2479—2000 中 5.6.3
		$\geqslant 8.5$mm		$\geqslant 1.26$	
摩擦系数			—	$\leqslant 0.35$	GB/T 3960
体积电阻率			$\Omega \cdot cm$	$\geqslant 1.0 \times 10^{13}$	GB1410
落锤冲击试验			—	9/10 通过	GB/T 6112

弯曲度（试验方法按 GB/T 8805 规定）

弯曲度不大于 1.0%。

（3）连接方式。弹性密封圈连接。

（4）适用范围。适用于保护埋设地下的高压及超高压电力电缆。

（5）主要生产厂家。上海汤臣塑胶实业有限公司、福建亚通新材料科技股份有限公司。

2.3 建筑用窗

建筑用窗，是指建筑工程中用到的各类窗的统称，包括木窗、金属窗、塑料窗等。

本章主要介绍建筑工程中常用的铝合金窗与塑料窗。

2.3.1 铝合金窗

1. 产品定义

铝合金窗是指采用铝合金建筑型材制作框、扇杆件结构的窗的总称。

2. 种类、产品系列、规格、命名

（1）种类

按是否安装隔热条分为普通铝合金窗和断桥铝合金窗。

按开启形式分为平开旋转类、推拉平移类和折叠类。

（2）产品系列

以窗框在洞口深度方向的设计尺寸——窗框厚度构造尺寸划分。

（3）规格

以窗宽、高的设计尺寸——窗的宽度构造尺寸和高度构造尺寸的千、百、十位数字，前后顺序排列的六位数字表示。

（4）命名

按窗用途（可省略）、功能、系列、品种、产品简称的顺序命名。

示例：（外墙用）普通型 50 系列平开铝合金窗。

3. 验收要点

铝合金窗在进入建设工程被使用前，必须进行检验验收。验收主要包括资料验收和实物验收两部分。

（1）资料验收

1）铝合金窗质量证明资料

铝合金窗在进入施工现场时应对质量证明资料进行验收，质量证明书包括：质量保证书、产品备案证、铝合金窗工程的施工图、设计说明及其他设计文件；铝合金窗的性能检验报告、节能性能标识证书等；所使用的玻璃、型材等材料的产品合格证书、质量保证书、产品备案证、性能检测报告、进场验收记录；隐框窗的硅酮结构胶相容性试验报告；隐蔽工程验收记录；铝合金窗产品合格证书；施工自检记录；进口商品应提供报关章和商检证明。

2）建立材料台账

铝合金窗在进入施工现场后，施工单位应及时建立"建设工程材料采购验收检验使用综合台账"。监理单位可设立"建设工程材料监理监督台账"。内容可包括：材料名称、规格等级、生产单位、供应单位、进货日期、送样单编号、实收数量、质量证明书编号、外观质量、材料检验日期、复验报告编号和结果、工程材料报审表确认日期、使用部位、审核人签名等信息。

（2）实物质量的验收

铝合金窗实物质量验收分为外观质量验收、性能指标复验、现场实体检验。

1）外观质量要求

根据《铝合金门窗》GB/T 8478—2008，铝合金窗外观质量应满足以下要求：

a. 产品表面不应有铝屑、毛刺、油污或其他污迹；密封胶缝应连续、平滑、连接处不应有外溢的胶粘剂；密封胶条应安装到位，四角应镶嵌可靠，不应有胶开的现象。

b. 窗框扇铝合金型材表面没有明显的色差、凹凸不平、划伤、擦伤、碰伤等缺陷。在一个玻璃分格内，铝合金型材表面擦伤、划伤应符合表 2-137 的规定。

c. 铝合金型材表面在许可范围内的擦伤和划伤，可采用相应的方法进行修补，修补后应与原涂层的颜色和光泽基本一致。

d. 玻璃表面应无明显色差、划痕和擦伤。

外观质量要求   表 2-137

项　目	要　求	
	室外侧	室内侧
擦伤、划伤深度	不大于表面处理层厚度	
擦伤总面积（mm²）	≤500	≤300
划伤总长度（mm）	≤150	≤100
擦伤和划伤处数	≤4	≤3

2）性能指标复验

《建筑装饰装修工程质量验收规范》GB 50210—2001 规定："建筑外墙铝合金窗，其抗风压性能、空气渗透性能和雨水渗漏性能需进行复验"。

《建筑节能工程施工质量验收规程》DGJ 08-113—2009 规定：门窗节能工程使用的铝合金外窗，其气密性、传热系数（保温性能）需进行复验。

样品要求：气密性能、水密性能和抗风压性能检测试件数量为 3 樘（同一窗型、同一规格尺寸），保温性能检测试件为 1 樘（同一窗型、同一规格尺寸），且气密性能、水密性能和抗风压性能检测用窗需加副框。

应提供图纸：包括设计说明，外窗立面图、剖面图和主要节点图。

3）现场实体检验

《建筑节能工程施工质量验收规程》DGJ08-113—2009 规定：门窗节能工程使用的铝合金外窗应做现场气密性检验。

检测批量要求：每单位工程的外窗至少抽查 3 樘，当单位工程外窗有 2 种以上品种、类型和开启方式时，每种品种、类型和开启方式的外窗应至少抽查 3 樘。

4. 判定规则

（1）外观质量

对该批全部铝合金窗进行外观质量检查，全部合格则该批铝合金窗外观质量合格。

（2）气密、水密、抗风压性能、传热系数（保温性能）

根据《建筑外门窗气密、水密、抗风压性能分级及检测方法》GB/T 7106—2008，铝合金窗气密性能取 3 樘试件检测值的平均值，且正负压分别定级，取两者中的不利级别为该组试件所属等级，该级别满足工程设计要求，则该组铝合金窗气密性能合格。

根据《建筑外门窗气密、水密、抗风压性能分级及检测方法》GB/T 7106—2008，铝合金窗水密性能取 3 樘试件检测值的算术平均值，如果 3 樘检测值中最高值和中间值相差两个检测压力等级以上时，将该最高值降至比中间值高两个检测压力等级后，再进行算术平均，如果 3 个检测值中较小的两值相等时，其中任意一值可视为中间值，平均值满足工程设计要求，则该组铝合金窗水密性能合格。

根据《建筑外门窗气密、水密、抗风压性能分级及检测方法》GB/T 7106—2008，进行铝合金窗抗风压性能的 3 樘试件必须全部满足工程设计要求，则该组铝合金窗抗风压性能合格。

根据《建筑外门窗保温性能分级及检测方法》GB/T 8484—2008，确定铝合金窗传热系数检测值，满足工程设计要求时，则该组铝合金窗传热系数（保温性能）合格。

以上检验项目中若有不合格项，可再从该批产品中抽取双倍试件对该不合格项进行复验，复验结果全部达到设计要求时判定该项目合格，否则判定该批产品不合格。

（3）现场实体检验

按《建筑外窗气密、水密、抗风压性能现场检测方法》JG/T 211—2007 和《建筑外门窗气密、水密、抗风压性能分级及检测方法》GB/T 7106—2008，铝合金窗气密性能取 3 樘试件检测值的平均值，按照缝长和面积分别计算各自所属等级，取两者中的不利级别为该组试件所属等级，最后取两者的不利级别为该组试件的所属等级，正负压分别定级，均满足工程设计要求时，则该组铝合金窗气密性能合格。当不满足工程设计要求时，应另外抽取双倍试件（6樘）进行复验，复验结果均满足工程设计要求时则判定该批产品气密性满足设计要求，否则判定该批产品不合格。

5. 简单应用

铝合金窗具有美观、密封、强度高，广泛应用于建筑工程领域。在我国建筑用窗产品市场上，铝合金窗产品占的比例最大，为55%。

6. 包装、运输、贮存

（1）包装

1）应根据窗铝合金型材、玻璃和附件的表面处理情况，采取合适的无腐蚀作用材料包装。

2）包装箱应有足够的承载能力，确保运输中不受损坏。

3）包装箱内的各类部件，避免发生相互碰撞、窜动。

4）包装储运图示标志及使用方法应符合 GB/T 191—2008 的要求。

（2）运输

1）在运输过程中避免包装箱发生相互碰撞。

2）搬运过程中应轻拿轻放，严禁摔、扔、碰击。

3）运输工具应有防雨措施，并保持清洁无污染。

（3）贮存

1）产品应放置通风、干燥的地方。严禁与酸、碱、盐类物质接触并防止雨水侵入。

2）产品严禁与地面直接接触，底部垫高大于100mm。

3）产品放置应用非金属垫块垫平，立放角度不小于70°。

2.3.2 塑料窗

1. 产品定义

塑料窗是指由未增塑聚氯乙烯（PVC-U）型材按规定要求使用增强型钢制作的窗。

2. 种类、规格

塑料窗按开启形式分为平开、推拉、上下推拉、平开下悬、上悬、中悬、下悬和固定。当固定窗与各类窗组合时，均归入该类窗。

3. 验收要点

塑料窗在进入建设工程被使用前，必须进行检验验收。验收主要包括资料验收和实物验收两部分。

（1）资料验收

1）塑料窗质量证明书资料

塑料窗在进入施工现场时应对质量证明资料进行验收，质量证明书包括：产品备案证、塑料窗工程的施工图、设计说明及其他设计文件；塑料窗的性能检验报告、节能性能标识证书等；所使用的玻璃、型材等材料的产品合格证书、质量保证书、产品备案证、性能检测报告、进场验收记录；隐蔽工程验收记录；塑料窗产品合格证书；施工自检记录；进口商品应提供报关章和商检证明。

2）建立材料台账

塑料窗在进入施工现场后，施工单位应及时建立"建设工程材料采购验收检验使用综合台账"。监理单位可设立"建设工程材料监理监督台账"。内容可包括：材料名称、规格等级、生产单位、供应单位、进货日期、送样单编号、实收数量、质量证明书编号、外观质量、材料检验日期、复验报告编号和结果、工程材料报审表确认日期、使用部位、审核人签名等信息。

（2）实物质量的验收

实物质量验收分为外观质量验收、性能指标复验、现场实体检验。

1）外观质量要求

根据《未增塑聚氯乙烯（PVC-U）塑料窗》JG/T 140—2005，塑料窗外观质量应满足以下要求：

a. 窗构件可视面应平滑，颜色基本均匀一致，无裂纹、气泡，不得有严重影响外观的擦、划伤等缺陷。

b. 焊缝清理后，刀痕应均匀、光滑、平整。

2）性能指标复验

《建筑装饰装修工程质量验收规范》GB 50210—2001 规定："建筑外墙塑料窗，其抗风压性能、空气渗透性能和雨水渗漏性能需进行复验"。

《建筑节能工程施工质量验收规程》DGJ 08-113—2009 规定：门窗节能工程使用的塑料外窗，其气密性、传热系数（保温性）需进行复验。

样品要求：气密性能、水密性能和抗风压性能检测试件数量为 3 樘（同一窗型、同一规格尺寸），保温性能检测试件为 1 樘（同一窗型、同一规格尺寸），且气密性能、水密性能和抗风压性能检测用窗需加副框。

应提供图纸：包括设计说明，立面图、剖面图和主要节点图。

3）现场实体检验

《建筑节能工程施工质量验收规程》DGJ 08-113—2009 规定：门窗节能工程使用的塑料外窗应做现场气密性检验。

检测批量要求：每单位工程的外窗至少抽查 3 樘，当单位工程外窗有 2 种以上品种、类型和开启方式时，每种品种、类型和开启方式的外窗应至少抽查 3 樘。

4. 判定规则

（1）外观质量

按每一批次、品种、规格分别随机抽取 5％且不得少于 3 樘，当出现不合格时，应加倍抽样，对不合格的项目进行复检，如该项仍不合格，则判定该批产品为不合格。

（2）气密、水密、抗风压性能、传热系数（保温性能）

根据《建筑外门窗气密、水密、抗风压性能分级及检测方法》GB/T 7106—2008，塑料窗气密性能取 3 樘试件检测值的平均值，且正负压分别定级，取两者中的不利级别为该组试件所属等级，该级别满足工程设计要求，则该组塑料窗气密性能合格。

根据《建筑外门窗气密、水密、抗风压性能分级及检测方法》GB/T 7106—2008，塑料窗水密性能取 3 樘试件检测值的算术平均值，如果 3 樘检测值中最高值和中间值相差两个检测压力等级以上时，将该最高值降至比中间值高两个检测压力等级后，再进行算术平均，如果 3 个检测值中较小的两值相等时，其中任意一值可视为中间值，平均值满足工程设计要求，则该组塑料窗水密性能合格。

根据《建筑外门窗气密、水密、抗风压性能分级及检测方法》GB/T 7106—2008，进行塑料窗抗风压性能的 3 樘试件必须全部满足工程设计要求，则该组塑料窗抗风压性能合格。

根据《建筑外门窗保温性能分级及检测方法》GB/T 8484—2008，确定塑料窗传热系数等级，满足工程设计要求，则该组塑料窗传热系数（保温性能）合格。

以上检验项目中若有不合格项，可再从该批产品中抽取双倍试件对该不合格项进行复验，复验结果全部达到设计要求时判定该项目合格，否则判定该批产品不合格。

（3）现场实体检验

按《建筑外窗气密、水密、抗风压性能现场检测方法》JG/T 211—2007 和《建筑外门窗气密、水密、抗风压性能分级及检测方法》GB/T 7106—2008，塑料窗气密性能取 3 樘试件检测值的平均值，按照缝长和面积分别计算各自所属等级，取两者中的不利级别为该组试件所属等级，最后取两者的不利级别为该组试件的所属等级，正负压分别定级，均满足工程设计要求时，则该组塑料窗气密性能合格。当不满足工程设计要求时，应另外抽取双倍试件（6 樘）进行复验，复验结果均满足工程设计要求时则判定该批产品气密性满足设计要求，否则判定该批产品不合格。

5. 简单应用

塑料门窗用较小的经济代价获得了良好的保温性能。我国的塑料门窗是在 20 世纪 80 年代中期开始引进国外先进技术、设备的基础上发展起来的。目前欧洲塑料门窗的市场平均占有率为 40%，德国塑料门窗市场占有率已达 54%，美国已达 45%。我国近 35％门窗为塑料制品 。尽管这一比例与发达国家相比还有一定距离，但足以说明中国塑料门窗市场需求正不断扩大。

6. 标志、包装、运输、贮存

（1）标志

1）在产品的明显部位应注明产品标志，标志内容包括：制造厂名称、产品标记、产品执行标准、制造日期。

2）产品检验合格后应有合格证。合格证应符合 GB/T 14436 的规定。

（2）包装

1）产品表面应有保护措施，宜用无腐蚀性的软质材料包装。

2）包装应牢固，并有防潮措施。

3）产品出厂时应附有产品清单及产品检验合格证。

（3）运输

1）装运产品的运输工具，应有防雨措施并保持清洁。

2）在运输、装卸时，应保证产品不变形、不损伤、表面完好。

（4）贮存

1）产品应放置通风、防雨、干燥、清洁、平整的地方。严禁与腐蚀性物质接触。

2）产品贮存环境温度应低于 50℃，距离热源不应小于 1m。

3）产品不应直接接触地面，底部应垫高不小于 100mm。产品应立放，立放角度不小于 70°，并有防倾倒措施。

2.4 建筑玻璃

1. 概述

建筑玻璃一般分为用于建筑外围护结构玻璃和内部玻璃，例如玻璃幕墙、玻璃屋面、玻璃门窗、玻璃雨篷、玻璃栏板、玻璃楼梯、玻璃地板、游泳馆水下观察窗等。建筑物采用的玻璃通常有平板玻璃以及由平板玻璃作为原片制作的深加工玻璃，如钢化玻璃、半钢化玻璃、夹层玻璃、镀膜玻璃和中空玻璃等。

本章主要介绍建筑工程中常用的钢化玻璃、夹层玻璃、中空玻璃。

2. 产品定义

建筑玻璃是应用于建筑物上玻璃的统称。

单片玻璃为平板玻璃、镀膜玻璃、着色玻璃、半钢化玻璃和钢化玻璃等的统称。

钢化玻璃是经热处理工艺之后的玻璃。

夹层玻璃是玻璃与玻璃和/或塑料等材料，用中间层分隔并通过处理使其粘结为一体的复合材料的统称。

中空玻璃是由两片或多片玻璃以有效支撑均匀隔开并周边粘接密封，使玻璃层间形成有干燥气体空间的玻璃制品。

3. 种类、规格、主要技术指标

（1）钢化玻璃分类

按生产工艺分类，可分为：垂直法钢化玻璃、水平法钢化玻璃。

按形状分类，可分为：平面钢化玻璃、曲面钢化玻璃。

（2）夹层玻璃分类

按形状分类，可分为：平面夹层玻璃、曲面夹层玻璃。

按霰弹袋冲击性能分类，可分为：Ⅰ类夹层玻璃、Ⅱ-1类夹层玻璃、Ⅱ-2类夹层玻璃、Ⅲ类夹层玻璃。

（3）中空玻璃分类

按形状分类，可分为：平面中空玻璃、曲面中空玻璃。

按中空腔内气体分类，可分为：普通中空玻璃（中空腔内为空气）、充气中空玻璃（中空腔内充入氩气、氪气等气体）。

《中空玻璃》GB/T 11944—2012规定：中空玻璃的露点应<－40℃。

《建筑节能工程施工质量验收规程》DGJ 08-113—2009规定：幕墙玻璃的传热系数、遮阳系数、可见光透射比、中空玻璃露点应符合设计和相关标准要求。

《建筑节能工程施工质量验收规程》DGJ 08-113—2009规

定：外窗（包括阳台门）中空玻璃露点、中空玻璃遮阳系数和中空玻璃可见光透射比应符合设计要求。

4. 验收要点

建筑玻璃在进入建设工程被使用前，必须进行检验验收。验收主要包括资料验收和实物验收两部分。

（1）资料验收

1）建筑玻璃质量证明书

建筑玻璃在进入施工现场时应对玻璃质量证明书进行验收，质量证明书包括质量保证书、产品备案证、3C 证书及 3C 年度监督合格证书、有效的产品性能检测报告。

2）建立材料台账

建筑玻璃在进入施工现场后，施工单位应及时建立"建设工程材料采购验收检验使用综合台账"。监理单位可设立"建设工程材料监理监督台账"。内容可包括：材料名称、规格等级、生产单位、供应单位、进货日期、送样单编号、实收数量、质量证明书编号、外观质量、材料检验日期、复验报告编号和结果、工程材料报审表确认日期、使用部位、审核人签名等信息。

（2）实物质量的验收

1）钢化玻璃实物质量验收分为外观质量验收、见证取样送检

① 钢化玻璃的外观质量应满足表 2-138 要求：

钢化玻璃外观质量要求　　　　　　表 2-138

缺陷名称	说　　明	允许缺陷数
爆边	每片玻璃每米边长上允许有长度不超过 10mm,自玻璃边部向玻璃板表面延伸深度不超过 2mm,自板面向玻璃厚度延伸深度不超过厚度 1/3 的爆边个数	1 处
划伤	宽度在 0.1mm 以下的轻微划伤,每平方米面积内允许存在条数	长度≤100mm 时 4 条
夹钳印	夹钳印与玻璃边缘的距离≤20mm,边部变形量≤2mm	
裂纹、缺角	不允许存在	

② 钢化玻璃见证取样送检

《上海市建筑物使用安装安全玻璃规定》（市长令）及相关要求规定，对见证取样送检的钢化玻璃应进行表面应力和碎片状态检测。具体要求见表 2-139。

4 片玻璃碎片状态：

钢化玻璃检测规定　　　　　　　　　表 2-139

玻 璃 品 种	公称厚度(mm)	最少碎片数（片）
平面钢化玻璃	3	30
	4～12	40
	≥15	30
曲面钢化玻璃	≥4	30

3 块玻璃表面应力：≥90MPa。

2）夹层玻璃实物质量验收分为外观质量验收、见证取样送检

① 夹层玻璃外观质量应符合下列要求：

可视区缺陷：

a. 可视区点状缺陷数应满足表 2-140 规定。

可视区质量要求　　　　　　　　　表 2-140

缺陷尺寸(λ)/(mm)		0.5<λ≤1.0	1.0<λ≤3.0			
玻璃面积(S)/(m²)		S 不限	S≤1	1<S≤2	2<S≤8	8<S
允许缺陷数/(个)	玻璃导数 2	不得密集存在	1	2	1.0m²	1.2m²
	3		2	3	1.5m²	1.8m²
	4		3	4	2.0m²	2.4m²
	≥5		4	5	2.5m²	3.0m²

注：1. 不大于 0.5mm 的缺陷不考虑，不允许出现大于 3mm 的缺陷。

2. 当出现下列情况之一时，视为密集存在：

a. 两层玻璃时，出现 4 个或 4 个以上，且彼此相距<200mm 缺陷；

b. 三层玻璃时，出现 4 个或 4 个以上，且彼此相距<180mm；

c. 四层玻璃时，出现 4 个或 4 个以上，且彼此相距<150mm；

d. 五层以上玻璃时，出现 4 个或 4 个以上，且彼此相距<100mm。

3. 单层中间层单层厚度大于 2mm 时，上表允许缺陷数总数增加 1。

b. 可视区线状缺陷应满足表 2-141 规定。

可视区线状质量要求　　　　　表 2-141

缺陷尺寸(长度 L,宽度 B)/(mm)	$L\leqslant30$ 且 $B\leqslant0.2$	$L>30$ 或 $B>0.2$		
玻璃面积(S)/(m²)	S 不限	$S\leqslant5$	$5<S\leqslant8$	$8<S$
允许缺陷数/(个)	允许存在	不允许	1	2

c. 周边区域缺陷

使用时装有边框的夹层玻璃周边区域，允许直径不超过 5mm 的点状缺陷存在，如点状缺陷是气泡，气泡面积之和不应超过边缘区面积的 5%。

使用时不带边框夹层玻璃的周边区缺陷，由供需双方商定。

d. 裂口

不允许存在。

e. 爆边

长度或宽度不得超过玻璃的厚度。

f. 脱胶

不允许存在。

g. 皱痕和条纹

不允许存在。

② 夹层玻璃见证取样送检

《上海市建筑物使用安装安全玻璃规定》（市长令）及相关要求规定，对见证取样送检的夹层玻璃应进行耐热性检测。具体要求如下：

现场取样送检数量为 3 块 300mm×300mm，试验后允许试样存在裂口，超出边部或裂口 13mm 部分不能产生气泡或其他缺陷。

3）中空玻璃实物质量验收分为外观质量验收、节能性能复验、见证取样送检

① 外观质量验收

中空玻璃的外观质量应符合表 2-142 规定。

中空玻璃外观要求 表 2-142

项目	要　求
边部密封	内道密封胶应均匀连续,外道密封胶应均匀整齐,与玻璃充分粘结,且不超出玻璃边缘
玻璃	宽度≤0.2mm,长度≤30mm 的划伤允许 4 条/m^2,0.2mm<宽度≤1mm,长度≤50mm 划伤允许 1 条/m^2;其他缺陷应符合相应玻璃标准要求
间隔材料	无扭曲,表面平整光洁;表面无污痕、斑点及片状氧化现象
中空腔	无异物
玻璃内表面	无妨碍透视的污迹和密封胶流淌

② 节能性能复验

《建筑节能工程施工质量验收规程》DGJ 08-113—2009 规定:幕墙节能工程使用的玻璃,其可见光透射比、传热系数、遮阳系数、中空玻璃露点需进行复验。

《建筑节能工程施工质量验收规程》DGJ 08-113—2009 规定:门窗节能工程使用的中空玻璃,其可见光透射比、遮阳系数、露点需进行复验。

《上海市建筑物使用安装安全玻璃规定》(市长令)及相关要求规定,在中空玻璃送检委托单上应注明使用该玻璃的建筑物类型(公共建筑或居住建筑),并根据设计文件要求填写玻璃遮阳系数和可见光透射比的技术参数范围。

具体要求如下:

a. 门窗工程

《建筑节能工程施工质量验收规程》DGJ 08-113—2009 规定:建筑外窗(包括阳台门)的中空玻璃露点现场取样送检数量为 3 扇,中空玻璃遮阳系数、可见光透射比现场取样送检数量为 3 块(100mm×100mm,要求产品结构、原材料、制作工艺相同,非钢化处理)。

b. 幕墙工程

幕墙工程的中空玻璃露点现场取样送检应满足《中空玻璃》GB/T 11944—2012 的要求：试样为制品或与制品相同材料，在同一工艺条件下制作的尺寸为 510mm×360mm 的试样，数量为 15 块。

幕墙玻璃可见光透射比、传热系数、遮阳系数现场取样送检数量为 3 块（100mm×100mm，要求产品结构、原材料、制作工艺相同，非钢化处理）。

③ 见证取样送检

《上海市建筑物使用安装安全玻璃规定》（市长令）及相关要求规定，对见证取样送检的钢化或夹层玻璃加工或组合成的安全玻璃制品参照对应的钢化或夹层玻璃检测项目，且工程中应用的不同生产厂家不同品种类型的产品抽查不少于一组。普通白玻璃中空玻璃可不做玻璃遮阳系数和可见光透射比的检测。

5. 判定规则

（1）钢化玻璃

1）外观质量

若不合格品数等于或大于表 2-143 的不合格判定数，则认为该批产品的外观质量不合格。

钢化玻璃外观检验　　　　　　　　　表 2-143

批量范围	抽检数	合格判定数	不合格判定数
1~8	2	1	2
9~15	3	1	2
16~25	2	1	2
26~50	3	1	3
51~90	5	1	4
91~150	8	2	6
151~280	13	3	8
281~500	20	5	11
501~1000	32	7	15

2）碎片状态

4 块试样进行试验，每块试样必须满足上述条文规定要求。

3）表面应力

以制品为试样，取 3 块试样进行试验，当全部符合规定为合格，2 块试样不符合则为不合格，当 2 块试样符合时，再追加 3块试样，如果全部符合规定则为合格。

（2）夹层玻璃

1）外观质量

若不合格品数等于或大于表 2-144 的不合格判定数，则认为该批产品的外观质量不合格。

夹层玻璃外观质量　　　　　表 2-144

批量范围	抽检数	合格判定数	不合格判定数
2～8	2	0	1
9～15	3	0	1
16～25	5	1	2
26～50	8	2	3
51～90	13	3	4
91～150	20	5	6
151～280	32	7	8
281～500	50	10	11

2）耐热性

取 3 块试样进行试验。当全部符合规定为合格，1 块试样不符合则为不合格，当 2 块试样符合时，再追加 3 块试样，如果全部符合规定则为合格。

（3）中空玻璃

1）中空玻璃外观质量

若不合格品数等于或大于表 2-145 的不合格判定数，则认为该批产品的外观质量不合格。

中空玻璃外观质量 表 2-145

批量范围	抽检数	合格判定数	不合格判定数
2～8	2	0	1
9～15	3	0	1
16～25	5	1	2
26～50	8	1	2
51～90	13	2	3
91～150	20	3	4
151～280	32	5	6
281～500	50	7	8

2）中空玻璃露点

a. 门窗工程

取 3 扇外窗进行露点检测，全部合格该项性能合格。

b. 幕墙工程

取 15 块试样进行露点检测，全部合格该项性能合格。

3）中空玻璃可见光透射比、传热系数、遮阳系数

a. 门窗工程

中空玻璃可见光透射比、遮阳系数检测值符合设计要求时为合格。

b. 幕墙工程

中空玻璃可见光透射比、传热系数、遮阳系数检测值符合设计和相关标准要求时为合格。

4）对见证取样送检的钢化或夹层玻璃加工或组合成的安全玻璃制品参照对应的钢化或夹层玻璃检测项目。

6. 简单应用

（1）钢化玻璃

由于钢化玻璃破碎后，碎片会破成均匀的小颗粒并且没有普遍玻璃刀状的尖角，从而被称为安全玻璃而广泛用于汽车、室内装饰之中，以及高楼层对外开启的窗户。

（2）夹层玻璃

夹层玻璃具有很高的强度、韧性，而且抗碰撞能力、安全性好、透明度高，一旦破碎，内外两层玻璃的碎片仍能粘结在PVB膜片上。膜片具有较大的韧性，在承受撞击时会拱起，从而吸收一部分撞击能量，具有一定缓冲作用，其高速冲击强度要高于钢化玻璃。

还有一些特殊的夹层玻璃，这种玻璃除具有夹层玻璃的功能外，还有特殊的功能。比如防弹玻璃，它是在夹层玻璃中夹一层非常结实而透明的化学薄膜。这不仅能有效地防止枪弹射击，而且还具有抗浪涌冲击、抗爆、抗震和撞击等特点。

电热玻璃，在两层玻璃与PVB薄膜结合时，中间夹入极细的钨丝，通电后钨丝发热，可将玻璃表面的水分蒸发。天线夹层玻璃，在玻璃夹层中夹有很细的铜丝，用以代替拉杆天线，即可避免天线杆拉进拉出的麻烦，又不致发生腐蚀。遮阳夹层玻璃，在前风挡玻璃上方夹层上一层彩色膜片，由深而浅，在某种程度上起遮阳作用。

（3）中空玻璃

为了寻求节能性能的提高，开发出多层中空玻璃、Low-E中空玻璃和腔体里充入惰性气体的中空玻璃等产品，这些新技术、新材料的运用，使中空玻璃具有更好的节能效果，能改善室内环境，丰富建筑物的色调和艺术性，是绿色、节能、环保的建材产品，广泛应用于建筑、交通、冷藏等行业。

7. 包装、标志、运输、贮存

（1）钢化玻璃

1）包装

玻璃的包装宜采用木箱、集装箱或集装架包装，箱（架）应便于装卸、运输。每箱（架）宜装同一厚度、尺寸的玻璃。玻璃之间以及玻璃与包装箱（架）之间应采取防护措施，防止玻璃的破损和玻璃表面的划伤。

2）包装标志

包装标志应符合国家有关标准的规定，每个包装箱应标明"朝上、轻搬正放、小心破碎、防雨怕湿"等字样。

3）运输

运输时，玻璃应固定牢固，防止滑动、倾倒，应有防雨措施。

4）贮存

产品应贮存在不结露点或有防雨设施的地方。

（2）夹层玻璃

1）包装

产品应用木箱或集装箱包装。每片玻璃应用塑料膜或纸等材料隔开。夹层玻璃与包装箱之间用不易引起玻璃划伤等外观缺陷的软材料填实。具体要求应符合 JC/T 512 的规定。

2）标志

标志应符合 JC/T 512 的有关规定。每个包装箱外应标明"朝上、小心轻放"等字样和玻璃厚度、种类、厂名或商标。

3）运输

产品用各种类型的车辆运输，搬运规则，条件应符合 JC/T 512 的有关规定。

运输时，夹层玻璃不得平放或斜放，长度方向应与运输车辆运动方向一致，应有防雨措施。

4）贮存

产品应垂直放置，贮存于干燥的室内。

（3）中空玻璃

1）包装

中空玻璃可采用木箱、集装箱或集装架包装，包装箱应符合国家有关标准规定。玻璃之间以及玻璃与包装箱之间应用不易划伤玻璃的间隔材料隔开。

2）标志

标志应符合国家有关标准的规定，应包括产品名称、厂名、厂址、商标、规格、数量、生产日期、执行标准。且应标明"朝上、轻搬正放、防雨、防潮、小心破碎"等字样。

3）运输

产品运输应符合国家有关规定。

运输时，不得平放，长度方向应与运输车辆运动方向一致，应有防雨措施。

4）贮存

产品应垂直放置，贮存于干燥的室内。

2.5 保温节能材料

2.5.1 建筑节能材料概述和分类

1. 建筑节能材料概述

在建筑中，外围护结构的热损耗较大，外围护结构中墙体又占了很大份额。故此，建筑墙体改革与墙体节能技术的发展是建筑节能技术的一个最重要的环节，发展外墙保温技术及节能材料则是建筑节能的主要实现方式。

外墙保温技术最早起源于欧洲，我国是从 20 世纪 80 年代中期开始试点，并将该技术广泛应用于建筑领域的。但目前的建筑节能水平，还远低于发达国家，我国建筑单位面积能耗仍是气候相近的发达国家的 3～5 倍。所以建筑节能还是 21 世纪我国建筑业的一个重要的课题。近年来，随着我国住宅建设节能工作的不断深入，以及节能标准的不断提高，引进开发了许多新型的节能技术和材料，在住宅建筑中大力推广使用。其中应用于外墙保温的各种泡沫塑料保温材料，如 EPS 板、XPS 板材及发泡聚氨酯板材等因素其综合性能优异而令人瞩目。

2. 建筑节能材料分类

围护结构分透明和不透明两部分：不透明围护结构有墙、屋顶和楼板等；透明围护结构有窗户、天窗和阳台门等。

按是否同室外空气接触，又可分为外围护结构和内围护结构。外围护结构是指同室外空气直接接触的维护结构，如外墙、屋顶、外门和外窗等；内围护结构是指不同室外空气直接接触的围护结构，如隔墙、楼板、内门和内窗等。

外围护结构用保温材料构成各种保温系统，根据使用位置可分为：外墙外保温系统，外墙内保温系统，屋面保温系统；根据保温材料的内在成分可分为：无机保温材料外墙保温系统和有机保温材料外墙保温系统。

2.5.2 产品定义

1. 围护结构：是指围合建筑空间四周的墙体、门、窗等。构成建筑空间，抵御环境不利影响的构件（也包括某些配件）。根据在建筑物中的位置，围护结构分为外围护结构和内围护结构。外围护结构包括外墙、屋顶、侧窗、外门等，用以抵御风雨、温度变化、太阳辐射等，应具有保温、隔热、隔声、防水、防潮、耐火、耐久等性能。内围护结构如隔墙、楼板和内门窗等，起分隔室内空间作用，应具有隔声、隔视线以及某些特殊要求的性能。围护结构通常是指外墙和屋顶等外围护结构。

2. 外墙外保温系统：由保温层、保护层和固定材料（胶粘剂、锚固件等）构成并且适用于安装在外墙外表面的非承重保温构造总称。

3. 外墙内保温系统：主要由保温层和防护层组成，用于外墙内表面起保温作用的系统，简称内保温系统

4. 屋面保温系统：为建筑顶层房间内部的温度能够满足使用要求以及建筑节能的需要，应当在屋顶设置保温层，达到保温隔热的功能。

5. 有机材料外墙保温系统：由有机材料作为保温层的外墙保温系统，可分为外墙外保温系统和外墙内保温系统。

6. 无机材料外墙保温系统：由无机材料作为保温层的外墙保温系统，可分为外墙外保温系统和外墙内保温系统。

2.5.3 建筑节能材料种类、规格和主要技术指标

1. 种类、规格（按保温材料类型分类）

（1）无机类保温材料

1）岩棉

a. 材料的种类

岩棉板：以玄武岩或其他天然火成岩石为主要原料，经高温熔融、离心喷吹制成的矿物质纤维，加入适量的热固型树脂胶粘剂、憎水剂等，经摆锤法压制、固化并裁割而成的纤维平行于板面的板状保温材料。

岩棉带：以玄武岩及其他天然火成岩石等为主要原料，经高温熔融、离心喷吹制成矿物质纤维，加入适量的热固型树脂胶粘剂、憎水剂等，经摆锤法压制、固化并裁割而成的纤维垂直于板面的带状保温材料。

岩棉带组合板：以抹面胶浆和内置一层耐碱涂覆中碱玻璃纤维网格布为保护层，在工厂中将其双面包覆到经界面剂表面处理的多条岩棉带上，组合形成的保温板。

导热系数 0.041～0.045，防火阻燃，吸湿性大，保温效果好，抗拉强度和抗压强度差，不宜用于面砖饰面。

b. 规格尺寸

1200mm 长 600mm 宽的岩棉板（岩棉带组合板）、1200mm 长 150mm 宽的岩棉带为基准，厚度为 30～60mm。

2）泡沫玻璃

泡沫玻璃是一种以玻璃为主要原料，掺入适量发泡剂，通过高温隧道窑炉加热焙烧和退火冷却加工处理后制得，具有均匀的独立密闭气孔结构的新型无机绝热材料。

它完全保留了无机玻璃的化学稳定性，具有容重低、导热系数小（导热系数为 0.058～0.062）、不透湿、不吸水、不燃烧、不霉变、不受鼠啮、机械强度高却又易加工的特点，能耐除氟化氢以外所有的化学侵蚀，使用温度范围为 $-196\text{℃}\sim-450\text{℃}$，A 级不燃与建筑物同寿命，透湿系数几乎为 0。

规格

主要规格一般为：450mm×300mm 和 300mm×300mm，厚度为 20～50mm。（可以制成各种厚度）

主要适用：A 型 B 型适用外墙内、外侧保温，防火隔离带，内墙保温。C 型适用屋面保温，楼地面保温。

3）水泥发泡板（表 2-146）

以普通硅酸盐水泥、粉煤灰等为主要材料，掺加发泡剂等其他外加剂，经发泡、成型、养护、切割等工艺制成的轻质多孔保温板。

导热系数 0.070～0.090，A1 级防火、阻燃与建筑同寿命、气闭型保温材料，生产工艺落后，质量稳定性差。

发泡水泥板规格和偏差　　　　　　　　表 2-146

项目	规格（mm）	允许偏差（mm）
长度	250、300	±2.0
宽度	250、300	±2.0
厚度	20、25、30、35、40、45、50、60、70	0～2.0
对角线	—	≤3.0

4）发泡陶瓷保温板（表 2-147）

发泡陶瓷保温板主规格尺寸（mm）　　　表 2-147

序号	型号	长度	宽度	厚度
1	600 系列	600	600	30～150
2	500 系列	500	500	30～150
3	300 系列	300	300	30～150

产品以陶土尾矿、陶瓷碎片、河（湖）道淤泥、掺加料等作为主要原料，采用先进的生产工艺及发泡技术，经高温焙烧而成的高气孔率的闭孔陶瓷材料。可替代建筑保温领域现行推广和应用的保温砂浆、有机保温材料。本产品的体积密度小，导热系数低，无放射性有害物质。

导热系数为 0.065～0.08W/(m·k)，与保温砂浆相当；防火不燃，不吸水，施工方便，使用耐久。

5）珍珠岩等浆料（即无机保温砂浆）

以憎水型膨胀珍珠岩、膨胀玻化微珠、闭孔珍珠岩、陶砂等无机轻集料为保温材料，以水泥或其他无机胶凝材料为主要胶结料，并掺加高分子聚合物及其他功能性添加剂而制成的建筑保温干混砂浆。

导热系数为 0.07～0.09，防火性好，耐高温保温效果差，吸水性高。无机轻集料保温砂浆按干密度可分为Ⅰ型、Ⅱ型和Ⅲ型。

（2）有机保温材料类

1）膨胀聚苯板（EPS 板），又称为模塑聚苯板（表 2-148）

绝热用阻燃型模塑聚苯乙烯泡沫塑料（符合 GB/T 10801.1 标准）制作的保温板材。导热系数 0.030～0.041 保温效果好，价格便宜、强度稍差，尺寸稳定性较好。

一般规格为 1200mm×600mm，厚度可根据要求制作。

规格尺寸和允许偏差   表 2-148

项　　目	允许偏差(mm)
厚度	+1.5 0.0
长度	±2
宽度	±1
对角线差	3
板边平直度	2
板面平整度	1

2）挤塑聚苯板（XPS 板）（表 2-149）

挤塑板是以聚苯乙烯树脂辅以聚合物在加热混合的同时，注入催化剂，而后挤塑压出连续性闭孔发泡的硬质泡沫塑料板，其内部为独立的密闭式气泡结构，是一种具有高抗压、吸水率低、防潮、不透气、质轻、耐腐蚀、超抗老化（长期使用几乎无老化）、导热系数低等优异性能的环保型保温材料。

导热系数 0.028～0.030 保温效果更好，强度高，耐潮湿、价格贵，施工时表面需要处理。

外墙专用挤塑聚苯板的尺寸不宜超过长度为 1250mm，宽度为 600mm。

规格尺寸和尺寸偏差　　　　　　表 2-149

项　目		允许偏差	项　目	允许偏差
厚度(mm)	≤50	±1.5	宽度(mm)	±1.5
	>50	±2.0	对角线差(mm)	3.0
长度(mm)	≤900	±1.5	板边平直(mm)	±2.0
	>900	±2.5	板面平整度(mm)	±1.5

3）胶粉聚苯颗粒保温浆料

由可分散胶粉、无机胶凝材料、外加剂等制成的胶粉料与作为主要骨料的聚苯颗粒复合而成的保温灰浆。

导热系数 0.057～0.06 阻燃性好，保温效果不理想，对基层平整度要求不高，可节省找平工序，施工时每次抹灰厚度不宜超过 20mm。

4）聚氨酯发泡材料（PU）

聚氨酯发泡材料（PU）可分为现场喷涂硬泡聚氨酯和工厂成型硬泡聚氨酯板，一般称为喷涂硬泡聚氨酯和硬泡聚氨酯板，导热系数 0.025～0.028 防水性好，保温效果好，强度高。

（3）保温装饰复合板和保温系统（表 2-150）

复合板主规格及外观尺寸允许偏差　　　　表 2-150

项　目		尺寸允许偏差	试验方法
长度(mm)	1200	+～-2	
宽度(mm)	600,800	+～-2	
厚度(mm)	按设计要求	0～+2	
对角线差(mm)		≤3.0	GB/T 6342
平整度偏差(mm)		≤4.0	
直角偏差(mm/m)		≤3.0	
板边直线(mm/m)		≤2.0	

保温装饰复合板：在工厂预制加工成型，由带饰面层面板与保温板，或带有底衬材料粘结而成的复合板材，简称复合板。

保温装饰复合板和保温系统：置于建筑物外墙一侧、集保温装饰功能于一体的系统，由保温装饰复合板、胶粘剂、专用锚栓及固定卡件、填缝材料、密封胶等组成。保温装饰复合板与基层墙体的连接采用胶粘剂粘结，并采用专用锚栓及固定卡件固定，经板缝密封处理形成墙体保温装饰系统（以下简称复合板系统）。并按在外墙一侧的设置位置分为保温装饰复合板外墙外保温系统（以下简称外保温系统）和保温装饰复合板外墙内保温系统（以下简称内保温系统）。

（4）增强材料

增强材料分为玻璃纤维网格布和镀锌电焊网。

1）耐碱玻璃纤维网格布：是以中碱或无碱玻璃纤维机织物为基础，经耐碱涂层处理而成。该产品强度高、耐碱性好，在保温系统中起着重要的结构作用，主要防止裂缝的产生。由于其优良的抗酸、碱等化学物质腐儒的性能以及经纬向抗拉强度高，能使外墙保温系统所受的应力均匀分散，能避免由于外冲力的碰撞、挤压所造成的整个保温结构的变形，使保温层有很高的抗冲力强度，并且易于施工和质量控制，在保温系统中起到"软钢筋"的作用。

耐碱玻璃纤维网格布根据是否玻璃成分中引入了 14.5%～16.7% 的二氧化锆和 6% 的二氧化钛分为耐碱涂覆中碱网格布和耐碱网格布。

2）热镀锌电焊网：是用优质低碳钢铁丝排焊而成，然后再冷镀（电镀）、热镀、PVC 包塑等表面钝化、塑化处理、网面平整、网目均匀、焊点牢固、局部机加工性能良好、稳定、防腐、防蚀性好。在建筑保温防裂工程起着一定的作用，外墙粉刷抹灰网分为两种：一种为热镀锌电焊网（寿命长久、防腐性能强）。根据区域、施工单位要求来进行合理选材，粉刷施工电焊网规格多为：12.7mm×12.7mm，19.05mm×19.05mm，25.4mm×

25.4mm，丝径 0.4～0.9mm 之间。

（5）粘结材料

胶粘剂按形态分为：干粉型胶粘剂和液型胶粘剂。

干粉型胶粘剂：由聚合物胶粉、水泥等胶结材料和添加剂、填料等组成，在工厂里预混合好的干粉状胶粘剂，在施工现场只需按使用说明加入一定比例的拌和用水，搅拌均匀即可使用。

液型胶粘剂：由液状或膏状聚合物胶液和水泥或干粉料等组成，在工厂生产的液状胶粘剂，在施工现场按使用说明加入一定比例的水泥或由厂商提供的干粉料，搅拌均匀即可使用。

（6）抹面材料

凡涂抹在建筑物或建筑构件表面的砂浆，统称为抹面砂浆。根据抹面砂浆功能的不同，可将抹面砂浆分为普通抹面砂浆、装饰砂和具有某些特殊功能的抹面砂浆（如防水砂浆、绝热砂浆、吸声砂浆和耐酸砂浆等）。对抹面砂浆要求具有良好的和易性，容易抹成均匀平整的薄层，便于施工。还应有较高的粘结力，砂浆层应能与底面粘结牢固，长期不致开裂或脱落。处于潮湿环境或易受外力作用部位（如地面和墙裙等），还应具有较高的耐水性和强度。外墙保温用抹面材料一般称为抹面胶浆。

抹面胶浆：由水泥基胶凝材料、高分子聚合物材料以及填料和添加剂等组成，具有一定变形能力和良好粘结性能的抹面材料。

（7）锚栓：用于系统中固定保温材料于基层墙体的锚固件，由尾端带圆盘的塑料膨胀套管和塑料敲击钉或具有防腐性能的金属螺钉组成，包括具有膨胀功能以及机械锁定功能两种。

（8）饰面材料

外墙保温系统的外装饰构造层用材料，对外保温系统起装饰和保护作用。涂装材料做饰面层时，涂装材料包括建筑涂料、饰面砂浆、柔性面砖等。饰面材料和饰面用腻子、面砖粘结剂、勾缝剂应符合其系统材料标准的规定。

2. 主要性能指标

（1）保温系统常用材料主要性能指标（表 2-151）

保温系统常用材料主要性能指标

表 2-151

材料名称 ＼ 项目	EPS	XPS	PU	聚苯颗粒浆料	水泥基保温砂浆			泡沫玻璃保温板			发泡陶瓷板			岩棉		发泡水泥板	
					I型	II型	III型	I型	II型	III型	I型	II型	III型	板	带	I型	II型
表观密度 (kg/m³)	18~22	25~35	≥35	180~250	≤350	≤450	≤550	≤160	≤180	≤200	≤145	≤165	≤190	≥140	≥80	≤260	≤320
导热系数 (W/(m·K))	≤0.041	≤0.035	≤0.024	≤0.060	≤0.070	≤0.085	≤0.100	≤0.055	≤0.060	≤0.068	≤0.068	≤0.078	≤0.098	≤0.040	≤0.048	≤0.070	≤0.080
压缩强度 (MPa)	≥0.10	≥0.20	≥0.15	≥0.20	≥0.4	≥0.8	≥1.2	≥0.70	≥0.80	≥1.0	≥0.45	≥0.50	≥0.60	≥0.040	≥0.040	≥0.40	≥0.50
抗拉强度 (MPa)	≥0.10	≥0.25	≥0.10	—	≥0.10	≥0.15	≥0.20	≥0.10			≥0.20			≥0.010	≥0.010	≥0.10	≥0.12
水蒸气透湿系数 (ng/Pa·m·s)	≤4.5	≤3.5	≤6.50	—	—			≤0.05			—			—	—	—	—
尺寸稳定性 (%)	≤0.5	≤1.2	1.5 (70℃ 48h)	—	—			—			—			—	—	—	—
线性收缩率 (%)	—	—	—	≤0.3	≤0.25			—			—			≤1		—	—
体积吸水率 (%)	≤4.0	≤1.0	≤3.0	—	≤20			≤0.5			≤5			—	—	≤10.0	≤10.0
软化系数	—	—	—	≥0.5	≥0.5			—			—			—	—	≥0.70	
燃烧性能	不低于B2	不低于B2	不低于B2	B1	A			A			A			A		A	

（2）保温装饰一体化复合板性能（表 2-152）

保温装饰一体化复合板性能表　　　　表 2-152

项目	性能指标		试验方法
	外保温系统	内保温系统	
外观	板面平整、无裂纹；色泽均匀、切口平直；无明显翘曲、变形；无影响使用的缺棱和掉角		目测
面密度（kg/m²）	≤30		DG/TJ 08-2122—2013 的附录 A
面板与保温板拉伸粘结强度（MPa）	原强度	≥0.10（保温板为 XPS 时≥0.20，破坏界面位于保温层内）	JGJ 144
	浸水后		
	冻融后		
抗冲击性	首层，J	10	—	
	其他层，J	3		
	次		10	JG/T 159
不透水性	面板内侧无渗透		JGJ 144
吸水量（浸水 24h）（g/m²）	≤500		
燃烧性能	不低于 B₁		GB/T 8624
耐冻融	表面无裂纹、空鼓、起泡、剥离现象		JGJ 144

注：镀铝锌钢板、铝板、纤维增强硅酸钙板、纤维水泥平板和保温板等主要性能应符合 DG/TJ 08-2122—2013 规定。

（3）胶粘剂、界面剂及抹面（抗裂）砂浆主要性能指标

胶粘剂、界面剂及抹面（抗裂）砂浆主要性能指标表

表 2-153

项目 ＼ 材料名称 指标		胶粘剂	界面砂浆	抹面（抗裂）砂浆	抹面抗裂砂浆
拉伸粘接强度（MPa）（与保温板）	常温常态	≥0.10（EPS，PU）＊ ≥0.15（XPS）＊	≥0.10	≥0.10（EPS，PU）＊ ≥0.15（XPS）＊	≥0.10
	耐水	≥0.10（EPS，PU） ≥0.15（XPS）	≥0.10	≥0.10（EPS，PU） ≥0.15（XPS）	≥0.10
	耐冻融	—	—	≥0.10（EPS，PU） ≥0.15（XPS）	≥0.10

项目	指标 \ 材料名称	胶粘剂	界面砂浆	抹面(抗裂)砂浆	抹面抗裂砂浆
柔韧性	抗压强度/抗折强度(水泥基)	—	—	≤3.0	—
	开裂应变(非水泥基)(%)	—	—	≥1.5	—
拉伸粘结强度(MPa)(与水泥砂浆)	常温常态	≥0.60	—	≥0.70	—
	耐水	≥0.40	—	≥0.50	—
压剪粘结强度(MPa)(与水泥砂浆)	原强度	—	≥0.70	—	—
	耐水	—	≥0.50	—	—
	耐冻融	—	≥0.50	—	—
可操作时间(h)		1.5~4.0	—	1.5~4.0	4.0

注：＊表示材料拉伸粘结强度不但要达到规定的指标，且破坏界面应在保温板上。

（4）耐碱玻纤网与钢丝网主要性能指标

耐碱玻纤网与钢丝网主要性能指标表　　表 2-154

项目 \ 材料名称		耐碱玻纤网格布					镀锌钢丝网(胶粉聚苯颗粒系统)
		EPS板系统	XPS板、PU系统	胶粉聚苯颗粒及其他粘贴面砖系统	上海无机保温砂浆系统用		
					耐碱涂覆型	耐碱型(用于饰面砖)	
网孔中心距(mm)		—	—	—	—	—	12.7
丝径(mm)		—	—	—	—	—	0.9
单位面积质量(g/m²)	普通型	≥130	≥160	≥160	≥160	≥160	
	加强型	—			≥300		
断裂应变(%)		≤5					
断裂强力(N/50mm)(经纬向)	普通型	—	—	≥1250	1650 / 1710	≥1300	
	加强型	—	—	≥3000	2850		

材料名称 项目	耐碱玻纤网格布					镀锌钢丝网（胶粉聚苯颗粒系统）
	EPS板系统	XPS板、PU系统	胶粉聚苯颗粒及其他粘贴面砖系统	上海无机保温砂浆系统用		
				耐碱涂覆型	耐碱型（用于饰面砖）	
耐碱断裂强力保留率（经纬向）(%)	≥50	≥50	≥90	≥50	≥75	—
耐碱断裂强力(N/50mm) 普通型	≥750	≥750	—	1000	1000	
耐碱断裂强力(N/50mm) 加强型				1500		
焊点抗拉力(N)	—		—	—	—	＞65
热镀锌质量(g/m²)	—		—	—	—	≥122

（5）中碱网格布主要性能指标（内保温用）

中碱网格布主要性能指标表　　　　表 2-155

项　目	指　　标	
	A型玻纤布（被覆用）	B型玻纤布（粘贴用）
单位面积质量(g/m²)	≥80	≥45
含胶量(%)	≥10	≥8
抗拉断裂荷载 径向(N/50mm)	≥600	≥300
抗拉断裂荷载 纬向(N/50mm)	≥400	≥200
网孔尺寸(mm×mm)	5×5 或 6×6	2.5×2.5

（6）钢丝网架聚苯板质量要求

钢丝网架聚苯板质量要求表　　　　表 2-156

项次	项目	质量要求
聚苯板	外观	保温板正面有梯形凹凸槽（槽中距 50mm），四周设有高低口
	对接	≤3000 长板中聚苯板对接不应多于两处，且对接处需用聚氨酯粘牢

项次	项目	质量要求
钢丝网架	焊点强度	抗拉力≥330N,无过烧现象
	焊点质量	网片漏焊脱焊点不超过焊点数的8%,且不应集中在一处。连续脱焊不应多于2点,板端200mm区段内的焊点不应脱焊虚焊,斜插钢丝不应漏焊、脱焊
	钢丝挑头	网边挑头长度≤6mm,插丝挑头≤5mm,穿透苯板挑头≥30mm
	质量	≤4kg/m^2

（7）粘结石膏和粉刷石膏砂浆主要性能指标

粘结石膏和粉刷石膏砂浆主要性能指标表　　表 2-157

项 目		粘结石膏	粉刷石膏
可操作时间(min)			≥30
保水率(%)			≥75
抗裂性		24h 无裂纹	24h 无裂纹
凝结时间(min)	初凝时间	≥25	≥60
	终凝时间	≤120	≤240
强度(MPa)	拉伸粘结强度	≥0.50	—
	抗压强度	≥10.0	≥4.0
	抗折强度	≥5.0	≥2.0
	压剪粘结强度	—	≥0.3

（8）外墙内保温材料要求

外墙内保温系统材料应当符合节能设计要求和《外墙内保温工程技术规程》（JGJ/T 261—2011）技术要求，同时还应满足消防、卫生等要求。

2.5.4　建筑节能材料验收要点

1. 一般规定

（1）应用外墙保温系统产品的墙体节能工程质量验收应符合《建筑工程施工质量验收统一标准》GB 50300、《建筑装饰装修工程和质量验收规范》GB 50210、《外墙外保温工程技术规程》JGJ 144、《建筑节能工程施工质量验收规范》GB 50411、《建筑节能工程施工质量验收规程》DGJ 08-113 的相关要求以及本规程的要求。

（2）墙体节能保温工程的质量验收应包括施工过程中的质量检查、隐蔽工程验收和检验批验收，施工完成后应进行墙体节能保温分项工程验收。

（3）墙体节能工程验收检验批划分应符合以下规定：

1）采用相同材料、工艺和施工做法的墙面和楼板，每 500～1000m² 面积划分为一个检验批，不足 500m² 也作为一个检验批。

2）检验批的划分也可根据施工流程相一致且方便施工与验收的原则，由施工单位与监理（建设）单位共同商定，但一个检验批的面积不应大于 3000m²。

（4）应用外墙保温系统的墙体节能保温工程应对下列部位或内容进行隐蔽工程验收，应有详细的文字记录和必要的影像资料。

1）保温层附着的基层（包括水泥砂浆找平层）及其处理。

2）界面砂浆的施工

3）保温层的厚度。

4）网格布的铺设及搭接。

5）锚固件的设置。

6）各加强部位以及门窗洞口和穿墙管线部位的处理。

（5）应有保温材料防潮、防水、防挤压等保护措施的文件。

（6）本系统保温节能工程的竣工验收应提供下列资料，并纳入竣工技术档案：

1）建筑节能保温工程设计文件，图纸会审纪要，设计变更文件和技术核定手续。

2）建筑节能保温工程设计文件审查通过文件。

3）通过审批的节能保温工程的施工组织设计和专项施工方案。

4) 建筑节能保温工程使用材料、成品、半成品、设备及配件的产品合格证、检验报告和进场复验报告。

5) 节能保温工程的隐蔽工程验收记录。

6) 检验批，分项工程验收记录。

7) 监理单位过程质量控制资料及建筑节能专项质量评估报告。

8) 其他必要的资料，包括样板墙或样板间的工程技术档案资料。

2. 主控项目

(1) 墙体节能保温工程施工前应按照设计和施工方案的要求对基层墙体进行处理，处理后的基层应符合施工方案的要求。

检验方法：对照设计和施工方案观察检查；核查隐蔽工程验收的记录。

检查数量：全数检查。

(2) 外墙保温系统各组成材料的品种、规格、性能应符合设计和本规程要求。

检验方法：观察、尺量和称重检查；核查质量证明文件。

检查数量：按进场批次，每批随机抽取 3 个试样进行检查；质量证明文件按照其出厂检验批次进行核查。

(3) 保温材料的密度、导热系数、抗压强度、体积吸水率，以及耐碱涂覆中碱网布和耐碱网布的耐碱断裂强度及保留率，界面砂浆和抗裂砂浆的原强度和耐水强度，进场时应进行复验，复验应为见证取样送检。

检验方法：核查质量证明文件及进场复验报告。

检查数量：按《建筑节能工程施工质量验收规程》DGJ 08—113 的规定。

(4) 保温砂浆类现场施工时，应采用施工过程中的材料进行干密度、导热系数、抗压强度以及体积吸水率的试样制作，制作好的试样应在标准试验条件下养护至规定龄期后由监理人员送至相关检验机构检测。

检查方法：核查相关文件以及检验报告。

检查数量：按《建筑节能工程施工质量验收规程》DGJ 08—113 的规定。

(5) 墙体节能保温工程的构造做法应符合设计及本规程对系统的构造要求。门窗外侧洞口周边墙面和凸窗非透明的顶板、侧板和低板应按设计和本规程要求采取保温措施。

检查方法：对照设计和施工方案观察检查；核查施工记录和隐蔽工程验收记录。必要时应用抽样剖开检查或外墙节能构造的现场实体检验方法。

检查数量：每个检验批抽查不少于 3 次，现场实体检验的数量按《建筑节能工程施工质量验收规范》GB 50411 的规定。

(6) 现场检验保温层平均厚度应符合设计要求，最小厚度不应小于设计厚度的 90%。

检查方法：1) 采用钢针插入和尺量检查。

      2) 采用钻芯法及尺量。

检查数量：按检验批数量，每个检验批抽查不少于 3 处。现场钻芯检验的数量按《建筑节能工程施工质量验收规范》GB 50411 的规定。

(7) 系统构造层之间应粘结牢固、无脱层、空鼓和裂缝，面层无粉化、起皮、起灰。粘结强度与连接方式应符合设计和本规程要求，且应进行现场拉拔试验。

检查方法：观察、用小锤轻击检查；核查粘结强度试验报告以及隐蔽工程验收记录。

检查数量：每个检验批检查不少于 3 处。

(8) 外墙外保温工程饰面砖粘结强度应符合设计和本规程要求。

检查方法：检查饰面砖现场拉拔强度检验报告。

检查数量：按《建筑工程饰面砖粘结强度检验标准》JGJ 110 的规定。

(9) 锚固件使用时，其数量、位置、深度、拉拔力应符合设计和本规程要求。后置锚固件应进行现场拉拔试验。

检查方法：隐蔽工程验收记录，核查锚固件现场拉拔试验报告。

检查数量：每个检验批检查不少于 3 个。

3. 一般项目

（1）保温材料包装应完整无破损；保温砂浆施工厚度应均匀、接茬应平顺密实。

检查方法：观察、尺量、手摸。

检查数量：全数检查。

（2）护面层中的增强网均应铺设严实，不应空鼓、褶皱、外露等现象，搭接长度应符合本规定要求。

检查方法：观察、直尺测量；检查施工记录和隐蔽工程验收记录。

检查数量：每个检验批不少于 5 处，每处不少于 $2m^2$。

（3）外墙上容易碰撞的阳角、门窗洞口等部位，应根据设计或本规程要求采取加强措施。

检查方法：观察检查，核查隐蔽工程验收记录。

检查数量：每个检验批不少于 5 处。

（4）分格条密度、深度均匀一致，条缝平整光滑、整齐，滴水线流水方向正确，线槽顺直。

检查方法：目测、尺量。

检查数量：全数检查。

（5）保温砂浆系统面层应符合表 2-158 要求。

保温砂浆系统面层允许偏差及检查方法　　表 2-158

项　目	允　许　偏　差	检　查　方　法
表面平整度	4mm	用 2m 靠尺和塞尺检查
立面垂直度	4mm	用 2m 靠尺检查
阴阳角方正	4mm	用直角尺检查
分格条直线度	4mm	拉 5m 线，用钢直尺检查

2.5.5 建筑节能材料应用

1. 一般规定

（1）施工前，应根据设计和本规程要求以及有关的技术标准编制针对工程项目的节能保温工程专项施工方案，并对施工人员进行技术交底和专业技术培训。

（2）应按照经审查合格的设计文件和经审查批准的用于工程项目的节能保温专项施工方案进行施工。

（3）施工时，保温系统供应商应派专业人员在施工过程中进行现场指导，并配合施工单位和现场监理做好施工质量控制工作。

（4）系统组成材料进场必须经过验收；所有系统组成材料必须入库，并有专人保管，严禁露天堆放。

（5）施工应符合下列要求：

1）基层墙体必须有找平层，其找平层和门窗洞口的施工质量应验收合格，门窗框或辅框应安装完毕；伸出墙面的水落管、消防梯、穿越墙体洞口的进户管线、空调口预埋件、连接件等应安装完毕，并按外保温系统的设计厚度留出间隙。

2）施工机具和劳防用品已准备齐全。

3）施工用专用脚手架应搭设牢固，安全检验合格。脚手架横竖杆与墙面、墙角的间距应满足施工要求。

4）基层墙体应坚实平整、完全干燥，不得有开裂、松动或泛碱，水泥砂浆找平层的粘结强度、平整度及垂直度应符合相关标准的要求。

5）大面积施工前，应在现场采用相同材料和工艺制作样板墙或样板间，并经有关方确认后方可进行工程施工。

（6）施工期间及完工后 24h 内，基层及施工环境空气温度不应低于 5℃。夏季施工应避免阳光暴晒；空气温度大于 35℃及 5级大风以上和雨雪天不得施工。内墙保温施工时，室内温度不应低于 0℃。

（7）自保温墙体单侧或双侧实施辅助保温时，其界面应采用界面剂处理，然后直接做保温层。

2. 应用要求

（1）基层应清洁、表面无灰尘、无浮浆、无油渍、无锈迹、无霉点和无析出盐类等杂物。风化部分应剔除干净。基层应坚实、平整，墙表面凸起物高度大于 10mm 时应剔除。当采用涂料饰面内侧保温系统时，墙体基层含水率不应大于 10%。

（2）基层界面应用喷涂或刮涂满涂界面砂浆。在不同材料组成的墙体接茬处，应铺设耐碱涂覆中碱网布进行加强。

（3）应根据建筑立面设计和外保温技术要求，在墙面弹出外门窗口水平、垂直控制线、厚度控制线。

（4）分格缝应按建筑设计要求设置。明缝可采用有机硅或丙烯酸防水涂料涂刷分格缝两遍，暗缝可采用聚苯乙烯泡沫衬条填充以中性硅酮耐候胶处理。

（5）抗裂砂浆施工应符合以下规定：

1）抗裂砂浆施工前，应检查保温层凝固、干燥情况，条件达到施工要求后方可进行施工，并根据施工方案确定的原则对保温层界面采取适当的措施。

2）抗裂砂浆抹面施工时，不应在檐口、窗台、窗楣、雨篷、阳台、压顶以及突出墙面的构件顶面找坡，底面应做滴水槽或滴水线，并做好防水处理。

（6）铺设耐碱涂覆中碱网布以及耐碱网布应自上而下铺贴，并符合下列规定：

1）抗裂砂浆宜采用抹刀或锯齿抹刀进行抹灰，趁湿压入已裁剪好的耐碱涂覆中碱网布，用大抹刀抹平。

2）网布之间搭接宽度不应小于 100mm，网布不得有空鼓、翘边、褶皱现象。阴阳角处两侧网布双向绕角相互搭接，各侧搭接宽度不小于 200 mm。搭接部位两层网布之间抗裂砂浆应饱满，严禁干搭接。首层墙面阳角宜采用带网布的专用护角。

3）首层墙面应铺设双层网布，当采用加强型网布时应采用对接方式，抹浆后进行第二层网布的粘贴。

（7）锚栓施工应按照技术标准的要求和数量，用电钻钻孔，孔径应与锚栓规格相配，钻孔深度应大于锚栓进入深度 10mm，锚栓应安装在网布外侧。锚栓安装完毕后应作防水处理。

（8）饰面砖粘贴宜采用双面涂抹法，在抗裂防护层表面用 6mm×6mm 的齿形刮刀刮涂面砖胶粘剂，在饰面砖背面用刮刀薄涂一层面砖胶粘剂，再用力压紧调整到位。面砖粘贴应留缝，缝宽 5～8mm，填缝施工应在饰面砖粘贴养护至少 24h 后进行。

（9）具体外墙保温系统应当根据国家标准和应用技术规范等要求，建立施工方案，符合相应技术规范要求。

3. 应用过程中成品保护

（1）保温施工应有防晒、防风、防雨、防冻措施。各构造层在凝结硬化前应防止水冲、撞击、振动。

（2）分格线、滴水槽、门窗框、槽盒处残存的砂浆应及时清理干净。

（3）对门窗洞口、边、角、垛应采取保护措施。其他工种作业时不得污染或损坏墙面，严禁踩踏窗口。

（4）墙面、地面保温系统完工后应妥善保护，不得玷污、撞击、损坏。

（5）石膏基无机保温砂浆抹灰完成后，室内宜通风排湿；应严禁明水浸湿已抹灰墙面。

2.5.6 建筑节能材料包装、运输、装卸和贮存和企业资质材料要求

1. 所有外墙保温系统材料应当有包装，产品包装应当标注生产企业名称、厂址、产品名称、规格型号、执行标准、生产日期、有效期使用方法等符合有关产品法律法规的包装要求。

2. 界面砂浆、保温砂浆、抗裂砂浆出厂包装应采用内衬防潮塑料袋或防潮纸袋等专用包装袋包装，包装应符合《水泥包装袋》GB 9774 的要求，并注明产品名称、型号、重量、商标、生产企业名称及地址、生产日期和有效贮存期、使用说明以及现场

搅拌的加水量。

3. 外墙保温系统组成材料在运输、装卸和贮存过程中应防潮、防雨、防暴晒，包装袋不得破损，应存放在干燥、通风的室内，且架空堆放。无机保温砂浆堆放高度不应超过 1.5m。

4. 界面砂浆、保温砂浆、抗裂砂浆使用时不得有结块或硬化现象，严禁将已结硬块的砂浆加水搅拌后再使用。超过产品包装上明示的有效贮存期的产品，应对其进行复验，待检验合格后方可使用。

5. 耐碱涂覆中碱网布和耐碱网布应按类型紧密整齐卷在硬纸筒上，不得有折叠和不均匀现象，每卷网布中心纸筒内壁应印有企业名称及商标，在室内应垂直堆放，不应超过二层，不得叠置和挤压堆放；塑料锚栓和饰面砖应有纸箱包装。

6. 系统供应商在供应系统材料前，应当提交有效期内的符合其执行标准的系统材料型式检验报告，外墙保温系统备案证明，外墙保温系统施工方案，系统执行标准等相关资料。供应过程中应当按照批次递交经出厂检验合格的质量保证书和相应单据。

2.6　建　筑　涂　料

建筑涂料在建筑工程、市政工程、村镇建设及工业建设中用途广泛，它不仅赋予建筑物以色彩、线条、质感，使建筑物内外绚丽多彩，而且具有保护墙体结构材料、延长建筑物使用寿命；提高建筑功能与质量，改善居住条件；节约资源、保护生态环境；降低能耗，降低成本；减少建筑物自重、施工便利等优越性能。根据墙面不同的装饰要求，可以选用不同的建筑涂料、采用不同的涂装工艺，呈现不同的装饰效果。建筑涂料已成为建筑物内外装饰主导材料之一。

上海是全国建筑涂料研究、生产与应用较早的城市之一，经过三十多年的发展，如今已拥有一批从事建筑涂料研制、开发、生产与施工的队伍及其相关的企业。建筑涂料产品品种、技术水平、生产能力和推广应用等都已赶上了 21 世纪初国际先进水平，在全国处于领先地位。上海建筑涂料产品今后将继续朝中高档发展，产品性能向超耐候、耐沾污、功能复合型、无公害、低污染等高性能方向发展。

1. 建筑涂料的功能

（1）保护作用

建筑涂料通过刷涂、滚涂或喷涂等施工方法，涂敷在建筑物的表面上，形成连续的薄膜，厚度适中，有一定硬度和韧性，并具有耐磨、耐候、耐化学侵蚀以及抗污染等功能，可以提高建筑物的使用寿命。

（2）装饰作用

建筑物墙面采用彩色涂料装饰，给人以清新、典雅、明快、富丽的感觉，并能获得较好的艺术效果。根据装饰效果和使用功能需要，可将涂膜调制成不同强度的光泽。在建筑涂料中掺加粗细骨料，在采用拉毛、喷涂和滚花等方法进行施工，可以获得各种纹理、图案及质感的涂层，使建筑物产生不同凡响的艺术效果，以达到美化环境、装饰建筑的目的。

（3）改善建筑的使用功能

一些特殊用途的建筑涂料能提高室内的亮度，起到吸声和隔热的作用；还能使建筑具有防火、防水、防霉、防静电等功能。在工业建筑、道路设施等构筑物上，涂料还可起到标志作用和色彩调节作用，在美化环境的同时提高了人们的安全意识，改善了心理状况，减少了不必要的损失。

2. 产品分类

建筑涂料是当今产量最大、应用最广的建筑材料之一。建筑涂料品种繁多，一般按使用部位分为外墙涂料、内墙涂料和地面涂料等；根据主要成膜物质的化学成分分为有机涂料、无机涂料和复合涂料，其中有机涂料又分为溶剂型和水性涂料（水溶型和水乳胶型）；根据漆膜光泽的强弱又可分为无光、半光（或称平光）和有光等品种；按形成涂膜的质感可分为薄质涂料、厚质涂料和粒状（或称砂壁状）涂料三种。

3. 产品标准（表2-159）

建筑涂料产品标准表   表 2-159

标 准 号	产 品 标 准
GB/T 9755—2001	合成树脂乳液外墙涂料
GB/T 9756—2009	合成树脂乳液内墙涂料
JG/T 210—2007	建筑内外墙用底漆
JG/T 24—2000	合成树脂乳液砂壁状建筑涂料
GB 9779—2005	复层建筑涂料
JG/T 172—2005	弹性建筑涂料
JC/T 2079—2011	建筑用弹性质感涂层材料
GB/T 25261—2010	建筑用反射隔热涂料

4. 有关环境保护标准（表2-160）

建筑涂料环保标准参照表   表 2-160

标 准 号	环 保 标 准
GB 18582—2008	室内装饰装修材料 内墙涂料中有害物质限量
GB 24408—2009	建筑用外墙涂料中有害物质含量
GB/T 18883—2002	室内空气质量标准
HJ/T 201—2005	环境标志产品认证技术要求 水性涂料

2.7 腻 子

腻子是建筑装修材料中比较重要的一种配套材料，随着涂装工艺的发展和涂装要求的提高，腻子在涂饰工程中的应用越来越受到重视。腻子的基本作用是施涂于建筑物内外墙面，起弥补基层缺陷或表现多种花纹和质感作用的涂装基层材料。填补墙体基层的缺陷，对基层进行找平，从而增加基层的平整程度。可以抵抗基层开裂，保护涂料不起皮、不脱落。

腻子按其产品包装形式，可分为单组分腻子和双组分腻子。单组分腻子又分为单组分膏状和单组分粉状两类。腻子按其应用部位，主要可分为外墙腻子和内墙腻子两大类，外墙腻子按其有无弹性，又可分为刚性和弹性（或称柔性）两大类，其中弹性腻子适用于抗裂或防裂的场合。可以提高墙体的耐久性，改善墙体材料在功能方面的不足，美化外墙装饰效果；室内腻子可以美化室内墙面，使墙面平整、光洁、易于清洗，改善室内环境。腻子按其用途，可分为平壁型、浮雕型、拉花型、瓷砖专用型、高弹抗裂型等。腻子按其功能分类，可分为一般找平腻子、拉毛腻子、弹性腻子、防水腻子等。

腻子一般是由基料、填料、水和助剂等材料组成。基料也称粘结剂，是腻子的最主要组成部分，主要起粘结等各种作用。腻子最常用的粘结剂是水泥和有机聚合物。填料主要起填充作用，常用的有碳酸钙、滑石粉和石英砂等。助剂有增稠剂、保水剂、防腐剂等。增稠剂和保水剂起保水、改善储存和施工性的作用。腻子的主要技术指标是常态和浸水后的粘结强度以及批刮性能。粘结强度取决粘结剂的品种和用量。批刮性能受增稠剂的用量影响。近几年腻子发展较快，相继开发了粉状腻子、弹性腻子、膏状腻子、双组分腻子等。

1. 常用建筑腻子

（1）建筑腻子的作用及主要性能要求

1）建筑腻子的作用

建筑腻子主要目的是填充施工面的孔隙及矫正施工面的曲线偏差，为获得均匀、平滑的漆面打好基础。建筑腻子的作用主要有以下几点：

① 美化功能——在涂装工程中，要求墙面不仅是平整的，还要求光滑细腻。要提高光滑度，必须改善腻子基层的性能。

② 克服龟裂缝作用——建筑物表面，尤其是外墙面，会出现因水泥收缩而引起的表面细裂纹，易导致涂层的起壳、脱落、

甚至引起墙面渗水。因此，腻子层抗自裂、抗龟裂是腻子质量的重要指标。

③填平作用——平整是对涂装最基本的要求，因而填充性是建筑腻子的一项基本功能。

2）建筑腻子的主要性能要求：

①柔韧性——柔韧性表现建筑腻子在外力作用下发生形变、而不发生变形的性质。

②耐水性——耐水性反映建筑腻子被水浸泡或返潮后的粘结强度，因此要求腻子具有良好的耐碱性。

③打磨性——对于刮类建筑腻子，要求硬化后易打磨，但不掉粉，使表面光滑度符合装饰要求。打磨性通常与腻子的粘结强度、硬度和表面光滑成反比。

④施涂性——建筑腻子的施工方法有刮涂、喷涂、拉毛三种。施涂性要求腻子具有良好的拌和性和易批刮性、施工无障碍，且批涂腻子有填充性。

⑤抗基层龟裂性——抗基层龟裂要求建筑腻子自身具有一定的弹性或塑性，当基层发生微裂纹时，腻子在外力作用下发生了弹性式塑性变形、而使表面不出现裂纹。

⑥线收缩率——由于腻子层一般都比涂层厚，所以需要考虑腻子自身收缩的性质。线收缩率反映腻子自裂倾向的大小。腻子的自裂与腻子的材料性质有关，同时与腻子层的厚度也有关，腻子层愈薄，不易开裂。反之则愈易开裂。

（2）建筑腻子的分类

1）建筑外墙柔性腻子

外墙柔性腻子主要是由白水泥和石英粉经精细加工、生产过程中添加适量的抗冻、抗裂等助剂，从而使腻子具有抗裂、抗冻、耐温、耐碱、耐水等功能，大大提高墙体涂料基层的强度，提高了墙体涂料的使用寿命。外墙柔性腻子按其组分分为单组分和双组分：

①单组分（代号 D)——工厂预制，包括水泥、可再分散聚

合物粉末、填料以及其他添加剂等搅拌而成的粉状产品，使用时按生产商提供的配比加水搅拌均匀后使用。

② 双组分（代号 S）——工厂预制，包括水泥、填料以及其他添加剂组成的粉状组分和由聚合物乳液组成的液状组分，使用时按生产商提供的配比将两组分按配比搅拌均匀后使用。

外墙柔性腻子按适用的基面分为两种型号：Ⅰ型——适用于水泥砂浆、混凝土、外墙外保温基面；Ⅱ型——适用于外墙陶瓷砖基面。

2）建筑外墙用腻子

建筑外墙用腻子以水泥、聚合物粉末、合成树脂乳液或其他材料为主要粘结剂，配以填料、助剂等制成的用于普通外墙、外墙外保温等涂料底层的外墙腻子。建筑外墙用腻子按腻子膜柔韧性或动态抗开裂性指标分为三种类别：

① 普通型（P）——普通型建筑外墙用腻子，适用于普通建筑外墙涂饰工程（不适宜用于外墙外保温涂饰工程）；

② 柔性（R）——柔性建筑外墙用腻子，适用于普通外墙、外墙外保温等有抗裂要求的建筑外墙涂饰工程；

③ 弹性（T）——弹性建筑外墙用腻子，适用于抗裂要求较高的建筑外墙涂饰工程；

3）建筑室内用腻子

建筑室内用腻子是以合成树脂乳液、聚合物粉末、无机胶凝材料等为主要粘结剂，配以填料、助剂等制成的室内找平用腻子。建筑室内用腻子按适用特点可分为三类：

① 一般型（Y）——一般型室内用腻子，适用于一般室内装饰工程；

② 柔韧型（R）——柔韧型室内用腻子，适用于有一定抗裂要求的室内装饰工程；

③ 耐水型（N）——耐水型室内用腻子，适用于要求耐水、高粘结强度场所的室内装饰工程。

4）陶瓷墙地砖嵌缝剂

陶瓷墙地砖嵌缝剂是以优质石英砂、水泥为骨料，选用高分子聚合物胶粉配以多种添加剂经混合机搅拌均而成的粉状粘结材料，主要用于各种釉面砖，大理石，花岗石等砖材嵌缝用。陶瓷墙地砖嵌缝剂按组成可分为二类：

① 水泥基嵌缝剂，用 CG 表示。其中，又可根据产品的性能分为二个型号：普通型嵌缝剂（CG1）和改进型嵌缝剂（CG2）；根据产品的附加性能分为三种：快硬性嵌缝剂（F）、低吸水性嵌缝剂（W）和高耐磨性嵌缝剂（A）。

② 反应型树脂嵌缝剂，用（RG）表示。

一般情况下，白色和彩色瓷砖填缝剂使用白水泥作为无机胶粘剂，灰色、深红色和黑色瓷砖填缝剂可使用灰水泥作为无机胶粘剂。

5）陶瓷墙地砖胶粘剂

陶瓷墙地砖胶粘剂是由水泥、矿物集料、有机外加剂组成的粉状混合物，使用时需与水或其他液体拌合。按陶瓷墙地砖胶粘剂的性能可分为普通型、增强型及有其他特殊要求的胶粘剂（如：抗滑移、快速硬化或加长晾置时间等）。按陶瓷墙地砖胶粘剂的组成可分为三类：

① 水泥基胶粘剂，用（C）表示。

② 膏状乳液胶粘剂，用（D）表示。

③ 反应型树脂胶粘剂，用（R）表示。

陶瓷墙地砖胶粘剂的适用于各类瓷砖、地砖、墙砖、马赛克、大理石花岗岩、文化石等材料的装饰填缝。外墙饰面砖工程应采用具有优异耐老化性能的水泥基胶粘剂；一般气候条件下宜选用抗滑移普通型水泥基胶粘剂；在严寒、炎热或有特殊要求时，宜选用抗滑移增强型水泥基胶粘剂。

（3）建筑腻子的验收

建筑腻子在进入建设工程被使用前，需要进行检验验收。验收主要分为资料验收和实物质量验收两部分。

1）资料验收

① 建筑腻子质量证明书

建筑腻子在进入施工现场时应对质量证明书进行验收。质量证明书必须字迹清楚，应注明供方名称或厂标、产品标准、生产日期和批号、产品名称、规格及等级、产品标准中所规定的各项出厂检验结果等。质量证明书应加盖生产企业公章或质检部门检验专用章。

② 建立材料台账

建筑腻子进场后，施工单位应及时建立"建设工程材料采购验收检验使用综合台账"，监理单位可设立"建设工程材料监理监督台账"。台账内容包括材料名称、规格品种、生产单位、供应单位、进货日期、送货单编号、石首数量、生产许可证编号、质量证明书编号、外观质量、材料检验日期、复验报告编号和结果，工程材料报审表确认日期、使用部位、审核人员签名等。

③ 产品包装和标志

建筑腻子产品中的粉料可用复合包装袋包装、液料宜用塑料桶或罐装包装。双组分产品按组分分别包装，不同组分的包装应有明显区别。包装标志包括生产厂名、产品标记、生产日期或批号、生产许可证号、贮存与运输注意事项。

同时核对包装标志与质量证明书上所示内容是否一致。

2）实物质量验收

实物质量验收分为外观质量验收、混合后状态、物理性能复验等三个部分。

外观质量验收

必须对进场的建筑腻子进行外观质量的检验，该检验可在施工现场通过目测和工具搅拌物料进行，前面介绍过的常用建筑腻子分属三大类，由于各大类的建筑腻子的外观质量要求基本相同，下面就按产品大类分别介绍外观质量要求：

a. 粉料类建筑腻子打开包装袋后，粉料中应无结块及其他杂物；

b. 双组分建筑腻子中的液料部分包装，胶液应无沉淀、无疑胶现象；

（4）建筑腻子选用

1）普通外墙装饰方案：基层→（封底界面剂）→刚性平面型腻子→底色漆→面漆

2）高级外墙装饰方案：基层→（封底界面剂）→刚性找平型腻子→刚性光面型腻子（刚性平面型腻子）→底色漆→面漆

3）普通抗龟裂外墙装饰方案：基层→（封底界面剂）→柔性平面型腻子→底色漆→弹性面漆

4）高级抗裂外墙装饰方案：基层→（封底界面剂）→高弹抗裂腻子→弹性光面型腻子→底色漆→弹性面漆

5）拉毛造型外墙装饰方案：

a．平实基层方案：基层→封底界面剂（底色漆）→弹性拉毛型腻子→弹性面漆

b．粗糙基层方案：基层→刚性平壁型腻子→封底界面剂→弹性拉毛型腻子→弹性面漆

6）普通浮雕造型外墙装饰方案：基层→（刚性平面型腻子）→封底界面剂→外墙浮雕型腻子→（封底界面剂或底色漆）→面漆（最好用弹性面漆）

7）瓷砖翻新外墙装饰方案：基层（瓷砖面）→瓷砖面腻子→刚性找平型腻子→（高弹抗裂腻子）→弹性光面型腻子→弹性面漆

8）金属漆外墙装饰方案：

a．普通型方案：基层→刚性找平型腻子→刚性光面型腻子→封底界面剂→金属漆中层漆→金属面漆→罩面剂（封底界面剂和金属漆中层漆、有些厂家合并为金属漆底漆）；

b．抗裂型方案：基层→刚性找平型腻子→高弹抗裂腻子→弹性光面型腻子→封底界面剂→金属漆中层漆→金属面漆→罩面剂（封底界面剂和金属漆中层漆、有些厂家合并为金属漆底漆）；

9）外保温腻子装饰方案：可用前面③、④、⑤方案进行配套，其中⑤中粗糙基层方案中，刚性平壁型腻子应改为柔性腻子。

（5）建筑腻子的质量要求和进场复验

进场的建筑腻子，应进行抽样复验，合格后方能使用，复验应符合下列规定：

1）同一品种、型号和规格的建筑腻子，抽样数量 10t 为一批，不足数量时亦作为一批。

2）将受检的建筑腻子进行外观质量检验，全部指标达到标准规定时，即为合格。其中若有一项指标达不到要求，允许在受检产品中另取相同数量建筑腻子进行复验，全部达到标准规定为合格。复验时仍有一项指标不合格，则判定该产品外观质量为不合格。

3）在外观质量检验合格的建筑腻子中，每批样品随机抽样规定重量的样品物理性能检验，若物理性能有一项指标不符合标准规定，应在受检产品中加倍取样进行该项复验，复验结果如仍不合格，则判定该产品为不合格。

4）进场的建筑腻子物理性能应检验下列项目：

弹性腻子产品的重要技术指标要求之一：动态抗开裂性（基层裂缝）$\geq$0.1mm，$<$0.3m。

外墙柔性腻子具体性能指标见表 2-161。

外墙柔性腻子具体性能指标　　　表 2-161

项　　目	技　术　指　标	
	Ⅰ	Ⅱ
混合后状态	均匀、无结块	
施工性	刮涂无障碍，无打卷，涂层平整	
干燥时间（表干）/h	$\leq$4	
初期干燥抗裂性（6h）	无裂纹	
打磨性（磨耗值）/g	$\geq$0.20	—

建筑外墙用腻子具体性能指标见表 2-162。

建筑室内用腻子具体性能指标见表 2-163。

建筑外墙用腻子具体性能指标 表 2-162

项 目		技 术 指 标		
		普通型(P)	柔性(R)	弹性(T)
容器中状态		均匀、无结块		
施工性		刮涂无障碍		
干燥时间(表干)/h		≤5		
初期干燥抗裂性(6h)	单道施工厚度≤1.5mm的产品	1mm 无裂纹		
	单道施工厚度>1.5mm的产品	2mm 无裂纹		
打磨性		手工可打磨		—

建筑室内用腻子具体性能指标 表 2-163

项 目	技 术 指 标		
	一般型(Y)	柔韧型(R)	耐水型(N)
容器中状态	均匀、无结块		
施工性	刮涂无障碍		
干燥时间(表干)/h	≤5		
初期干燥抗裂性(3h)	无裂纹		
柔韧性	—	直径 100mm,无裂纹	—

(6) 建筑腻子的贮运与保管

1) 产品存放时应保证通风、干燥,防止日光直接照射,贮存温度为 5~40℃;

2) 非粉状组分冬季应采取适当防冻措施;

3) 应根据产品类型定出贮存期,并在包装标志上明示;

4) 膏状腻子应贮存于清洁、密闭的大口塑料桶内。双组分腻子,粉料贮存于密封好的编织袋中,胶料应贮存于密封的大口塑料桶内;

5) 产品运输时应防止雨淋、暴晒,并应符合运输部门的有关规定；

6）不同类型、规格的产品应分别堆放，避免混杂。

2.8 石　　材

2.8.1　天然花岗石建筑板材

1. 概述

适用于建筑装饰工程用天然花岗石建筑板材的现场抽样、检验、评定。

2. 产品定义

（1）商业上指以花岗岩为代表的一类石材，包括岩浆岩和各种硅酸盐类变质岩石材。

（2）执行标准：GB/T 18601—2009《天然花岗石建筑板材》

（3）分类、等级、规格、主要技术指标

1）分类

按形状分为毛光板（MG）、普型板（PX）、圆弧板（HM）、异形板（YX）；

按表面加工程度分为镜面板（JM）、细面板（YG）、粗面板（CM）；

按用途分为一般用途（用于一般性装饰用途）和功能用途（用于结构性承载用途或特殊功能要求）。

2）等级

按加工质量和外观质量分为优等品（A）、一等品（B）、合格品（C）三个等级。

3）规格

规格板的尺寸系列分为边长系列及厚度系列，详见表2-164，其他由供需双方协商确定。

4）主要技术指标

① 外观质量

a. 同一批次板材的色调应基本调和，花纹应基本一致。

规格板的尺寸系列参照表　　　　表 2-164

边长系列	300ª、305ª、400、500、600ª、800、900、1000、1200、1500、1800
厚度系列	10ª、12、15、18、20ª、25、30、35、40、50

ª为常用规格

　　b. 板材正面的外观缺陷应符合表 2-165 规定，毛光板外观缺陷不包括缺棱和缺角。

外观质量检验表　　　　表 2-165

缺陷名称	规 定 内 容	技术要求		
		优等品	一等品	合格品
缺棱	长度≤10mm、宽度≤1.2mm（长度＜5mm、宽度＜1.0mm 不计），周边每米长允许个数	0	1	2
缺角	沿板材边长，长度≤3mm、宽度≤3mm（长度＜2mm、宽度＜2mm 不计），每块板允许个数			
裂纹	长度不超过两端顺延至板边总长度的 1/10（长度＜20mm 不计），每块板允许条数			
色斑	面积≤15mm×30mm（面积＜10mm×10mm 不计），每块板允许个数		2	3
色线	长度不超过两端顺延至板边总长度的 1/10（长度＜40mm 不计），每块板允许条数			

注：干挂板材不允许有裂纹存在。

　　② 加工质量

　　a. 毛光板的平面度公差和厚度偏差应符合表 2-166 的规定（mm）。

毛光板技术指标　　　　表 2-166

项目		技术指标					
		镜面和细面板材			粗面板材		
		优等品	一等品	合格品	优等品	一等品	合格品
平面度		0.80	1.00	1.50	1.50	2.00	3.00
厚度	≤12	±0.5	±1.0	+1.0 −1.5	—		
	>12	±1.0	±1.5	±2.0	+1.0 −2.0	±2.0	+2.0 −3.0

b. 普型板规格尺寸允许偏差应符合表 2-167 的规定（mm）。

普型板尺寸技术指标　　　　表 2-167

项目		技术指标					
		镜面和细面板材			粗面板材		
		优等品	一等品	合格品	优等品	一等品	合格品
长度、宽度		0 −1.0		0 −1.5	0 −1.0		0 −1.5
厚度	≤12	±0.5	±1.0	+1.0 −1.5	—		
	>12	±1.0	±1.5	±2.0	+1.0 −2.0	±2.0	+2.0 −3.0

c. 普型板平面度允许公差应符合表 2-168 规定（mm）。

普型板平面度技术指标　　　　表 2-168

板材长度 L	技术指标					
	镜面和细面板材			粗面板材		
	优等品	一等品	合格品	优等品	一等品	合格品
L≤400	0.20	0.35	0.50	0.60	0.80	1.00
400<L≤800	0.50	0.65	0.80	1.20	1.50	1.80
L>800	0.70	0.85	1.00	1.50	1.80	2.00

③ 物理性能

a. 详见表 2-169 的规定。

板材物理性能　　　　表 2-169

项　　目		技术指标	
		一般用途	功能用途
体积密度(g/cm³)		2.56	2.56
吸水率(%)		0.60	0.40
压缩强度/MPa	干燥	100	131
	水饱和		
弯曲强度/MPa	干燥	8.0	8.3
	水饱和		

b. 工程对石材物理性能项目及指标有特殊要求的，按工程要求执行，放射性指标应符合 GB 6566—2010 的规定。

④ 验收要点

包括资料验收和实物验收两部分。

a. 资料验收

ⓐ 质量证明书，包括：花岗石板材的型式检验报告、出厂检测报告、合格证书等；进口商品应提供报关章和商检证明。

ⓑ 材料台账，花岗石板材在进入施工现场后，施工单位应及时建立"建设工程材料采购验收检验使用综合台账"。监理单位可设立"建设工程材料监理监督台账"。内容可包括：材料名称、规格等级、生产单位、供应单位、进货日期、送样单编号、实收数量、质量证明书编号、外观质量、材料检验日期、复验报告编号和结果、工程材料报审表确认日期、使用部位、审核人签名等信息。

b. 实物验收

ⓐ 外观质量及加工质量的抽样数量及判定原则见表 2-170（块）。

抽样数量及判定原则 表 2-170

批量范围	样本数	合格判定数（Ac）	不合格判定数（Re）
≤25	5	0	1
26～50	8	1	2
51～90	13	2	3
91～150	20	3	4
151～280	32	5	6
281～500	50	7	8
501～1200	80	10	11
1201～3200	125	14	15
≥3201	200	21	22

ⓑ 每批需加工如表 2-171 所示的尺寸及数量样品进行物理性能检测，并应该准备双倍样品已被复试。检测结果所检项目均符合标准要求是可判定该批抽样板材为合格；如有两项不符合标准要求时即可判定该批抽样板材为不合格；如有一项不合格，则利用备样对该项目进行复检，复检合格则仍可判定该批板材为合格，否则判定该批板材不合格。

样品加工要求与尺寸　　　　表 2-171

检 测 参 数	样 品 要 求	完成时间
放射性	2 块：300mm×300mm	12d
体积密度	5 块：50mm×50mm	12d
吸水率		
干燥压缩强度	5 块：50mm×50mm	12d
水饱和压缩强度	5 块：50mm×50mm	12d
干燥弯曲强度	样品长度：(10×厚度＋50)mm， 当样品厚度≤68mm，宽度为 100mm；	12d
水饱和弯曲强度	当样品厚度＞68mm，宽度为 1.5×厚度 mm。	12d

⑤ 标记

按名称、类别、规格尺寸、等级、标准编号顺序标记。

示例：用山东济南青花岗石荒料加工的 600×600×20mm、普型、镜面、优等品板材示例如下：

标记：济南青花岗石（G3701）PX JM 600×600×20 A GB/T 18601—2009

2.8.2　天然大理石建筑板材

1. 概述

适用于建筑装饰工程用天然大理石建筑板材的现场抽样、检验、评定。

2. 产品定义

（1）商业上指以大理岩为代表的一类石材，包括结晶的碳酸盐类岩石和质地较软的其他变质岩类石材。

（2）执行标准：GB/T 19766—2005《天然大理石建筑板材》

3. 分类、等级、主要技术指标

（1）分类

按形状分为普型板（PX）、圆弧板（HM）；

（2）等级

按加工质量和外观质量分为优等品（A）、一等品（B）、合格品（C）三个等级。

（3）主要技术指标

1）外观质量

a. 同一批次板材的色调应基本调和，花纹应基本一致。

b. 板材正面的外观缺陷的质量要求应符合表 2-172 规定。

板材正面外观缺陷质量要求　　　　表 2-172

缺陷名称	规 定 内 容	技术要求		
		优等品	一等品	合格品
裂纹	长度不超过 10mm 的不允许条数	0		
缺棱	长度不超过 8mm，宽度不超过 1.5mm（长度≤4mm、宽度≤1mm 不计），每米长允许个数	0	1	2
缺角	沿板材边长顺延方向，长度/宽度≤3mm（长度/宽度≤2mm 不计），每块板允许个数			
色斑	面积不超过 6cm² （面积小于 2cm² 不计），每块板允许个数			
砂眼	直径在 2mm 以下	不明显		有、不影响装饰效果

2）加工质量

a. 普型板规格尺寸允许偏差见表 2-173。

b. 普型板平面度允许公差见表 2-174。

c. 普型板角度允许公差见表 2-175。

普型板规格尺寸允许偏差（mm） 表 2-173

项目		技术指标		
		优等品	一等品	合格品
长度、宽度		0 −1.0		0 −1.5
厚度	≤12	±0.5	±0.8	±1.0
	>12	±1.0	±1.5	±2.0
干挂板材厚度		+2.0 0		+3.0 0

普型板平面度允许公差 表 2-174

板材长度 L	技术指标		
	优等品	一等品	合格品
L≤400	0.2	0.3	0.5
400<L≤800	0.5	0.6	0.8
L>800	0.7	0.8	1.0

普型板角度允许公差 表 2-175

项目	技术指标		
	优等品	一等品	合格品
L≤400	0.3	0.4	0.5
L>400	0.4	0.5	0.7

3）物理性能

物理性能表 表 2-176

项　目		技术指标
体积密度，(g/cm^3)		≥2.30
吸水率，(%)		≤0.50
干燥压缩强度，(MPa)		≥50.0
干燥	弯曲强度，(MPa)	≥7.0
水饱和		

4）验收要点

包括资料验收和实物验收两部分。

① 资料验收

a. 质量证明书，包括：花岗石板材的型式检验报告、出厂检测报告、合格证书等；进口商品应提供报关章和商检证明。

b. 材料台账，花岗石板材在进入施工现场后，施工单位应及时建立"建设工程材料采购验收检验使用综合台账"。监理单位可设立"建设工程材料监理监督台账"。内容可包括：材料名称、规格等级、生产单位、供应单位、进货日期、送样单编号、实收数量、质量证明书编号、外观质量、材料检验日期、复验报告编号和结果、工程材料报审表确认日期、使用部位、审核人签名等信息。

② 实物验收

a. 外观质量及加工质量的抽样数量及判定原则见表 2-177。

抽样数量及判定原则 表 2-177

批量范围	样本数	合格判定数（Ac）	不合格判定数（Re）
≤25	5	0	1
26～50	8	1	2
51～90	13	2	3
91～150	20	3	4
151～280	32	5	6
281～500	50	7	8
501～1200	80	10	11
1201～3200	125	14	15
≥3201	200	21	22

b. 每批需加工如表 2-178 所示的尺寸及数量样品进行物理性能检测。检测结果所检项目均符合标准要求是可判定该批抽样板材为合格；如有一项不合格，则判定该批板材不合格。

样品尺寸及数量加工要求   表 2-178

检测参数	样品要求	完成时间
体积密度	5块：50mm×50mm	12d
吸水率		
干燥压缩强度	5块：50mm×50mm	12d
干燥弯曲强度	样品长度：(10×厚度+50)mm，当样品厚度≤68mm，宽度为100mm；当样品厚度>68mm，宽度为1.5×厚度 mm。	12d
水饱和弯曲强度		12d

5）标记

按名称、类别、规格尺寸、等级、标准编号顺序标记。

示例：用房山汉白玉大理石荒料加工的 600mm×600mm×20mm、普型、优等品板材示例如下：

标记：房山汉白玉大理石：M1101 PX 600mm×600mm×20mm A GB/T 19766—2005

第3章 周 转 材 料

建筑用周转材料，是指在建设过程中施工企业能够多次使用、逐渐转移其价值但仍保持原有形态不确认为固定资产的材料。在建筑脚手架系统和模板支撑系统中经常用到钢管和钢管脚手架扣件等周转材料。

3.1 钢 管

1. 概述

钢管是采用直缝高频电阻焊、直缝埋弧焊和螺旋缝埋弧焊中的任一种工艺制造。

2. 产品定义

主要用于脚手架系统和模板支持系统中受力杆件，和扣件共同组成整个受力体系。

3. 钢管种类

按 JGJ 130—2011《建筑施工扣件式钢管脚手架安全技术规范》的要求，脚手架钢管应采用现行国家标准 GB/T 13793《直缝电焊钢管》或 GB/T 3091《低压流体输送用焊接钢管》中规定的钢管。

4. 钢管验收

（1）资料验收

1）钢管质量证明书

钢管在进入施工现场时应对质量证明书进行验收。质量证明书必须字迹清晰，证明书应注明：生产厂名；产品名称；规格及等级；生产日期和批号；产品标准及产品标准中所规定的各项出厂检验结果等。质量证明书应加盖生产单位和租赁单位公章或质检部门检验专用章，还应提供有效的产品性能检验报告。

2）建立材料台账

钢管在进入施工现场后，施工单位应及时建立"建设工程材料采购验收检验使用综合台账"。监理单位可设立"建设工程材料监理监督台账"。内容可包括：材料名称、规格等级、生产单位、供应单位、进货日期、送样单编号、实收数量、质量证明书编号、外观质量、材料检验日期、复验报告编号和结果、工程材料报审表确认日期、使用部位、审核人签名等信息。

（2）实物质量的验收

1）外观质量要求

应平直光滑。不应有裂缝、结疤、分层、错位、硬弯、毛刺、压痕和深的划道。脚手架钢管宜采用 $\phi48.3 \times 3.6$ 钢管。每根钢管的最大质量不应大于 25. kg。

2）检验指标

外径、壁厚允许偏差和力学性能 应符合 GB/T 3091，GB/T 13793 的要求。

3）GB/T 3091 低压流体输送用焊接钢管规定如表 3-1、表 3-2 所示。

外径和壁厚的允许偏差（mm） 表 3-1

外径	外径允许偏差		壁厚允许偏差
	管体	管端（距管端 100mm 范围内）	
$D \leqslant 48.3$	± 0.5	—	
$48.3 < D \leqslant 273.1$	$\pm 1\%D$	—	
$273.1 < D \leqslant 508$	$\pm 0.75\%D$	$+2.4 \\ -0.8$	$\pm 10\%t$
$D > 508$	$\pm 1\%D$ 或 ± 10.0，两者取较小值	$+3.2 \\ -0.8$	

力学性能　　　　　　　　　　　　　　　　表 3-2

牌号	下屈服强度 ReL/N/mm² 不小于		抗拉强度 Rm/N/mm² 不小于	断后伸长率 A/% 不小于	
	$t \leqslant 16mm$	$t > 16mm$		$D \leqslant 168.3mm$	$D > 168.3mm$
Q195	195	185	315	15	20
Q215A、Q215B	215	205	335		
Q235A、Q235B	235	225	370		
Q295A、Q295B	295	275	390	13	18
Q345A、Q345B	345	325	470		

GB/T 13793 直缝电焊钢管的规定如表 3-3～表 3-5 所示。

钢管外径允许偏差
表 3-3

外径(D)	普通精度
>20～50	±0.5

钢管壁厚允许偏差
表 3-4

壁厚(t)	普通精度
>3.2～3.8	±10%t

钢管的力学性能　　　　　　　　　　　　表 3-5

牌号	下屈服强度 ReL/N/mm	抗拉强度 Rm/N/mm²	断后伸长率 A/%
	不小于		
08、10	195	315	22
15	215	355	20
20	235	390	19
Q195	195	315	22
Q215A、Q215B	215	335	22
Q235A、Q235B、Q235C	235	375	20
Q295A、Q295B	295	390	18
Q345A、Q345B、Q345C	345	470	18

5. 简单应用

主要用于搭设脚手架、支撑等。

6. 钢管包装

（1）钢管的包装分为捆扎包装和容器包装。

（2）钢管的标志应醒目、牢固，字迹清晰、规范、不易褪色。

（3）钢管的贮存根据需要可涂保护层或加盖防护材料。

（4）其他要求应符合 GB/T 2010。

7. 其他

低压流体输送用焊接钢管试验抽检数量：

拉伸试样 2（应为 3）根，长 600mm；弯曲试验 2（应为 3）根，长 1200mm；

代表数量：低压流体钢管每批代表 750 根（每根长度 3m～12m）。

3.2　钢管脚手架扣件

1. 概述

扣件是用 T 形螺栓、螺母、垫圈、铆钉组成用于固定脚手架、井架等支撑体系的连接部件。

2. 产品定义

主要用于脚手架系统和模板支持系统中受力部件，和钢管共同组成整个受力体系。

3. 扣件种类

按 GB 15831—2006《钢管脚手架扣件》的要求，扣件分为：直角扣件、旋转扣件、对接扣件和底座。

4. 扣件验收

（1）资料验收

1）扣件质量证明书

扣件在进入施工现场时应对质量证明书进行验收。质量证明书必须字迹清晰，证明书应注明：生产厂名；产品名称；规格及等级；生产日期和批号；产品标准及产品标准中所规定的各项出厂检验结果等。质量证明书应加盖生产单位和租赁单位公章或质检部门检验专用章。还应提供有效的产品性能检验报告。

2）建立材料台账

扣件在进入施工现场后，施工单位应及时建立"建设工程材料采购验收检验使用综合台账"。监理单位可设立"建设工程材料监理监督台账"。内容可包括：材料名称、规格等级、生产单位、供应单位、进货日期、送样单编号、实收数量、质量证明书编号、材料检验日期、复验报告编号和结果、工程材料报审表确认日期、使用部位、审核人签名等信息。

（2）实物质量的验收

1）外观质量要求

① 各部位不应有裂缝。

② 盖板与座的张开距离不得小于 50mm；当钢管外径为 51mm 时，不得小于 55mm。

③ 扣件表面大于 10mm² 的砂眼不应超过 3 处，且累计面积不应大于 50mm²。

④ 扣件表面粘砂面积累计不应大于 150mm²。

⑤ 错箱不应大于 1mm。

⑥ 扣件表面凸（或凹）的高（或深）值不应大于 1mm。

⑦ 扣件与钢管接触部位不应有氧化皮，其他部位氧化皮面积累计不应大于 150mm²。

⑧ 铆接处应牢固，不应有裂纹。

⑨ T 形螺栓和螺母应符合 GB/T 3098.1、GB/T 3098.2 的规定。

⑩ 活动部位应灵活转动，旋转扣件两旋转面间隙应小于 1mm。

⑪ 产品的型号、商标、生产年号应在醒目处铸出，字迹、图案应清晰完整。

⑫ 扣件表面应进行防锈处理（不应采用沥青漆），油漆应均与美观，不应有堆漆或露铁。

⑬ 其他要求应符合 GB 15831。

2）检验指标

扣件应对应做 抗滑、抗破坏、扭转刚度、抗拉、抗压的力学性能检测（表 3-6）。

扣件力学性能　　　　　　　表 3-6

性能名称	扣件型式	性能要求
抗滑	直角	$P=7.0$kN 时，$\Delta_1\leqslant7.00$mm；$P=10.0$kN 时，$\Delta_2\leqslant0.50$mm
	旋转	$P=7.0$kN 时，$\Delta_1\leqslant7.00$mm；$P=10.0$kN 时，$\Delta_2\leqslant0.50$mm
抗破坏	直角	$P=25$kN 时，各部位不应破坏
	旋转	$P=17$kN 时，各部位不应破坏
扭转刚度	直角	扭力矩为 900N·m 时，$f\leqslant70.0$mm
抗拉	对接	$P=4.0$kN 时，$\Delta\leqslant2.00$mm
抗压	底座	$P=50.0$kN 时，各部位不应破坏

3）简单应用

用于固定脚手架、井架等支撑体系，主要用于脚手架系统和模板支持系统中受力部件，和钢管共同组成整个受力体系。

4）标志、包装、运输和贮存

① 标志：产品上应铸出：

a）生产年号；

b）商标；

c）产品型号。

② 产品标志应设置在产品合格证上，应注明：

a）生产厂名；

b）商标

c）产品型号。

d）数量；

e）生产日期；

f）检验员印记。

③ 包装

扣件应分类包装，捆扎要牢固，每袋（箱）重量不超过30kg，每包应有产品合格证，包装上应标明：

a）生产厂名；

b）许可证号标记和编号；

c）产品型号；

d）数量。

④ 运输

根据用户要求可采用各种运输方法。

⑤ 贮存

产品存放应防锈、防潮。

5. 其他

试验抽检数量：32 只（直角扣件）、16 只（旋转扣件）、16只（对接扣件）

代表数量：281 个≤批量≤500 个

其余批量：

501 个≤批量≤1200 个需抽检：直角 52 只、旋转 26 只、对接 26 只；

1201 个≤批量≤10000 个需抽检：直角 80 只、旋转 40 只、对接 40 只。